国家科学技术学术著作出版基金资助出版

辐射环境模拟与效应丛书

瞬时电离辐射效应

陈　伟　王桂珍　李瑞宾
白小燕　齐　超　李俊霖　著

科学出版社

北　京

内 容 简 介

瞬时电离辐射效应是电子系统最常见的一种辐射效应。瞬时电离辐射与半导体材料相互作用，感生光电流，改变器件及电路的特性和功能，影响电子系统的可靠性。本书主要介绍核爆炸辐射环境及其效应、模拟集成电路和大规模数字集成电路的瞬时电离辐射效应、瞬时电离辐射下的脉冲宽度效应、器件级及电路级仿真方法、瞬时辐射感生闩锁和阻锁、瞬时电离辐射效应试验技术、样本空间排序法在电子器件抗瞬时电离辐射性能评估中的应用等内容。

本书可作为从事辐射物理、抗辐射加固技术研究的科技人员及相关专业高校师生的参考书。

图书在版编目（CIP）数据

瞬时电离辐射效应/陈伟等著. —北京：科学出版社，2023.5
(辐射环境模拟与效应丛书)
ISBN 978-7-03-074044-1

Ⅰ.①瞬… Ⅱ.①陈… Ⅲ.①电离辐射–辐射效应 Ⅳ.①O644.2

中国版本图书馆 CIP 数据核字(2022)第 227403 号

责任编辑：宋无汗 郑小羽 / 责任校对：崔向琳
责任印制：师艳茹 / 封面设计：陈 敬

科学出版社 出版
北京东黄城根北街 16 号
邮政编码：100717
http://www.sciencep.com
北京科信印刷有限公司 印刷
科学出版社发行 各地新华书店经销
*
2023 年 5 月第 一 版 开本：720×1000 1/16
2023 年 5 月第一次印刷 印张：14
字数：282 000
定价：180.00 元
（如有印装质量问题，我社负责调换）

丛 书 序

辐射环境模拟与效应研究主要解决在辐射环境中工作的系统和电子器件的抗辐射加固技术和基础科学问题，涉及辐射环境模拟、辐射效应、抗辐射加固等研究方向，是核科学与技术、电子科学与技术等的交叉学科。辐射环境模拟主要研究不同种类和参数辐射的产生及其应用的基础理论与关键技术；辐射效应主要研究各种辐射引起的器件与系统失效机理、抗辐射加固及性能评估方法。

辐射环境模拟与效应研究涉及国家重大安全，长期以来一直是世界大国博弈的前沿科学技术，具有很强的创新性和挑战性。空间辐射环境引起的卫星故障占全部故障的 45%以上，对航天器构成重大威胁。核辐射环境和强电磁脉冲等人为辐射是造成工作在辐射环境中的电子学系统降级、毁伤的主要因素。国际上，美国国家航空航天局、圣地亚国家实验室、劳伦斯·利弗莫尔国家实验室，欧洲宇航局、核子中心，俄罗斯杜布纳联合核子研究所、大电流所等著名的研究机构都将辐射环境模拟与效应作为主要研究领域，开展了大量系统性基础研究，为航天器、新型抗辐射加固材料和微电子技术发展提供了重要支撑。

我国在 20 世纪 60 年代末，开始辐射环境模拟与效应的研究工作。在强烈需求的牵引下，经过多年研究，我国在辐射环境模拟与效应研究领域已经具备了良好的研究基础，解决了大量工程应用方面的难题，形成了一支经验丰富的研究队伍。国内从事相关研究的科研院所、高等院校和工业部门已达百余家，建设了一批可以开展材料、器件和电子学系统相关辐射效应的模拟源，发展了具有特色的辐射测量与诊断技术，开展了大量的辐射效应与机理研究，系统和器件的辐射加固技术水平显著增强，形成了辐射物理学科体系，为国防建设和航天工程发展做出了重大贡献，我国辐射环境模拟与效应研究在科学规律指导下进入了自主创新发展的新阶段。

随着我国空间技术的迅猛发展，在轨航天器数量迅速增长、组网运行规模不断扩大，对辐射环境模拟与效应研究和设备抗辐射性能提出了更高的要求，必须进一步研究提高材料、器件、电子学系统的抗核与空间辐射、强电磁脉冲加固的能力。因此，需要研究建立逼真的辐射模拟实验环境，开展新材料、新工艺、新器件辐射效应机理分析、实验技术和数值仿真研究，建立空间辐射损伤效应与地面模拟实验的等效关系，研发新的抗辐射加固技术，解决空间探索和辐射环境中系统和器件抗辐射加固的关键基础科学问题。

　　该丛书作者都是从事辐射环境模拟与效应研究的一线科研人员，内容来自辐射环境模拟与效应研究团队几十年的研究成果，系统总结了辐射环境研究与模拟、辐射效应机理、电子元器件与系统抗辐射加固技术等方面取得的科研成果，并介绍了国内外最新研究进展，涉及辐射环境模拟、脉冲功率技术、粒子加速器技术、强电磁环境效应、核与空间辐射效应、辐射效应仿真与抗辐射性能评估等研究领域，内容新颖，数据丰富，体现了理论研究与工程应用相结合的特色，充分展示了我国辐射模拟与效应领域产学研用的创新性成果。

　　相信该丛书的出版，将有助于进入这一领域的初学者掌握全貌，为该领域研究人员提供有益参考。

中国科学院院士　吕敏

抗辐射加固技术专业组顾问

前　　言

瞬时电离辐射效应属于抗辐射加固技术领域。在我国，西北核技术研究所是最早在这个领域开展研究的单位之一。20 世纪 70 年代，西北核技术研究所就开始进行半导体晶体管、集成电路、电子系统等的辐射效应机理研究；建立了多台大型辐射模拟源，开展了辐射损伤机制、辐射效应试验技术、辐射效应仿真技术等研究。经过多年的发展，瞬时电离辐射效应已成为抗辐射加固技术领域中的一个重要研究方向，我国在这个方向的研究也取得了重要的进展，已形成了一支专业的科研队伍，取得了不少可供应用的成果，积累了丰富的知识和宝贵的经验，因此需要加以总结，出版系统介绍瞬时电离辐射效应的书籍，供从事这方面工作的技术人员参考。

由于本书是专著，没有过多地涉及基础理论和繁琐的数学推导，有些公式直接引用，读者需具备核物理、半导体物理、电子学、数值模拟、计算机等大学专业课程的基本知识。在此需要说明一点，最近几年辐射效应研究方向发展迅速，瞬时电离辐射效应的研究内容也在逐渐增加，如 FinFET 器件的瞬时电离辐射效应等也日益成为研究热点，但因为相关的成果还不是很成熟，所以本书不包括这些内容。

本书由陈伟研究员主持撰写，并负责统稿，具体分工如下：第 1、2、4、7章由陈伟、王桂珍撰写，第 3 章由齐超、李俊霖撰写，第 5 章由李俊霖、陈伟撰写，第 6 章由李瑞宾、陈伟撰写，第 8 章由白小燕撰写。

国家自然科学基金重大项目"纳米器件辐射效应机理及模拟试验关键技术"(No.11690040)对本书出版提供了支持。

中国科学院吕敏院士亲自指导并为丛书作序，西北核技术研究所和科学出版社为本书的出版发行提供了大力支持，在此一并表示衷心感谢！

由于作者水平有限，书中难免存在不妥之处，敬请读者批评指正。

目　录

丛书序
前言
第1章　绪论 ……………………………………………………………… 1
1.1　引言 ………………………………………………………………… 1
1.2　核爆炸辐射环境及其效应 …………………………………………… 1
  1.2.1　核爆炸 γ 射线及其效应 ………………………………………… 2
  1.2.2　核爆炸 X 射线及其效应 ………………………………………… 3
  1.2.3　核爆炸中子辐射环境及其效应 ………………………………… 3
1.3　瞬时电离辐射效应 …………………………………………………… 4
  1.3.1　过剩载流子的产生、复合及输运 ……………………………… 4
  1.3.2　辐射感生光电流的产生 ………………………………………… 5
  1.3.3　晶体管的瞬时电离辐射效应 …………………………………… 6
  1.3.4　集成电路的瞬时错误 …………………………………………… 7
  1.3.5　集成电路的瞬时辐射闩锁 ……………………………………… 8
  1.3.6　瞬时辐射烧毁 …………………………………………………… 11
1.4　本书内容 ……………………………………………………………… 11
  参考文献 …………………………………………………………………… 12
第2章　模拟集成电路瞬时电离辐射效应 …………………………… 14
2.1　引言 …………………………………………………………………… 14
2.2　模拟集成电路瞬时电离辐射效应机理 ……………………………… 14
  2.2.1　瞬时扰动 ………………………………………………………… 14
  2.2.2　瞬时辐射闩锁 …………………………………………………… 16
2.3　不同工艺集成运算放大器瞬时电离辐射效应 ……………………… 17
  2.3.1　双极运算放大器 ………………………………………………… 18
  2.3.2　BiMOS 运算放大器 ……………………………………………… 19
  2.3.3　CMOS 运算放大器 ……………………………………………… 20
  2.3.4　不同工艺运算放大器效应规律 ………………………………… 22
2.4　低压差线性稳压器瞬时电离辐射效应 ……………………………… 23
  2.4.1　两管能隙基准源低压差线性稳压器 …………………………… 24
  2.4.2　三管能隙基准源低压差线性稳压器 …………………………… 27
  2.4.3　CMOS 工艺低压差线性稳压器 ………………………………… 30

2.4.4　低压差线性稳压器瞬时电离辐射效应总结 ·················· 31

2.5　正交设计法 ·· 31

　2.5.1　正交设计法概述 ····································· 32

　2.5.2　正交设计法的应用 ··································· 33

2.6　模拟集成电路瞬时电离辐射效应理论模拟 ··················· 38

　2.6.1　电路结构 ··· 38

　2.6.2　模型建立 ··· 39

　2.6.3　模拟结果 ··· 41

2.7　模拟集成电路瞬时电离辐射扰动机理 ······················· 42

2.8　小结 ·· 43

参考文献 ·· 43

第3章　大规模数字集成电路瞬时电离辐射效应 ··················· 45

3.1　引言 ·· 45

3.2　基本原理 ·· 45

　3.2.1　瞬时辐射翻转 ······································· 46

　3.2.2　瞬时辐射闩锁 ······································· 51

3.3　试验测试 ·· 52

　3.3.1　瞬态信号测试 ······································· 52

　3.3.2　功能测试 ··· 54

　3.3.3　典型测试系统 ······································· 55

3.4　效应规律 ·· 70

　3.4.1　微米至超深亚微米集成电路瞬时电离辐射效应 ········· 70

　3.4.2　纳米集成电路瞬时电离辐射效应 ····················· 74

3.5　小结 ·· 79

参考文献 ·· 80

第4章　瞬时电离辐射脉冲宽度效应 ····························· 82

4.1　引言 ·· 82

4.2　双极电路的脉冲宽度效应 ···································· 82

　4.2.1　PN 结辐射感生光电流的脉冲宽度效应 ················ 82

　4.2.2　晶体管的脉冲宽度效应 ······························ 85

　4.2.3　双极集成电路的脉冲宽度效应 ························ 87

4.3　CMOS 电路的脉冲宽度效应 ·································· 88

　4.3.1　CMOS 反相器的脉冲宽度效应 ······················ 88

　4.3.2　CMOS 随机静态存储器的脉冲宽度效应 ··············· 90

4.4　CMOS 电路脉冲宽度效应数值模拟计算 ······················ 91

　　　4.4.1　电流注入法模拟 CMOS 电路的脉冲宽度效应 ················· 92
　　　4.4.2　辐照法模拟 CMOS 反相器的脉冲宽度效应 ················· 94
　　　4.4.3　模拟计算结果与试验测量结果的比较 ················· 94
　4.5　脉冲宽度效应的分析方法 ················· 96
　　　4.5.1　基于光电流的瞬时电离辐射损伤阈值分析方法 ················· 96
　　　4.5.2　不同损伤模式下半导体器件的辐射损伤阈值 ················· 97
　　　4.5.3　三种损伤模式下的脉冲宽度效应 ················· 102
　4.6　小结 ················· 104
　参考文献 ················· 104
第 5 章　瞬时电离辐射效应数值仿真 ················· 106
　5.1　引言 ················· 106
　5.2　瞬时电离辐射效应器件级仿真方法 ················· 106
　　　5.2.1　瞬时电离辐射效应器件级仿真软件 ················· 106
　　　5.2.2　数值计算模型与物理模型 ················· 107
　　　5.2.3　脉冲 γ 射线辐照模型 ················· 109
　5.3　瞬时电离辐射效应器件级仿真实例 ················· 111
　　　5.3.1　初始光电流与次级光电流的仿真 ················· 111
　　　5.3.2　不同脉冲宽度下 PN 结感生光电流数值模拟 ················· 113
　　　5.3.3　CMOS 反相器剂量率扰动及剂量率闩锁的仿真 ················· 114
　5.4　瞬时电离辐射效应电路级仿真方法 ················· 116
　　　5.4.1　基于 Cadence 版图提取电路网表 ················· 117
　　　5.4.2　瞬时剂量率效应仿真模型构建 ················· 118
　　　5.4.3　结合版图布局评价瞬时剂量率效应仿真流程 ················· 119
　5.5　小结 ················· 122
　参考文献 ················· 123
第 6 章　瞬时辐射阻锁效应 ················· 124
　6.1　引言 ················· 124
　6.2　闩锁形成机制及判据条件 ················· 124
　　　6.2.1　闩锁形成机制 ················· 124
　　　6.2.2　闩锁形成判据条件 ················· 125
　6.3　阻锁效应 ················· 132
　　　6.3.1　阻锁效应机制 ················· 132
　　　6.3.2　阻锁条件 ················· 136
　　　6.3.3　电注入法验证及阻锁应用 ················· 140
　　　6.3.4　断电窗口的获得 ················· 145

6.4　小结 ·· 149

参考文献 ·· 149

第7章　瞬时电离辐射效应试验技术 ····································· 151

7.1　引言 ·· 151

7.2　瞬时电离辐射效应试验模拟源 ·· 151

　　7.2.1　我国模拟源介绍 ··· 152

　　7.2.2　美国模拟源介绍 ··· 153

7.3　脉冲X射线辐射场测量技术 ·· 155

　　7.3.1　时间谱测量技术 ··· 155

　　7.3.2　总剂量测量技术 ··· 160

　　7.3.3　剂量率测量不确定度分析 ··· 162

7.4　瞬时电离辐射效应测量系统 ·· 166

　　7.4.1　屏蔽及抗干扰系统 ··· 166

　　7.4.2　信号传输系统 ·· 167

　　7.4.3　同步触发系统 ·· 168

　　7.4.4　信号记录系统 ·· 168

7.5　瞬时电离辐射效应测量方法 ·· 168

　　7.5.1　稳态初始光电流测量方法 ··· 168

　　7.5.2　剂量率闩锁测量方法 ··· 170

　　7.5.3　数字微电路的剂量率翻转测量方法 ·························· 171

7.6　瞬时电离辐射效应脉冲激光辐照试验技术 ······················· 172

　　7.6.1　辐射源的选取 ·· 172

　　7.6.2　激光辐照系统 ·· 174

　　7.6.3　激光辐照模拟瞬时电离辐射效应的特点 ··················· 175

　　7.6.4　激光辐照系统的应用 ··· 175

7.7　瞬时电离辐射效应试验标准及规范 ···································· 178

7.8　小结 ·· 181

参考文献 ·· 182

第8章　电子器件抗瞬时电离辐射性能评估方法 ·················· 184

8.1　引言 ·· 184

8.2　生存分析相关基础知识 ·· 184

　　8.2.1　基本概念 ··· 185

　　8.2.2　数据类型 ··· 186

　　8.2.3　常用分布 ··· 186

8.3　样本空间排序法 ··· 189

　　　8.3.1　瞬时电离辐射效应数据特征 ················· 189
　　　8.3.2　样本空间排序法介绍 ······················· 190
　　　8.3.3　样本空间排序法应用 ······················· 192
　8.4　失效分布模型的实验获取 ······················· 196
　　　8.4.1　实验器件 ································· 197
　　　8.4.2　统计推断方法 ····························· 197
　　　8.4.3　实验结果及拟合优度检验 ····················· 198
　　　8.4.4　失效分布的选择 ··························· 201
　8.5　保守性研究 ································· 201
　　　8.5.1　方法描述 ······························· 202
　　　8.5.2　蒙特卡罗模拟结果 ························· 202
　8.6　小结 ···································· 203
　参考文献 ····································· 203
附录 A　样本空间排序法源代码 ······················· 205

第1章 绪 论

1.1 引 言

随着核能技术和空间技术的发展，越来越多的电子仪器设备不可避免地工作于辐射环境中。这些辐射环境概括起来可分为空间辐射环境和人为辐射环境。空间辐射环境主要来自宇宙射线、太阳耀斑和地球辐射带等，主要成分有高能质子、高能电子、X 射线、高能离子等。核电站、核反应堆、加速器、核爆炸等产生的辐射环境为人为辐射环境，辐射成分主要包括 X 射线、γ 射线、中子等。辐射作用于电子设备，使其发生辐射损伤。不同辐射成分对电子设备的损伤机制和损伤程度不同，如高能离子在电路灵敏体积内沉积能量，引起电路的单粒子效应；高能质子、高能电子会引起半导体器件和电路的累积辐射损伤，还可引起器件的位移损伤。瞬时辐射环境引起仪器设备的瞬时辐射效应，脉冲 X/γ 射线引起瞬时电离辐射效应，脉冲中子引起位移效应。工作于辐射环境下的电子仪器设备，如果不经过加固，可能会因辐射损伤而发生故障，严重的甚至会失效[1]。

本章介绍电子仪器设备可能遭遇的核爆炸辐射环境及其对仪器设备的威胁，包括核爆炸辐射环境及其效应、瞬时电离辐射效应；还介绍本书的基本结构及各章主要内容。

1.2 核爆炸辐射环境及其效应

核爆炸辐射成分主要为中子、γ 射线及 X 射线，这些辐射成分与空气、武器碎片和系统包裹物等作用可产生次级辐射及电磁脉冲(electromagnetic pulse，EMP)。

核爆炸释放的大部分能量以 X 射线的形式发射，小部分能量以中子、瞬发γ 射线的形式发射。核爆炸瞬发辐射后，会剩余热的、放射性的裂变碎片，这些裂变碎片会以紫外光和可见光的形式释放热能，之后裂变碎片会发射低强度的γ 射线和高能电子。在高空核爆炸中，高能电子在地磁场的作用下注入轨道。

如果核爆炸发生在大气层或接近大气层的地方，瞬发辐射会与空气作用，产生次级效应。X 射线被空气吸收，空气被加热，产生热辐射和冲击波；中子与空

气作用产生次级 γ 射线；γ 射线与空气作用产生次级电子，这些次级电子又与空气作用产生更多的电子，结果是负电子从爆心发射出来，留下重离子。如果核爆炸发生在密度不变的同质空气中，会形成两个电荷层：内层为正离子层，外层为负电子层，这样会导致局部强电场产生，电场方向从爆心向外，这样就不会有EMP 发射出来了。实际上，因为地磁场、地球表面及非同质空气的影响，核爆炸会产生源区 EMP。

1.2.1　核爆炸 γ 射线及其效应

核爆炸 γ 射线的强度较 X 射线低得多，但它的穿透力强，即使在离核爆炸地点较远的地方仍能对设备造成大的损伤。

根据发射时间，γ 射线可分为以下三类[2]。

(1) 瞬发 γ 射线：从起爆开始到弹体飞散为止，在 $1 \sim 10^{-5}$ s 时间跨度内释放的 γ 射线。它包括裂变 γ 射线、少量短寿命裂变碎片 γ 射线、中子与弹体物质相互作用产生的俘获 γ 射线和非弹性散射 γ 射线等。这部分 γ 射线的特点是在爆炸的瞬间就释放出来了，在泄漏出弹体之前与弹体物质发生多次相互作用，其中有很大一部分被吸收。泄漏出弹体外的瞬发 γ 射线的强度、能谱、时间谱与核弹的材料及结构密切相关。

(2) 缓发 γ 射线：爆后 10^{-5} s 开始释放出来的 γ 射线为缓发 γ 射线，主要有裂变产物 γ 射线、俘获 γ 射线、非弹性散射 γ 射线等。

(3) 剩余 γ 射线和同质异能态 γ 射线：包括裂变产物 γ 射线和感生的放射性 γ 射线。

γ 射线能量较高，一般可穿过设备壳体辐射至电子系统，对电子系统造成损伤。γ 射线与半导体器件的作用，导致材料电离，产生载流子，载流子输运至外电极，产生光电流，引起电路的瞬时辐射损伤，即发生瞬时电离辐射效应；载流子也可能被陷阱捕获，影响器件的电性能，即发生总剂量效应。

1) γ 射线瞬时电离辐射效应

核爆炸 γ 射线与半导体材料相互作用，感生大量电子空穴对，在器件内产生很强的瞬时光电流，造成电路瞬时扰动、翻转、闩锁，甚至烧毁，除烧毁外，其他效应都是瞬时效应。在辐射脉冲过后，或重新加电后，只要器件接受的累积剂量不超过永久损伤阈值，器件功能及参数都可恢复，器件的性能不会发生退化。瞬时电离辐射效应亦称为瞬时剂量率效应。

2) γ 射线总剂量效应

核爆炸 γ 射线与金属氧化物半导体(metal-oxide-semiconductor，MOS)中的二氧化硅绝缘层相互作用，感生电子空穴对，在外加电场的作用下，电子会很快被拉出氧化层，在输运过程中，部分电子与空穴复合，没有被复合的空穴以相对较慢的速度向 SiO_2/Si 界面输运，在界面处被陷阱捕获，产生氧化物陷阱电荷及界面态，影响器件的电性能，从而影响电路及系统的性能。

1.2.2 核爆炸 X 射线及其效应

高空核爆炸能量的 70%～85%是以 X 射线的形式释放的，X 射线的能量为 100eV～100keV[2]。在近地轨道，X 射线可被空气吸收，放出可见光或者近红外光，但在空气稀薄的轨道，X 射线几乎是毫无衰减地传输。X 射线可对空间飞行器的壳体或导弹壳体造成严重损伤。对于电子系统来说，如果没有一定的屏蔽，X 射线也会对其造成比较大的辐射损伤。在近地面核爆炸中，X 射线几乎被空气吸收，产生强冲击波，作用于设备。

1) X 射线的热力学效应

X 射线的热力学效应主要发生于设备壳体,包括壳体的材料响应和结构响应。当 X 射线辐照壳体后，能量沉积在受照面极薄的一层材料中，一是产生向内传播的热击波，当热击波足够强时，将造成壳体表面的层裂破坏；二是壳体材料液化、汽化后向外喷发，产生作用于壳体的冲量，当冲量足够强时，不仅会使壳体永久变形，还会使壳体屈曲而解体。

2) X 射线的电离辐射效应

高能 X 射线可穿透武器壳体，入射至电子系统，使电子系统中的半导体器件和电路的材料发生电离效应，感生光电流，发生电路扰动或闩锁等瞬时电离效应，进而导致武器装备电子系统出现逻辑错误、干扰乃至烧毁。涉及的效应有剂量率效应和总剂量效应。

1.2.3 核爆炸中子辐射环境及其效应

核爆炸中子分为瞬发中子和缓发中子。核爆炸时伴随裂变反应或聚变反应释放出来的中子为瞬发中子，核爆炸产生的裂变产物释放的中子为缓发中子。一般情况下，瞬发中子强度比缓发中子强度大两个量级以上，对于瞬时电离辐射效应，缓发中子的影响可忽略。

核爆炸中子可穿透武器壳体，入射到导弹和飞行器内部，作用于电子系统，使其性能发生变化。核爆炸中子辐射效应主要包括中子位移效应和中子单粒子效应。

1) 中子位移效应

中子入射半导体材料，与材料原子发生碰撞，导致材料原子偏离正常晶格位置成为间隙原子，并留下一个空位，即形成缺陷。位移缺陷破坏了晶格结构及周期势场，在晶体禁带中引入一个或多个稳定的电子能级，引起材料及器件的电性能发生变化，进而影响系统的功能。

2) 中子单粒子效应

单个中子与半导体材料中的原子发生核反应，产生带电粒子，带电粒子在器件灵敏区发生电离，感生大量电荷，当感生电荷超过器件的临界电荷时，电路的状态就会发生改变，发生单粒子效应。

中子单粒子效应存在中子能量阈值，即高于一定能量的中子才可使半导体器件发生单粒子效应。对于特征尺寸较大的器件/电路，核爆炸中子单粒子效应引起的损伤相比于中子位移损伤可不考虑。目前，电子系统采用了大量先进的、特征尺寸小的器件及电路，发生单粒子效应的中子能量阈值大幅降低，致使核爆炸中子单粒子效应成为造成武器系统中子损伤的重要因素之一。

1.3　瞬时电离辐射效应

核爆炸 γ/X 射线与半导体材料相互作用会产生密度很高的过剩载流子，这些过剩载流子在漂移、扩散过程中，有部分会复合，逃逸复合的载流子到达电极，形成辐射感生光电流，光电流会影响电路的特性和功能，如使数字电路的逻辑电平翻转、运算放大器饱和、集成电路闩锁甚至烧毁。

1.3.1　过剩载流子的产生、复合及输运

1. 辐射感生载流子

电离辐射在材料中沉积能量，产生过剩载流子，使器件处于非平衡状态。在非平衡状态下，半导体载流子浓度通过电子和空穴的复合而趋于平衡状态。在讨论半导体器件瞬时电离辐射效应时，需要考虑两种情况：高水平注入和低水平注入，因为注入水平的不同会影响载流子的复合机制。低水平注入感生的载流子浓度相对其平衡时的多数载流子(简称多子)浓度来说变化较小，即辐射感生的载流子浓度小于平衡时的多子浓度；高水平注入指的是辐射感生的载流子浓度大于或相当于平衡时的多子浓度。

2. 过剩载流子的复合

在非平衡状态下，半导体载流子浓度通过多子和少数载流子(简称少子)的复合而趋于平衡状态，这些辐射感生的载流子的数量和寿命将决定复合率的大小。

对于 N 型硅，少数载流子为空穴，空穴密度的变化率为

$$\frac{\mathrm{d}p'}{\mathrm{d}t} = G_{\mathrm{L}} + G_{\mathrm{th}} - R \tag{1.1}$$

式中，p' 为辐射感生的空穴密度；G_{L} 为辐射引起的载流子产生率；G_{th} 为载流子热产生率；R 为载流子复合率。

定义 $U = R - G_{\mathrm{th}}$ 为净复合率，则式(1.1)变为

$$\frac{\mathrm{d}p'}{\mathrm{d}t} = G_{\mathrm{L}} - U \tag{1.2}$$

载流子复合模型有三种：SRH(Shockley-Read-Hall)复合、俄歇复合和直接复合[3]。在低水平注入(低剂量率辐照)的硅中，SRH 复合作用占主导地位；在高水平注入(高剂量率辐照)的硅中，复合以俄歇复合过程为主；在更高水平注入的硅中，价带空穴和导带电子的直接复合过程开始发挥作用。

3. 过剩载流子的输运

过剩载流子通过漂移和扩散进行输运。过剩载流子在电场的作用下发生漂移。过剩载流子因为不同位置处的密度不同发生扩散，从高密度处向低密度处扩散。对于瞬时电离辐射来说，过剩载流子的输运在器件灵敏区感生光电流，影响器件的性能。

1.3.2 辐射感生光电流的产生

半导体器件或电路的瞬时电离辐射效应主要为光电流的产生及其引起的一系列错误。图 1.1 为典型 PN 结结构。P 区的空穴扩散至 N 区，N 区的多数载流子电子扩散至 P 区，扩散过程持续至内建电场足以阻止载流子的扩散，这时载流子处于一种平衡状态，耗尽区形成，耗尽区的电场方向从 N 区指向 P 区。

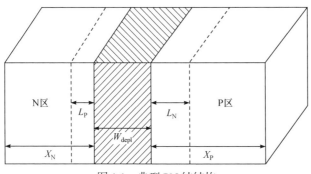

图 1.1 典型 PN 结结构

在零偏压的情况下，PN 结受到瞬时 γ 射线辐照时，在耗尽区产生的载流子在内建电场的作用下向两极漂移，在外回路形成微弱光电流。对于正向偏置的 PN 结，如果所加的电压不足以抵消内建电场，PN 结内建电场仍然存在，但电场强

度变小，在瞬态辐射下，PN 结产生的光电流方向从 N 区指向 P 区，与正向偏置下 PN 结的电流方向相反，所以正向偏置下 PN 结辐射感生光电流导致正向导通电流降低[4]。

当 PN 结反向偏置时，外加电场与内建电场方向一致，使耗尽区变宽，有利于少数载流子的运动。当 PN 结受到瞬态 γ 射线辐照时，耗尽区产生的载流子在电场的作用下，很快向两极漂移，形成瞬时光电流，电流方向从 N 区指向 P 区，当 $t < W/(\mu E)$，瞬时光电流与剂量率的关系如下：

$$J_{\text{depl}} = qg_0\dot{D}\mu Et \tag{1.3}$$

当 $t \geqslant W/(\mu E)$，瞬时光电流与剂量率的关系如下：

$$J_{\text{depl}} = qg_0\dot{D}W \tag{1.4}$$

式(1.3)和式(1.4)中，J_{depl} 为辐射感生的瞬时光电流密度，单位 A/cm^2；q 为电荷电量，单位 C；g_0 为载流子产生率，单位电子空穴对/[Gy(Si)·m^3]；W 为耗尽区宽度，单位 m；$\dot{D}$ 为辐射剂量率，单位 Gy(Si)/s；μ 为迁移率，单位 m^2/(V·s)；t 为时间，单位 s；E 为电场强度，单位 V/m。

在耗尽区外产生的电子空穴对，可以通过扩散到达耗尽区被收集，形成光电流的扩散成分，电流方向从 N 区指向 P 区。耗尽区外一个扩散长度内产生的载流子都可以被收集，产生光电流，一个扩散长度外的载流子对光电流的贡献很小。由电子和空穴扩散感生的光电流 J_n 和 J_p 分别为

$$J_n = q\mu_n\Delta nE_n + qD_n\frac{\partial\Delta n}{\partial x} \tag{1.5}$$

$$J_p = q\mu_p\Delta pE_p - qD_p\frac{\partial\Delta p}{\partial x} \tag{1.6}$$

式中，μ_n、μ_p 分别为电子、空穴的迁移率，单位 m^2/(V·s)；D_n、D_p 分别为电子、空穴的扩散系数，单位 m^2/s；n、p 分别为电子、空穴的密度，单位 1/m^3；E_n、E_p 分别为耗尽区两侧准中性区内由于载流子流动产生的电场强度，单位 V/m。

在 J_n、J_p 中不仅有扩散光电流成分，也存在部分漂移光电流成分，因为在耗尽区两侧的准中性区存在载流子的流动，产生一定的电场，在电场作用下，会有载流子发生漂移，产生光电流。

对于反向偏置 PN 结，辐射感生的光电流分为三部分，即 $J_{\text{total}} = J_n + J_p + J_{\text{depl}}$。

1.3.3 晶体管的瞬时电离辐射效应

1. 二极管的初始光电流

二极管辐射感生光电流中的瞬态成分，由耗尽区载流子漂移形成，其电荷收

集速度很快，从电荷产生到电荷收集的时间为纳秒级，这部分光电流不需要考虑时间响应的问题。对于从两侧准中性区扩散至耗尽区的载流子形成的扩散光电流，其响应时间与二极管结构、少数载流子的寿命等有很大的关系。例如，对于 P^+N 二极管，其辐射感生的光电流包括响应很快的瞬时光电流成分、响应较慢的从轻掺杂 N 区扩散至耗尽区的光电流成分和响应相对较快的从重掺杂 P^+ 区扩散至耗尽区的光电流成分。

在辐射脉冲没有结束之前，初始光电流随着时间的增加而增加；当脉冲结束后，漂移量为零，扩散分量减小，总的光电流是逐渐减小的。初始光电流分为稳态初始光电流和瞬态初始光电流。当辐射脉冲的宽度超过半导体器件少数载流子寿命的一倍时，所产生的初始光电流为稳态初始光电流；反之，所产生的初始光电流为瞬态初始光电流。

2. 三极管的次级光电流

次级光电流是初始光电流的倍增作用引起的。当基极开路，集电结反偏，发射结正偏，在脉冲 γ 射线辐照下，在集电结产生的载流子沿电场漂移；在基区的电子向结区扩散，在集电区一个扩散长度内的空穴扩散到结，而后到达基区，这样基区的空穴大量增加，使得基区和发射区之间的势垒降低，导致发射结正偏，发射区的大量电子进入基区，除少数电子与空穴复合外，大部分电子扩散到集电结被电场收集，形成扩散光电流。这样形成的光电流为次级光电流。

1.3.4 集成电路的瞬时错误

集成电路在瞬时电离辐射的作用下，无论是数字电路还是模拟电路，都会因光电流的产生而出现电路状态或信号错误。当脉冲辐射感生的光电流足够大时，由于电容充电，晶体管导通或截止或输出电压超过器件"0"和"1"逻辑噪声容限，就能使数字电路的逻辑电平翻转，存储器因读写错误而丢失数据或信息出错；模拟电路具有高增益特点，因而会出现更为敏感的扰动。辐射引起的瞬时扰动或瞬时翻转错误，一般在辐射脉冲过后会得到纠正，但如果翻转持续时间过长，会对整个电路或系统产生影响[5-7]。

1) 局部光电流及局部翻转

在瞬时 γ 射线辐照下，P 阱互补金属氧化物半导体(complementary metal-oxide-semiconductor，CMOS)反相器结构感生的光电流如图 1.2 所示，其中光电流 I_1 产生于 P 阱和 N 衬底结区，光电流 I_2 和光电流 I_3 为 N 型金属氧化物半导体(N-metal-oxide-semiconductor，NMOS)管和 P 型金属氧化物半导体(P-metal-oxide-semiconductor，PMOS)管的漏区产生的光电流。MOS 管源区产生的光电流使源极-衬底结导通，在节点附近产生循环光电流，这样的光电流对器件性能没有太大的影响。六管CMOS静态随机存储器(static random access memory，SRAM)存储单元由两个反相器互为输入输出连接而成，在瞬时电离辐射下，每个 PN 结都会感生光电流，这些光电流相当于在电路各节点引入了噪声，引起存储内容发生变化。当噪声比较小时，辐射消失后，电路的状态会在一定时间内恢复，这种效应称为扰动；当噪声较大时，存储内容发生变化，但整个存储器的读写功能正常，这种效应即为翻转效应。由局部 PN 结光电流直接引起的翻转称为局部翻转。

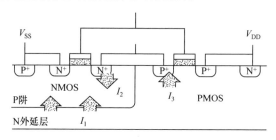

图 1.2　CMOS 反相器结构感生的光电流

2) 全局光电流及路轨塌陷效应

对于集成电路来说，瞬时电离辐射效应是一种全局效应。所有内部电路的辐射感生光电流都流入电源线或地线，电源线存在一定的互连电阻，电流的流入会引起电路内部 V_{DD} 和 V_{SS} 的值与整个芯片焊接点处相应的值不同。电路内部电压值($V_{DD}-V_{SS}$)的降低称为路轨塌陷，汇集于布线上的光电流即为全局光电流。对于存储器来说，全局光电流会引起存储单元电源电压的降低，导致存储单元的噪声容限降低，在局部光电流的作用下，存储单元发生翻转；如果全局光电流很大，会导致存储单元发生断电，存储内容全部丢失。

路轨塌陷效应是一种全局翻转效应，在大规模 CMOS 集成电路中普遍存在。

1.3.5 集成电路的瞬时辐射闩锁

1. 瞬时辐射闩锁机理

在含有寄生 PNPN 结构的 MOS 或双极集成电路中，闩锁是瞬时辐射环境中比较严重的问题。闩锁一般在集成电路中引起，在瞬时辐射下，寄生晶体管可能会处于低阻导通状态，引起电源电流的快速增加，只有通过断电才可消除闩锁，否则有可能引起电路的烧毁。

以 CMOS 结构分析瞬时辐射闩锁产生机制。图 1.3 为 N 阱 CMOS 反相器中的寄生晶体管结构。CMOS 反相器中寄生有两个横向 PNP 晶体管 LT1 和 LT2、两个纵向 NPN 晶体管 VT1 和 VT2。N 阱既是每个纵向 PNP 晶体管的基区，又是每个横向 NPN 晶体管的集电区；同样，P 衬底既是横向 NPN 晶体管的基区，又是纵向 PNP 晶体管的集电区。寄生的纵向 PNP 结构和横向 NPN 结构形成四层 PNPN 结构，某一个晶体管的发射极为另一个晶体管的基极，两个晶体管组成的 PNPN 四层结构构成正反馈网络，当 CMOS 电路正常工作时，PNPN 四层结构处在高阻断开状态。辐射在任意一个晶体管的基区产生的电流使晶体管开启，在其发射极就有放大的电流，此电流又为另一个晶体管的基极电流，迫使另一个晶体管开启，这样电流迅速增加，如果不断电，就有可能烧毁器件[8-9]。

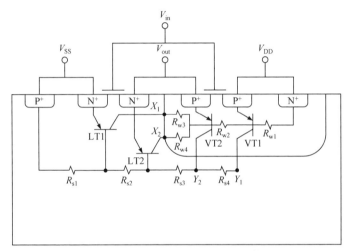

图 1.3 N 阱 CMOS 反相器中的寄生晶体管结构

为了分析闩锁，可把图 1.3 简化为图 1.4，其中 R_{w1} 为 N 阱接触与寄生的纵向晶体管基区的电阻，R_{w2} 为 N 阱的电阻，R_{s1} 为 P 衬底接触与寄生的横向晶体管基区的电阻，R_{s2} 为衬底的电阻。在瞬时辐射下，PN 结感生光电流，如果在 R_{s1} 上的压降大于寄生的 NPN 晶体管基极-发射极结的正向压降，便能引起 NPN 晶体管导通，一旦 NPN 晶体管导通，在其收集极会有放大的电流，即会有电流流过电阻 R_{w1}，这样如果 R_{w1} 上的压降大于 PNP 晶体管发射极-基极结的正向压降，则引起 PNP 晶体管导通。PNP 晶体管的导通又增加了 R_{s1} 的压降，使 NPN 晶体管进一步导通。如此循环，最终使寄生的 NPN 晶体管和 PNP 晶体管达到饱和，从而引起四层结构发生闩锁，使电源与地之间的高阻通道变成低阻通道，电源电流迅速增加，这时即使没有光电流的支持，这种状态也可以持续下去，而电路只有重新加电，其功能才可恢复。

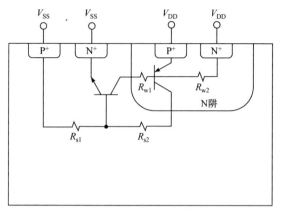

图 1.4 四层 PNPN 结构图

图 1.5 为 PNPN 结构的 *I-V* 曲线，PNPN 结构在正向偏置条件下，器件最初处于正向阻断状态，当电压达到转折电压 V_S 时，器件会经过负阻区，由阻断状态进入导通状态，电路进入正向导通后，只要电路中的电流大于等于维持电流 I_H，器件将一直处于正向导通状态，只有电流小于 I_H 时，器件才会恢复到正向截止状态。

发生瞬时辐射闩锁必须满足以下几个条件：

(1) 两个寄生晶体管的发射结正向偏置，且有明显的光电流注入；

(2) 两个寄生晶体管的增益满足：$\beta_{NPN} \cdot \beta_{PNP} \geq 1$；

(3) 电源能够提供大于维持电流 I_H 的电流。

如果满足以上条件，且辐射感生的光电流被放大到大于电路闩锁触发电流时，即可发生闩锁。

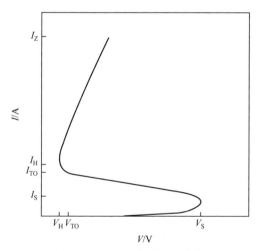

图 1.5 PNPN 结构的 *I-V* 曲线

2. 闪锁窗口

在集成电路瞬时辐射闪锁中，可能有闪锁窗口的存在[10-12]。集成电路在某种剂量率条件下发生闪锁，但在增高一些剂量率水平时，集成电路又不发生闪锁而正常工作，在更高的剂量率水平下又发生闪锁。在两个发生闪锁的剂量率水平之间且不发生闪锁的剂量率范围称为闪锁窗口。不是所有的集成电路都存在闪锁窗口，有的集成电路不止有一个闪锁窗口。对闪锁窗口目前没有明确定论。物理上的分析：在集成电路中存在多个 PNPN 四层结构，它们会相互作用，在某个剂量率下产生的光电流会相互抵消，致使不发生闪锁效应。

1.3.6 瞬时辐射烧毁

在瞬时辐射环境中，如果电路内 PN 结感生的光电流过大，则可导致 PN 结击穿；如果在金属互连线上通过过高的电流，会引起金属互连线的熔断开路；高剂量率的热应力可使电路焊接引线断裂等，这些效应都可导致电路永久失效。

1.4 本 书 内 容

第 1 章简述核爆炸辐射环境及其效应。从瞬时辐射下过剩载流子的产生、输运、复合，到光电流的产生，以及在光电流作用下的扰动、翻转及闪锁，介绍了瞬时电离辐射效应机理及规律，还介绍了本书各章的主要内容。

第 2 章介绍模拟集成电路的瞬时电离辐射效应。主要以运算放大器和电源芯片为例，详细介绍效应机理、不同工艺模拟电路瞬时电离辐射效应的差异、正交设计法确定集成电路最劣辐照偏置、模拟集成电路瞬时电离辐射效应的仿真方法等。

第 3 章针对大规模数字集成电路抗辐射性能试验测试需求，提出效应测试参数选取原则，结合静态随机存储器、微处理器、现场可编程门阵列(field programmable gate array，FPGA)和片上系统(system on chip，SoC)芯片等常见大规模数字集成电路，介绍典型测试系统架构和典型试验结果。

第 4 章主要介绍在瞬时电离辐射环境下的脉冲宽度效应。给出了辐射感生光电流、电路辐射损伤阈值等与脉冲宽度的关系，分析双极电路和 CMOS 电路的脉冲宽度效应。利用等效剂量率的概念，对瞬时辐射三种损伤模式下的损伤阈值与脉冲宽度的关系进行理论分析，给出辐射损伤阈值与脉冲宽度关系的计算公式。

第 5 章主要介绍瞬时电离辐射效应器件级仿真方法和电路级仿真方法。器件级仿真方法主要包括瞬时电离辐射效应器件级仿真软件、数值计算模型与物理模型、脉冲γ射线辐照模型等，还给出了初始光电流、次级光电流、CMOS反相器瞬时电离辐射效应等仿真结果；在电路级仿真方法中，主要介绍基于Cadence版图提取待分析电路网表、适用于较宽剂量率范围的瞬时光电流模型，以及少数载流子扩散系数与少数载流子寿命的修正方法、结合版图布局的瞬时剂量率效应仿真方法等内容的电路级仿真流程。

第6章主要介绍体硅CMOS电路在瞬时电离辐射环境中的闩锁和阻锁。闩锁是体硅CMOS电路中寄生PNPN结构导通产生的破坏性效应，本章阐述了其产生机理，并推导形成闩锁的微分判据条件和动态判据条件，通过对判据参数的测量可以预测触发闩锁的光电流阈值。

第7章主要介绍我国可进行瞬时电离辐射效应试验的模拟源、辐射场参数测试技术、辐射效应测试技术、脉冲激光辐照模拟瞬时电离辐射效应的试验技术、瞬时电离辐射效应试验相关标准及规范等。

第8章主要介绍样本空间排序法在电子器件抗瞬时电离辐射性能评估中的应用。从瞬时电离辐射效应数据特征入手，分析样本空间排序法的可行性；基于试验数据，从理论分析、实例计算两方面说明样本空间排序法较经典参数法的优异性；建立了基于区间删失数据获取失效分布模型的试验方法，采用蒙特卡罗模拟方法再抽样说明样本空间排序法具有保守性。

附录A给出了基于样本空间排序法计算失效情况下生存概率置信下限的程序源代码。

参 考 文 献

[1] MA T P, DRESSENDORFER P V. Ionizing Radiation Effects in MOS Devices and Circuits[M]. New York: Wilely-Interscience Publication, 1989.

[2] 王建国, 牛胜利, 张殿辉, 等. 高空核爆炸效应参数手册[M]. 北京: 原子能出版社, 2010.

[3] 吉利久. 计算微电子学[M]. 北京: 科学出版社, 1996.

[4] ALEXANDER D R. Transient ionizing radiation effects in devices and circuits[J]. IEEE Transactions on Nuclear Science, 2003, 50(3): 565-582.

[5] MASSENGILLL W, DIEHL-NAGLE S E. Analysis of transent radiation upset in a 2k SRAM[J]. IEEE Transaction on Nuclear Science, 1985, 32(6): 326-330.

[6] MASSENGILL L W, DIEHL-NAGLE S E. Transient radiation upset simulation of CMOS memory circuits[J]. IEEE Transaction on Nuclear Science, 1984, 31(6): 1337-1343.

[7] MASSENGILL L W, DIEHL-NAGLE S E. Dose-rate upset in a 16k CMOS SRAM[J]. IEEE Transaction on Nuclear Science, 1986, 33(6): 1541-1544.

[8] 陈欣, 陈婷婷. CMOS结构中的闩锁效应[J]. 微电子技术, 2003, 31(6): 19-21.

[9] 钱敏. CMOS集成电路闩锁效应的形成机理和对抗措施研究[J]. 苏州大学学报(自然科学版), 2003, 19(14):

31-38.

[10] 许献国, 杨怀民, 胡健栋. 对辐射感应闭锁窗口的解释[J]. 信息与电子工程, 2004, 2(4): 314-317.

[11] 许献国, 杨怀民, 胡健栋. CMOS 集成电路闭锁特性和闭锁窗口分析[J]. 核电子学与探测技术, 2004, 24(6): 674-678.

[12] 许献国, 徐曦, 胡健栋, 等. "三径"闭锁窗口模型的实验研究[J]. 强激光与粒子束, 2005, 17(4): 633-636.

第 2 章　模拟集成电路瞬时电离辐射效应

2.1　引　　言

模拟集成电路具备高频、高速、强驱动能力、低噪声和优良的匹配特性等优点，因此被大量应用于电子系统中[1]。模拟集成电路组成的系统可完成信息的采集、放大、比较、变换、传输等功能，在信息的传输、处理、控制等过程中都发挥着重要作用[2]。辐射环境对模拟集成电路的性能会产生不同程度的影响，继而影响电子系统的性能，导致电子系统出现故障，严重的会使系统功能失效。在模拟集成电路中，晶体管通常处于线性放大工作区，在瞬时电离辐射作用下，感生的光电流很容易使晶体管偏离正常工作状态。

2.2　模拟集成电路瞬时电离辐射效应机理

瞬时电离辐射下，模拟集成电路会发生瞬时扰动、闩锁和烧毁等不同效应。

2.2.1　瞬时扰动

对于模拟集成电路，通常采用 PN 结隔离工艺，电路中有大量的隔离二极管，这些二极管与衬底电源相连，在瞬时 γ 射线辐照下，感生光电流，输出端电压和电源电流发生瞬态变化。当剂量率较高时，电路中晶体管瞬时饱和，会使正负电源暂时短路。对于双极型运算放大器来说，瞬时电离辐射效应主要表现为电路正负电源瞬时短路及短路后电路恢复过程中输出状态和电源电流的变化。

比较器是一种特殊的运算放大器，用于比较两个输入端之间的电压差。比较器工作于开环形式，输出全为高电平或全为低电平，因此它输出的是逻辑信号，输出常与逻辑器件相连。图 2.1 是单端比较器工作原理图及输出电压随输入电压的变化关系。当正输入电压为零时，输出电压发生变化。零点产生条件为 $V_i = V_{ref} \times (R_1/R_2)$。图 2.2 是不同剂量率下比较器 LM119H 的辐射响应[6]，可以看出剂量率较高时，输出电压出现瞬时饱和现象。

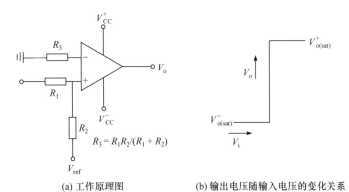

(a) 工作原理图　　　　　　　　(b) 输出电压随输入电压的变化关系

图 2.1　单端比较器工作原理图及输出电压随输入电压的变化关系

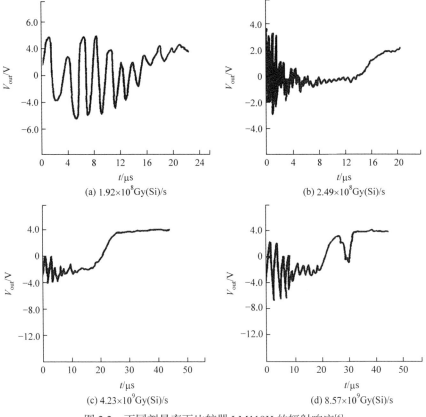

(a) 1.92×10^8 Gy(Si)/s　　　　　　　　(b) 2.49×10^8 Gy(Si)/s

(c) 4.23×10^9 Gy(Si)/s　　　　　　　　(d) 8.57×10^9 Gy(Si)/s

图 2.2　不同剂量率下比较器 LM119H 的辐射响应[6]

　　集成稳压电源又称集成稳压器，是线性集成电路的一个重要分支，在电子设备小型化和轻量化发展中受到极大重视。集成稳压器产品由过去的混合式集成稳压器发展到单片式集成稳压器，即把构成稳压器的调整晶体管、取样电路、比较器、基准电压源、启动电路和保护电路等几个部分集成到一个芯片上。集成稳压器可分为输出电压固定式集成稳压器和输出电压可调式集成稳压器，两种集成稳压器的结构和工作原理几乎一致，所不同的是输出电压可调式集成稳压器的取样电阻阻值可调。图 2.3 为输出电压可调式集成稳压器 LM117 的辐照试验线路图及其在 $2\times10^8\text{Gy(Si)/s}$ 剂量率下的瞬时辐射响应，输出电压在 28V 时的饱和时间为 32μs。集成稳压电源的瞬时剂量率效应主要由其中的运算放大器决定。

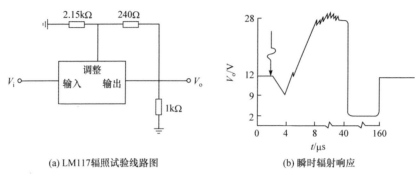

(a) LM117辐照试验线路图　　　　　　　(b) 瞬时辐射响应

图 2.3　LM117 的辐照试验线路图及其在 $2\times10^8\text{Gy(Si)/s}$ 剂量率下的瞬时辐射响应[6]

2.2.2　瞬时辐射闩锁

CMOS 模拟集成电路由于其工艺与 CMOS 数字电路集成工艺兼容，因此应用也较为广泛。CMOS 模拟集成电路工艺中，由于隔离阱结面积很大，受到瞬时 γ 射线辐照时，会产生较大光电流。与 CMOS 数字电路相似，由于其固有的 PNPN 结构，CMOS 运算放大器等模拟电路也会发生闩锁[7]。图 2.4 为 N 阱 CMOS 工艺器件的截面图，图中体现出了寄生晶体管及闩锁通道。寄生双极晶体管处于一个正反馈结构中，当流出阱的光电流使寄生的 PNP 晶体管开启，PNP 晶体管的集电极电流为 NPN 晶体管提供基极驱动电流，而 NPN 晶体管集电极的电流又为 PNP 晶体管提供基极驱动电流，这样寄生的可控硅整流器(silicon-controlled rectifier, SCR)结构使器件迅速进入一个低电压、高电流的工作模式，这种模式会使器件受到致命的损伤。形成闩锁的条件：①寄生的 PNP、NPN 晶体管的增益大于 1；②通过 SCR 的电压大于闩锁维持电压。在 CMOS 运算放大器的瞬时电离辐射效应研究中，不仅要分析电路输出状态和电源电流的变化，还要重点考虑瞬时辐射闩锁，测量其发生闩锁的阈值。

为了同时利用双极运算放大器高跨导值、驱动能力强和 CMOS 运算放大器高输入阻抗的优点，工程师将双极晶体管和 MOS 晶体管设计到同一芯片上，设计出双极金属氧化物半导体(bipolar metal-oxide-semiconductor, BiMOS)运算放大器[8]。BiMOS 运算放大器输入差分对由 MOS 管组成，可以为放大器提供极大的输入电

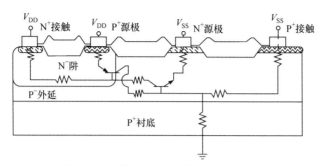

图 2.4 N 阱 CMOS 工艺器件的截面图

阻,放大级和输出级采用双极晶体管以实现高增益和强带载能力。BiMOS 运算放大器的瞬时电离辐射效应与 MOS 管和双极晶体管均有关,但是在 CMOS 中未形成闩锁通道时,其瞬时电离辐射效应与双极运算放大器没有本质差别。

双极工艺和 BiMOS 工艺模拟集成电路在满足一定条件时也会发生闩锁,发生闩锁的机制类似[3,4,9],不过发生闩锁的概率要比 CMOS 工艺模拟集成电路低得多。工艺上可以通过降低寄生晶体管的增益,或阻止某个寄生晶体管开启的办法控制电路的闩锁效应,也可以应用高阻抗或低容量偏压电源来抑制闩锁[5,10-11]。

2.3 不同工艺集成运算放大器瞬时电离辐射效应

集成运算放大器是一类比较重要的模拟集成电路,包括双极工艺、BiMOS 工艺、CMOS 工艺、结型场效应晶体管(junction field effect transistor,JFET)工艺、PMOS 工艺等运算放大器。表 2.1 给出了不同工艺运算放大器的型号及相关参数。本节以表 2.1 中器件为对象,讨论运算放大器的瞬时电离辐射效应。

表 2.1 不同工艺运算放大器的型号及相关参数

器件工艺	器件型号	单位增益带宽/MHz	压摆率/(V/μs)	工作电压/V
BJT[①]	SF9618	<200	<1800	±6
	Lm108	1	0.3	±20
	μA741	<1	0.6	±22
JFET-Bi	OP42	10	55	±20
PMOS-Bi	CA3140	2	9	±36
CMOS	TLC272	1.5	3	+18
	MC14573	1	0.8	±7.5

① 双极晶体管(bipolar junction transistor,BJT)。

　　由于双极晶体管为少子导电器件，MOS 晶体管为多子导电器件，两种晶体管的瞬时电离辐射效应有很大差异，因此不同工艺运算放大器的瞬时电离辐射效应也会明显不同。在双极运算放大器中，SF9618 是一种电流反馈型放大器，具有建立时间短、压摆率高和带宽高的优点，具有 450MHz 小信号带宽和 180MHz 大信号带宽，SF9618 瞬时电离辐射效应在大带宽的新型双极运算放大器中具有一定代表性。Lm108 和 μA741 均是典型的双极运算放大器，具有经典的四层结构，它们均由偏置电路、输入级、中间级、输出级及短路保护电路组成，显著的差别是 Lm108 没有内补偿电容，在进行辐照试验时需要外加补偿电容，而 μA741 具有内补偿电容，在进行辐照试验时不需要外加电容，这两种运算放大器均可在较大的电源电压范围内稳定地工作。OP42 是 JFET 输入 BiMOS 运算放大器，具有高速、调节快的特点。CA3140 是一种差分输入级为 PMOS 晶体管，其余电路均为双极晶体管的典型 BiMOS 运算放大器，具有非常高的输入阻抗、极低输入电流和高速性能。在 CMOS 运算放大器中，TLC272 是采用线性硅栅 CMOS 工艺的单电源精密双集成运算放大器，提供远超过传统金属硅栅工艺所能得到的失调电压稳定度。MC14573 是一种典型的 CMOS 工艺运算放大器，可以通过外部的电阻对运算放大器功耗和压摆率进行调节。

2.3.1　双极运算放大器

　　对双极运算放大器 SF9618、Lm108 和 μA741 进行不同剂量率辐照试验，辐照剂量率在 10^6Gy(Si)/s 到 10^9Gy(Si)/s 之间。随着剂量率的增大，双极运算放大器输出效应主要表现为输出电压扰动幅值和电路恢复时间的变化，扰动幅值随着剂量率增大而增大，并在一定剂量率下饱和，当剂量率再增大时扰动幅值饱和持续时间增长；电路恢复时间也随着剂量率的增加而增加。

　　图 2.5 是 SF9618 的输出端口瞬时辐射效应波形，剂量率为 1.8×10^9Gy(Si)/s，辐照试验时电源接 ±5V 电压，输入信号为电压为 150mV、周期为 10MHz 的正弦波信号。图 2.6 为 LM108 的输出端口瞬时辐射效应波形，剂量率为 6.3×10^8Gy(Si)/s，辐照试验时电源电压接 ±10V，输入频率为 10kHz 的正弦波信号，并在运算放大器 1、8 引脚之间加入 100pF 补偿电容以使极点分离。图 2.7 是 μA741 在剂量率为 1.1×10^9Gy(Si)/s 和 3.2×10^8Gy(Si)/s 时的瞬时辐射效应波形。试验采用 2 倍反相放大电路接法，输入信号为 0 到 1V 正弦波信号，电源电压为 ±15V。与其他双极运算放大器瞬时辐射效应类似，在辐照瞬间输出与负电源之间短路，输出电压降至负电源电压水平，并在底部振荡一定时间后有一个陡峭的上升沿上升至高电平，之后慢慢恢复。不同运算放大器输出电压扰动幅值及电路恢复时间与工艺结构及外加偏置有关。对于双极运算放大器，单位增益带宽越高、压摆率越大，输出扰动恢复时间越短。

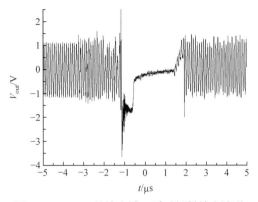

图 2.5　SF9618 的输出端口瞬时辐射效应波形

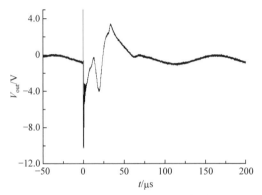

图 2.6　LM108 的输出端口瞬时辐射效应波形

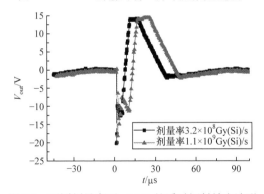

图 2.7　不同剂量率下 μA741 的瞬时辐射效应波形

2.3.2　BiMOS 运算放大器

　　BiMOS 运算放大器瞬时电离辐射效应与双极运算放大器具有相似的规律, 这是由于大多数 BiMOS 运算放大器与双极运算放大器的差别只是 BiMOS 运算放大器的输入级采用 MOS 管组成的差分对, 可以为运算放大器提供极大的输入电阻,而对瞬时电离辐射敏感的放大级和输出级均采用双极晶体管设计。图 2.8 为 OP42 在 5 倍反相放大电路下的效应波形。在 γ 射线辐照瞬间输出电压被拉低至负电源电压水平，持续十几微秒后被拉升，在振荡两个周期后波形开始恢复。图 2.9 为 CA3140 在单位增益电路下对不同输入信号的效应波形，在 γ 射线辐照瞬间输出电压被拉低至负电源电压水平，并在辐照后 2μs 左右被迅速拉升至负电源电压的一半处，之后被慢拉升至低电平，此时输出电压陡增至 2.5V 左右并在高处振荡，正弦波输入情况明显比方波输入情况在高处振荡的时间长。恢复时间定义为辐照瞬间到输出波形恢复正常的时间，也称为扰动时间。

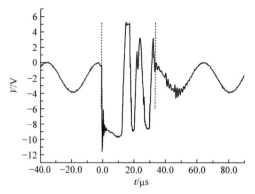

图 2.8　OP42 在 5 倍反相放大电路下的效应波形

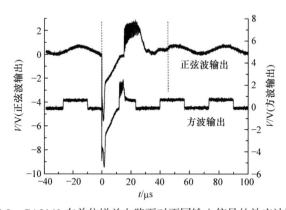

图 2.9　CA3140 在单位增益电路下对不同输入信号的效应波形

2.3.3　CMOS 运算放大器

TLC272 电路对瞬时电离辐射很敏感，在 4.3×10^6Gy(Si)/s 的 γ 射线辐照下，电路就已经烧毁。图 2.10 是 TLC272 输出端在辐照瞬间及辐照后的波形，其中剂量率为 4.3×10^6Gy(Si)/s，电源电压为 ±5V，输入 30kHz 正弦波信号。在 γ 射线辐照电路瞬间，输出电压被迅速拉至接近负电源电压水平，振荡一次后在 30μs 左右升至 0V，原因可能是在输出端和正电源端之间接有一个电阻和一个 NMOS 管，而在输出端和负电源端之间只有一个 NMOS 管，当高剂量率的 γ 射线照射 NMOS 管时产生大量载流子形成较大的瞬时光电流，此时晶体管相当于短路，于是流过电阻的大电流将输出电压拉至负电源电压水平。输出电压在 0V 保持 200μs 左右后开始慢慢升至高电平，并在辐照后变为 2.5V 左右，说明运算放大器芯片已经烧毁。该过程是由于大的光电流使 CMOS 运算放大器中固有的 PNPN 四层结构导通，产生闩锁，使输出电压变为 0V，并使正负电源短路产生大电流，而 TLC272 中没有有效的短路保护电路，导致该运算放大器烧毁。

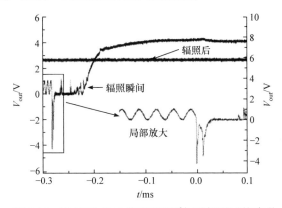

图 2.10　TLC272 输出端在辐照瞬间及辐照后的波形

对 MC14573 进行不同剂量率辐照试验，图 2.11 为 MC14573 瞬时辐射效应波形。试验时输入信号为 0 到 1V 的正弦波信号，电源电压为 ± 5V。图中分别标出发生闩锁和未发生闩锁时辐照瞬间运算放大器输出波形。发生闩锁时，辐照瞬间输出电压被拉高，输出端和正电源端短路；未发生闩锁时，效应与双极运算放大器效应类似，在辐照瞬间输出端与负电源端短路。MC14573 运算放大器的闩锁阈值在 1.4×10^7 Gy(Si)/s 左右。

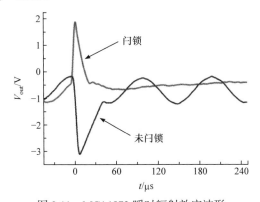

图 2.11　MC14573 瞬时辐射效应波形

2.3.4 不同工艺运算放大器效应规律

从不同工艺运算放大器试验发现，运算放大器瞬时辐射效应恢复时间与运算放大器带宽和压摆率有很大关系，并受到外加偏置的影响。双极运算放大器与 BiMOS 运算放大器辐射效应具有相似的规律，主要因为 BiMOS 运算放大器只有输入差分对是场效应管，其余晶体管均为双极晶体管，而由于差分对的对称结构，其对瞬时辐射并不是很敏感。CMOS 运算放大器对瞬时电离辐射较为敏感，其中 TLC272 当剂量率在 $4.3 \times 10^6 \mathrm{Gy(Si)/s}$ 时就会烧毁，而 MC14573 在 $1.4 \times 10^7 \mathrm{Gy(Si)/s}$ 左右发生闩锁，这是由于商用 CMOS 运算放大器存在寄生 NPN 和 PNP 晶体管，形成正反馈结构，瞬时辐射产生的光电流会被正反馈结构放大，使器件闩锁。

试验时对不同剂量率下 OP42、CA3140 及 μA741 的恢复时间和输出响应扰动幅度进行了测量，图 2.12 为三种运算放大器恢复时间与剂量率的关系。剂量率较低时($10^8 \mathrm{Gy(Si)/s}$ 左右)瞬时扰动恢复时间随剂量率增大呈指数增长，在剂量率较高时恢复时间随剂量率增大变化较缓，表现出饱和特性。OP42、CA3140 和 μA741 扰动幅度与剂量率关系分别如图 2.13、图 2.14 和图 2.15 所示，由于受到电源电压的限制，扰动幅度随剂量率的变化幅度非常有限。

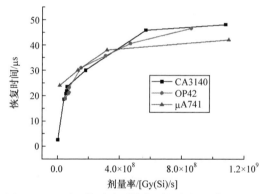

图 2.12　三种运算放大器恢复时间与剂量率的关系

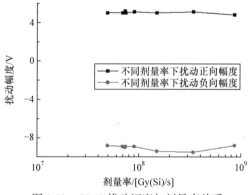

图 2.13　OP42 扰动幅度与剂量率关系

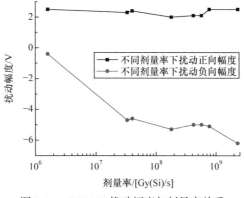

图 2.14　CA3140 扰动幅度与剂量率关系

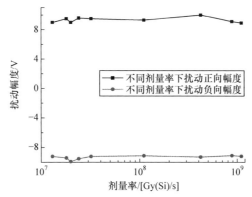

图 2.15　μA741 扰动幅度与剂量率关系

2.4　低压差线性稳压器瞬时电离辐射效应

　　低压差线性稳压器(low dropout regulator, LDO)以超低的压差和功耗在低电压供电应用上发挥重要作用。尤其是在高性能数字处理系统中, LDO 可以通过外部调整元件提供灵活的输出电压, 满足系统中需多种电压供电的要求。在国防和军事领域, LDO 也应用广泛, 在一些如电离辐射、中子辐射等恶劣环境中应用时, 需要 LDO 产品具有一定的抗辐照能力, 而理解 LDO 的辐射效应规律和损伤机理是器件选型和针对性加固的关键。

　　对于双极型 LDO 而言, 双极型两管、三管能隙基准源利用三极管 B-E 结正向电压与电源电压无关的特性, 可以得到不同的对电源电压和温度不敏感的稳定电压, 被广泛应用在电压比较器、集成稳压器, 以及数模转换器等集成电路中。在瞬时辐射环境下, 三极管中将产生初始光电流 I_p 和次级光电流 $h_{fe} \times I_p$, h_{fe} 为三极管增益。一般集成电路中的三极管放大倍数较大, 所以次级光电流也较大, 导致工作在截止状态或弱开启状态的三极管出现瞬时导通，改变电路的偏置条件，影响电路输出状态。在两管或三管能隙基准源电路中，一些连接电源或地的晶体管是分析其瞬时辐射效应的关键部分，这些晶体管的瞬时导通可以使输出参考电压上拉至电源电压或下拉至零电平，从而导致以基准源为参考电压的电路功能失效。伴随着瞬时光电流造成的电压扰动消失，电路工作状态也逐渐恢复，输出电压趋于正常，一般这个恢复过程需要几十微秒甚至几百微秒。

对于 CMOS 结构或 BiCMOS 结构的 LDO，面积较大的 NMOS 管和 PMOS 管相邻，形成寄生的 PNPN 四层结构，器件正常工作时，该四层结构处于截止状态，而受到瞬时射线辐照时，感生的光电流可以触发寄生四层结构导通，形成低阻通道，即"闩锁"。闩锁是器件非常严重的失效模式之一，持续的大电流会使电路彻底烧毁，因此，在电路加固设计时，避免闩锁是首先需要考虑的问题。

2.4.1　两管能隙基准源低压差线性稳压器

AMS1117 是一款双极工艺、两管能隙基准源 LDO，输入电压为 5V，输出电压为 3.3V、2.5V 和 1.8V。辐照试验时，输入端并联 220μF 电容，以使输入电压稳定，且能够在辐照瞬间为电路提供电流；输出端采用了以下三种负载，①电阻负载：负载为 50Ω 电阻；②阻容负载：负载为 50Ω 电阻和 10μF 电容；③复合负载：负载为 50Ω 电阻、10μF 电容及一个集成电路。图 2.16 为 AMS1117 在不同负载时的瞬时辐射响应。

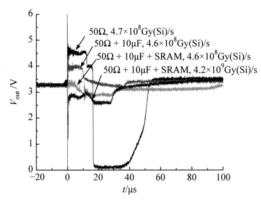

图 2.16　AMS1117 在不同负载时的瞬时辐射响应

AMS1117 在受到瞬时辐照时，输出电压出现了一定程度的扰动，但在不同负载下，输出扰动有明显差异，主要表现如下。

(1) 采用电阻负载时，器件受辐照后输出电压先由 3.3V 快速抬升至约 4.5V，持续约 16μs 后又快速下降至零电平附近，经过约 36μs 后恢复至 3.3V。

(2) 采用阻容负载时，在辐照瞬间器件输出电压仍会快速抬升至 4V，持续约

10μs 后缓慢恢复至 3.3V。

(3) 采用复合负载,当剂量率为 $4.6×10^8$Gy(Si)/s 时,器件受到辐照后输出电压不会向上抬升,而是下降至约 3.0V,并持续约 30μs 后逐渐恢复;当剂量率为 $4.2×10^9$Gy(Si)/s 时,辐照瞬间器件输出电压会快速向下跳变至约 2.6V,持续约 30μs 后逐渐恢复至 3.3V。

比较 LDO 在不同负载下的瞬时辐射响应可以发现,输出端没有容性负载时,输出电压扰动向上跳变和向下跳变的幅度最大且持续时间最长;当输出端并联 10μF 电容时,输出电压向下跳变的扰动消失,向上跳变的扰动幅度也有一定减小;当输出端再并联一个集成电路时,输出电压向上跳变的扰动减小,并且随着剂量率的增加,输出电压逐渐转变成向下跳变,且下降幅度也增加。说明不同负载对 LDO 的瞬时辐射效应具有比较明显的影响。

两管能隙基准源 LDO 的内部电路框图如图 2.17 所示,主要包括启动电路、能隙基准源、差分放大器和保护电路。图中虚线框内的部分即为两管能隙基准源,其核心由电阻和两个三极管组成。典型两管能隙基准源电路如图 2.18 所示。

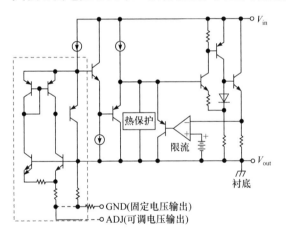

图 2.17　两管能隙基准源 LDO 的内部电路框图

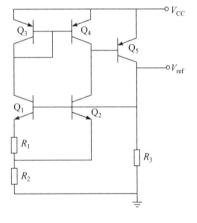

图 2.18　典型两管能隙基准源电路

两管能隙基准源的基准电压为

$$V_{ref} = V_{be} + \left(1 + \frac{I_{e1}}{I_{e2}}\right)\frac{R_2}{R_1}V_t \ln\frac{J_1}{J_2} \tag{2.1}$$

式中, V_{be} 为三极管 B-E 结正向压降; V_t 为热电压,室温时约为 26mV; J_1、J_2 分别为晶体管 Q_1、Q_2 的发射极电流密度; I_{e1}、I_{e2} 分别为晶体管 Q_1、Q_2 的发射极电流。由于 V_t 的正温度系数和 V_{be} 的负温度系数相互补偿,所以基准源输出电压的温度系数基本为零,这也是其得到广泛应用的重要原因。

当器件受到瞬时辐照后,三极管内 PN 结处都会产生光电流,这些光电流由辐射产生的电子或空穴在电场扫描下形成，称为初始光电流。初始光电流经晶体管放大形成次级光电流，由于集成晶体管增益设计得都比较大，所以次级光电流比初始光电流大约 2 个数量级。三极管 C-B 结产生的初始光电流会在基极偏置电阻上产生较大的压降，迫使 B-E 结进入导通状态，此时，集电区、基区和发射区内少数载流子都存在着一定的梯度分布，所以即便是晶体管内初始光电流消失，集电极电流仍会维持一段时间，直到集电区、基区内少数载流子梯度分布消失。集成电路中的三极管，由于其光电流收集体积的不同，形成的初始光电流幅度也不同，在剂量率为 10^9Gy(Si)/s 时，光电流一般为几微安至几十微安，而次级光电流在几百微安至几十毫安，剂量率更大时可达到几百毫安。

在图 2.18 所示的两管能隙基准源电路中，晶体管 Q_1、Q_2、Q_5 在受到瞬时辐照时，由于产生大的次级光电流会出现强导通现象，导致输出电压被拉高，电位拉高水平与晶体管导通程度有直接关系，导通越强电位被拉至越高，最高可达电源电压。采用 PSPICE 软件对该效应进行仿真，在晶体管的 C-B 结并联一个双指数电流源，电流源模型参数可设置为 EXP(0 I 2μ 2n 2.025μ 10n)。利用设置的电流源对两管能隙基准源进行模拟，其中 I 值分别取 1mA、5mA、10mA、50mA、100mA，两管能隙基准源瞬时辐射仿真波形如图 2.19 所示。

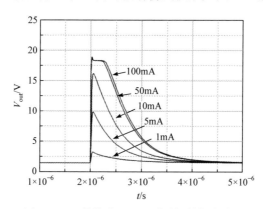

图 2.19 两管能隙基准源瞬时辐射仿真波形

从图 2.19 中可以明显看出，当受到瞬时辐照时，晶体管产生的光电流都会通过电阻流入地线，从而在电阻上会叠加一个瞬时电压，因此两管能隙基准源受到瞬时辐照后电压会上升。正如试验中观察到的，两管能隙基准源 LDO 受到瞬时辐照后电压会向上跳变。

由于 LDO 内部保护电路的作用，当输出电压升高后，会触发误差放大器和启动电路介入工作，导致电路工作点重新设置，在这段时间内输出电压被切断，待电路工作点达到新的平衡后，输出电压会逐渐恢复。

在图 2.19 所示的效应波形中可以看到，输出电压抬高后持续一段很短的时间就会掉到零电平附近，再经过一段较长时间才恢复至初始电平。当 LDO 输出端并联电容时，输出电压瞬时辐射效应出现了较大变化，向上跳变的电压幅度稍微降低，而向下跳变的电压消失，电压下降到标称输出电压附近后维持。出现这种现象的原因主要是电容的电荷存储能力阻止了输出电压向下跳变。这里值得注意的是，电容对向上跳变的电压并没有阻止能力，而对向下跳变的电压有阻止能力，这是因为辐照瞬间 LDO 内部产生的瞬时光电流足够大，以及调整管的导通具有很强的电流驱动能力，从而输出端电容的充放电速度非常快，电容两端的电压也相应地快速变化，因此在试验波形上可以观察到输出电压向上跳变扰动。输出电压的向下跳变其实是 LDO 重新启动的阶段，在此阶段内 LDO 是没有输出电压的，而此时电容上的电荷足以提供负载电阻上的泄放电流，因而在试验中几乎观察不到输出端电压的变化。在不同电容负载时，电压向上跳变的幅度不同，这是由于同样的充电电荷下电容变化和电压变化成反比，因而大电容上升的电压低，而小电容的上升电压高。另外，在低剂量率下上跳电压的持续时间较短，而高剂量率下电压扰动时间较长，这是由电路内部三极管在不同剂量率下形成的光电流不同所致。在低剂量率下，三极管形成的次级光电流较小且持续时间较短，因此形成的电压跳变持续时间较短；相反，在高剂量率下光电流持续时间较长，形成的电压跳变持续时间也较长。

当 LDO 负载为电阻、电容和集成电路的复合负载时，在受到瞬时辐照后 LDO 自身产生光电流的同时负载中的集成电路也会产生光电流，后者形成的光电流会在电源输入端进行电流抽取，此时 LDO 内部形成的光电流也会在输出端进行电流注入，这两部分光电流进行补偿抵消，造成输出电压变化不大。但当剂量率较高时，后端集成电路形成的光电流急剧增大，导致抽取效应显著，因此 LDO 输出端电压出现下降，由于电容的电荷储存作用，输出端电压下降有限。

2.4.2　三管能隙基准源低压差线性稳压器

μA78M33 是典型的输出 3.3V、双极工艺三管能隙基准源 LDO，试验中在其输出端设置了以下三种负载，①电阻负载：负载为 50Ω 电阻；②阻容负载：负载为 50Ω 电阻和 10μF 电容；③复合负载：负载为 50Ω 电阻、10μF 电容及集成电路。图 2.20 为 μA78M33 在不同负载时的瞬时辐射效应波形。

从图中可以看出：

(1) LDO 输出端负载为电阻负载时，受到瞬时辐照后输出电压迅速下降到零电平附近，经过约 30μs 后恢复正常。

(2) 当输出端负载为阻容负载时，受到瞬时辐照后输出电压只有很小幅度的降低。

(3) 当输出端负载为复合负载时，受到瞬时辐照后在同样剂量率下输出电压较阻容负载下降幅度有所增加。

(4) 输出端负载为同样的复合负载时,高剂量率下输出电压下降幅度比低剂量率下有明显增加。

(5) 高剂量率下输出电压扰动持续时间比低剂量率下有明显增长。

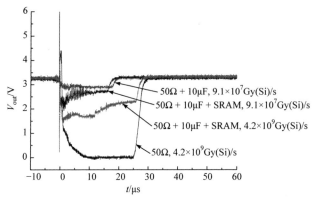

图 2.20　μA78M33 在不同负载时的瞬时辐射效应波形

μA78M33 的内部电路图如图 2.21 所示。

μA78M33 由启动电路、基准源与误差放大器、调整管及过流过热保护电路组成,其中虚线框内的即为三管能隙基准源,其核心由 Q_1、Q_2 组成的小电流源和 Q_3、Q_4 组成的复合管组成,其基准电压为

$$V_{ref} = V_{be6} + V_{be5} + I_{c2}R_2 + V_{be3} + V_{be4}$$

$$= 4V_{be} + \frac{R_2}{R_3} \cdot \frac{kT}{q} \cdot \ln \frac{R_2}{R_1} = 3.3V \tag{2.2}$$

为了更好地理解三管能隙基准源受到辐照后的输出效应,采用和两管能隙基准源同样的方式,对图 2.22 所示的三管能隙基准源核心电路进行仿真,三管能隙基准源瞬时辐射仿真波形如图 2.23 所示。

从图 2.23 可以看出,三管能隙基准源随着光电流的增加,输出电压从稳态的约 1.3V 被下拉至低电平的程度逐渐增强,在光电流约 100mA 时下拉幅度接近饱和,达到零电平附近。但恢复时间仍随着光电流的增加而增加,这是晶体管的存储时间、寄生电容等因素造成的。

当 LDO 受到脉冲射线辐照时,在晶体管 B-C 结会产生较大光电流,若此光电流在基极电阻上产生的压降超过开启电压,则晶体管会产生更大的开启电流。对于 μA78M33 来说,受到脉冲辐照时决定器件效应的关键三极管是热保护晶体管 Q_{14} 和放大器中的晶体管 Q_{11}。这是因为,这两个三极管都连接公共地,当其受脉冲辐照时产生的光电流使电流源中的偏置电流直接泄放到地,导致 V_X 点电压

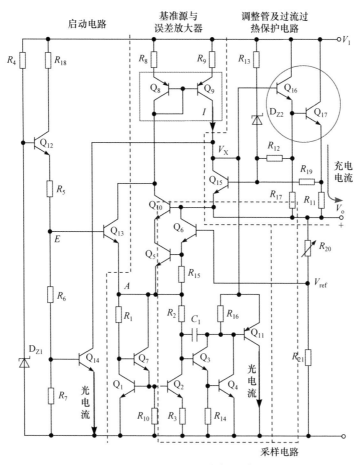

图 2.21　μA78M33 的内部电路图

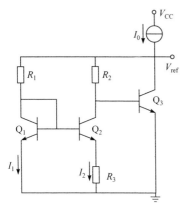

图 2.22　三管能隙基准源核心电路

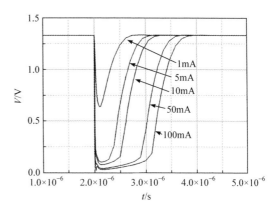

图 2.23　三管能隙基准源瞬时辐射仿真波形

急剧下降至零电平附近,而输出端电压也随之降至零电平。此时稳压器停止工作,直至光电流消失,偏置电流逐渐恢复,则稳压器重新启动,输出端电压也随之恢复。

在输出电压的下降阶段,稳压器输出电压由于脉冲辐射被快速拉低,而后电路处于启动阶段,此时基准源电路尚未建立稳定工作点,因此输出端始终处于无驱动电压状态,输出电压会在零电平附近维持一段时间直至工作点恢复。当电路启动完毕,输出电压开始恢复。恢复过程: V_X 电压随着偏置电流的恢复逐渐上升,电源电压通过调整管 Q_{17} 给外部电容充电,输出电压随之上升,当其值上升到一定值时,Q_{10}、Q_5 和 Q_6 导通,基准源开始工作,将输出电压钳位于 3.3V。

LDO 输出端负载为电阻时,输出电压的变化完全由芯片内部工作点决定,此时反映的是 LDO 本身的瞬时辐射效应,由于三管能隙基准源 LDO 存在 1 个公共地端,产生的光电流可以快速泄放至地,输出电压也随之快速下降并维持一段时间,待内部工作点恢复后输出电压也随之恢复,所以采用电阻负载时输出电压会有一个类似掉电过程。

当输出端并联一个较大的电容时,由于电容的电荷存储作用,输出电压会被电容补偿而不会快速下降,只有轻微的降低,这是由光电流的少量抽取导致的。

当输出端采用复合负载时,SRAM 受瞬时辐照产生的光电流会对 LDO 输出端电荷进行抽取,导致电容上的电压也随之降低,且在越高的剂量率下,电荷抽取越严重,电容上的电压下降得越低。

从三管能隙基准源 LDO 的瞬时辐射效应规律可以得到,和两管能隙基准源类似,在对该类型 LDO 进行抗辐射加固性能考核时,采用电阻负载加集成电路的方式是最劣偏置条件,其中电阻亦采用低阻值电阻,因为低阻值电阻可以快速放掉形成的光电流,更有利于考察 LDO 的瞬时电阻变化调整能力。采用高阻值电阻和大电容的负载方式考核 LDO 的抗辐照能力,可能会高估 LDO 的抗瞬时γ射线辐照性能,应该适当考虑实际应用时后端集成电路负载的影响。

相比两管能隙基准源 LDO,三管能隙基准源 LDO 的抗瞬时辐照能力偏弱,从系统设计的角度考虑,宜采用两管能隙基准源 LDO 作为系统的供给电源。

2.4.3　CMOS 工艺低压差线性稳压器

CMOS 工艺 LDO 在瞬时电离辐射作用下,易发生闩锁。CMOS 工艺 LDO 在芯片内部存在寄生 PNPN 正反馈结构。当受到瞬时γ射线的辐照时,在漏和衬底之间将感生较大的瞬时光电流,该电流注入寄生三极管的基极将触发 B-E 结趋于正偏开启,正反馈机制使回路中电流越来越大,直至 PNPN 结构由阻塞态转入完全开启态。此时,电源和地之间形成一个低阻通道,形成大电流,发生闩锁。

2.4.4　低压差线性稳压器瞬时电离辐射效应总结

(1) 从抗瞬时 γ 剂量率性能来说, 双极型两管能隙基准源 LDO 最好, 其在较高剂量率下仍能提供较可靠的输出电压; 三管能隙基准源 LDO 较差, 其在较高剂量率下的电压下降对系统来说无法忍受; CMOS 工艺 LDO 最差, 其易发的闩锁效应对器件在瞬时辐射环境中的应用是一个巨大威胁。

(2) 从器件的抗瞬时剂量率性能考核来说, 最劣偏置条件是采用小电阻(LDO 有一定输出功率)并考虑后端光电流影响。

(3) 从在电子系统中的应用来说, 输出端并联适当电容对提升系统抗瞬时剂量率性能具有增强作用。

2.5　正交设计法

影响集成电路瞬时电离辐射效应的因素很多, 不仅包括集成电路本身的特性, 还包括外加偏置等因素。对于集成电路瞬时电离辐射效应的测量, 往往需要在最劣偏置条件下进行。为了获得这一条件, 需要对集成电路进行不同条件下的试验。如果进行各种条件下的全面试验, 确定不同因素对电路瞬时电离辐射效应的影响, 继而确定最劣偏置条件, 需要开展大量的辐照试验。例如, 若剂量率取 6 个水平, 电源电压、增益及输入信号均取 3 个水平, 那么试验次数为 $6 \times 3 \times 3 \times 3 = 162$ 次, 这样的试验是不可能完成的。因此需采用科学的试验设计方案, 用尽量少的试验得到尽可能全面的信息。

表 2.2 为可用于模拟电路效应实验设计的几种实验方法的比较[12]。球面对称设计和旋转设计只适用于五水平实验, 适用范围较窄, 而正交设计和均匀设计适用于多因素多水平实验。集成电路的瞬时电离辐射效应实验属于多因素多水平实验, 可选用正交设计和均匀设计。均匀设计实验次数要少于正交设计, 但是正交设计结果分析比较简单、直观, 均匀设计结果分析要用到多元回归分析, 需要借助计算机编程来完成, 设计工作量较大。另外, 瞬时电离辐射效应实验具有一定的不确定度, 正交设计具有整齐可比性, 这就保证了在每列因素各水平的效果中, 最大限度地排除了其他因素的干扰, 从而可以综合比较该因素下不同水平对实验指标的影响情况, 而均匀设计较少的实验次数是以降低结果的整齐可比性为代价的。

表 2.2　几种实验方法的比较

实验方法	实验次数	数据分析方法	适用范围
正交设计	m^2	极差分析 和方差分析	多因素多水平实验

实验方法	实验次数	数据分析方法	适用范围
均匀设计	m	多元回归分析或逐步回归分析	多因素多水平实验
球面对称设计	$2^m + 2m + 1$	多元回归分析	多因素五水平实验
旋转设计	$m_1 + 2f + m_2$	多元回归分析	多因素五水平实验

正交设计法具有整齐可比和均匀分散的性质，比较适合集成电路瞬时电离辐射效应最劣偏置条件的确定。

2.5.1　正交设计法概述

正交设计法是以拉丁方和群论为理论依据，采用正交表安排实验以寻找实验优化方案的科学实验法，其优点是能以相当少的实验次数、非常短的实验时间和较低的实验成本得到满意的实验结果。对于影响因素较多的复杂实验、探索性实验、力求缩短周期的同时实验，正交设计法是一种行之有效的实验方法。正交设计实验是在实验因素的全部水平组合中，挑选部分有代表性的水平组合进行实验，通过对这部分实验结果的科学分析了解全面实验的情况，得出正确的结论。对于 3 因素 3 水平实验，图 2.24 为全面设计原理示意图，图 2.25 为正交设计原理示意图。在图 2.24 中，立方体中的实心点代表全面设计的实验点，全面实验填满立方体所有的交叉点，共需 27 次实验；在图 2.25 中，每个空心的小圆圈代表 1 次实验，可见利用正交设计法设计实验后只需 9 次实验[13]。

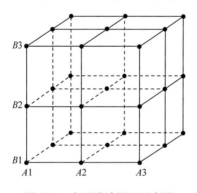
图 2.24　全面设计原理示意图

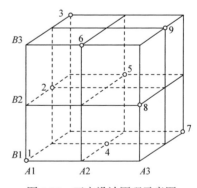
图 2.25　正交设计原理示意图

正交表是正交设计法的基础。正交表表示方法：$L_n(t\ q)$，其中 L 表示正交表，n 为正交表行的数目，即实验次数；t 为因素水平数；q 为正交表列数，即最多可安排的因素数。正交表有两个基本性质：①任一因素，各水平都出现，且出现的次数相等；②任意两个因素之间各种不同水平的所有可能组合都出现，且出现次数相等。因此，正交设计实验具有均匀分散和整齐可比的特点。

根据各因素水平的个数，正交表可分为等水平正交表和混合水平正交表。正交表虽有无穷多个，但其设计必须依照一定的规则，因此并不是所有因素水平都能找到已有的正交表，如 4×3^3、$3^2 \times 4 \times 2^5$ 等。通常需在保证正交表正交性的条件下，适当改造正交表以适应实际需要，常用正交设计法主要有并列法、拟水平法、拟因素法等。

2.5.2　正交设计法的应用

采用正交设计法设计 BiMOS 工艺运算放大器 CA3140 瞬时电离辐射效应实验，以得到剂量率、增益、输入信号和电源电压等因素对 CA3140 输出端辐射扰动恢复时间影响的主次顺序和显著水平，确定 CA3140 的最劣偏置条件。

1. 实验研究的因素与水平

影响不同剂量率下运算放大器瞬时电离辐射效应的主要因素有电源电压、输入信号、增益。根据这 3 种因素和剂量率，设定不同的水平，进行正交实验设计，研究不同因素对 BiMOS 工艺运算放大器 CA3140 在瞬时辐射作用下输出端受扰动后恢复时间的影响。各因素水平列于表 2.3，正交设计结果列于表 2.4，表 2.4 选用的混合水平正交表为 $L_{18}(6 \times 3^3)$，6×3^3 指 1 个 6 水平因素和 3 个 3 水平因素。

表 2.3　各因素水平

因素	水平 1	水平 2	水平 3	水平 4	水平 5	水平 6
A(剂量率)	1(A1)	2(A2)	4(A3)	8(A4)	32(A5)	64(A6)
B(增益)	1(B1)	−2(B2)	−5(B3)	—	—	—
C(输入信号)	直流 0V(C1)	直流 1V(C2)	0~1V, 10kHz 正弦波(C3)	—	—	—
D(电源电压)	±5V(D1)	±10V(D2)	±15V(D3)	—	—	—

注：剂量率为归一化数值，权重为 $2 \times 10^7 \mathrm{Gy(Si)/s}$；增益值 1、−2 和−5 分别代表 1 倍放大、2 倍反相放大和 5 倍反相放大。

表 2.4　正交设计结果

实验号	A(剂量率)	B(增益)	C(输入信号)	D(电源电压)
1	A1	B2	C1	D2
2	A1	B1	C2	D1
3	A1	B3	C3	D3
4	A2	B2	C3	D1
5	A2	B1	C1	D3

实验号	A(剂量率)	B(增益)	C(输入信号)	D(电源电压)
6	A2	B3	C2	D2
7	A3	B1	C3	D2
8	A3	B3	C1	D1
9	A3	B2	C2	D3
10	A4	B3	C1	D3
11	A4	B2	C2	D2
12	A4	B1	C3	D1
13	A5	B3	C2	D1
14	A5	B3	C3	B3
15	A5	B1	C1	B2
16	A6	B1	C2	B3
17	A6	B3	C3	B2
18	A6	B2	C1	B1

2. 实验结果分析

正交实验结果分析有两种方法：极差分析法和方差分析法。极差分析法又称为直观分析法。用上述两种方法对实验结果进行分析。

1) 极差分析法

极差分析法具有直观、形象、简单易懂的特点，可通过简便的判断求得实验的主次因素、优化水平等。极差分析法是正交设计中常用的方法之一。极差 R 的计算公式为

$$R_j = \max\left[\overline{Y_{j1}}, \overline{Y_{j2}}, \cdots\right] - \min\left[\overline{Y_{j1}}, \overline{Y_{j2}}, \cdots\right] \tag{2.3}$$

$$\overline{Y_{jk}} = \frac{1}{n}\sum_{k=1}^{n} Y_k \tag{2.4}$$

式中，j 为因素；k 为某因素的水平；n 为某因素水平的实验次数；$\overline{Y_{jk}}$ 为第 j 列因素 k 水平所对应实验指标的平均值。

由于因素水平不同，各水平隐藏重复次数不等，水平取值范围也可能差异较大，对极差有一定的影响，要消除这种影响需引入修正系数 R_j' 来比较各因素的主次关系：

$$R_j' = dR_j\sqrt{r} \tag{2.5}$$

式中，r 为因素每个水平实验重复数；d 为折算系数，折算系数取值见表 2.5，其与因素水平有关。

表 2.5　折算系数

水平数	折算系数	水平数	折算系数
2	0.71	7	0.35
3	0.52	8	0.34
4	0.45	9	0.32
5	0.40	10	0.31
6	0.37	—	—

实验中对运算放大器输出端口瞬时电离辐射效应进行测量，获取端口恢复时间，并以端口恢复时间作为实验指标进行极差分析。表 2.6 为恢复时间测量结果，表 2.7 为恢复时间极差分析结果。

表 2.6　恢复时间测量结果

实验号	A(剂量率)	B(增益)	C(输入信号)	D(电源电压)	恢复时间/μs
1	A1	B2	C1	D2	39
2	A1	B1	C2	D1	32
3	A1	B3	C3	D3	40
4	A2	B2	C3	D1	49
5	A2	B1	C1	D3	39
6	A2	B3	C2	D2	43
7	A3	B1	C3	D2	46
8	A3	B3	C1	D1	29
9	A3	B2	C2	D3	50
10	A4	B3	C1	D3	57
11	A4	B2	C2	D2	56
12	A4	B1	C3	D1	56
13	A5	B3	C2	D1	67
14	A5	B2	C3	D3	80
15	A5	B1	C1	D2	61
16	A6	B1	C2	D3	85
17	A6	B3	C3	D2	86
18	A6	B2	C1	D1	83

表 2.7　恢复时间极差分析结果

参数	数值(A)	数值(B)	数值(C)	数值(D)
Y_{j1}	111	319	308	316
Y_{j2}	131	357	333	331

续表

参数	数值(A)	数值(B)	数值(C)	数值(D)
Y_{j3}	125	322	357	351
Y_{j4}	169	—	—	—
Y_{j5}	208	—	—	—
Y_{j6}	254	—	—	—
$\overline{Y_{j1}}$	37	53.2	51.3	52.6
$\overline{Y_{j2}}$	43.7	59.5	55.5	55.2
$\overline{Y_{j3}}$	41.7	53.7	59.5	58.5
$\overline{Y_{j4}}$	56.3	—	—	—
$\overline{Y_{j5}}$	69.3	—	—	—
$\overline{Y_{j6}}$	84.7	—	—	—
R	47.7	6.3	8.2	5.9
R'	30.6	8.02	10.44	7.52

由表 2.7 得到各因素对恢复时间影响的主次顺序为 A(剂量率) > C(输入信号) > B(增益) > D(电源电压)，运算放大器的最劣偏置条件为 A6C3B2D3，即剂量率为 1×10^9Gy(Si)/s、输入信号为直流 1V、增益为−5、直流电源电压为 ± 15V。

2) 方差分析法

极差分析法虽然直观、简便，但不能把实验中由于实验条件改变引起的数据波动与实验误差引起的数据波动区分开，无法估计实验误差的大小。此外，各因素对实验结果的影响大小无法给出精确的数量估计，不能提出一个标准来判断所考察因素作用是否显著。为弥补极差分析法的缺陷，可采用方差分析法。

对于混合水平正交表 $L_{18}(6 \times 3^3)$，方差分析法要构造 3 个误差列，即空列，带有 3 个误差列的正交表见表 2.8。

表 2.8 带有 3 个误差列的正交表

实验号	A(剂量率)	B(增益)	C(输入信号)	D(电源电压)	E(空列 1)	F(空列 2)	G(空列 3)	恢复时间/μs
1	A1	B2	C1	D2	E1	F3	G2	39
2	A1	B1	C2	D1	E2	F1	G1	32
3	A1	B3	C3	D3	E3	F2	G3	40

实验号	A(剂量率)	B(增益)	C(输入信号)	D(电源电压)	E(空列 1)	F(空列 2)	G(空列 3)	恢复时间/μs
4	A2	B2	C3	D1	E1	F2	G1	49
5	A2	B1	C1	D3	E2	F3	G3	39
6	A2	B3	C2	D2	E3	F1	G2	43
7	A3	B1	C3	D2	E1	F1	G3	46
8	A3	B3	C1	D1	E2	F2	G2	29
9	A3	B2	C2	D3	E3	F3	G1	50
10	A4	B3	C1	D3	E1	F1	G1	57
11	A4	B2	C2	D2	E2	F2	G3	56
12	A4	B1	C3	D1	E3	F3	G2	56
13	A5	B3	C2	D1	E1	F3	G3	67
14	A5	B2	C3	D3	E2	F1	G2	80
15	A5	B1	C1	D2	E3	F2	G1	61
16	A6	B1	C2	D3	E1	F2	G2	85
17	A6	B3	C3	D2	E2	F3	G1	86
18	A6	B2	C1	D1	E3	F1	G3	83

根据表 2.8 中数据计算各列自由度和方差, 构造 F 统计量, 进行显著性检验。自由度计算公式: ①总自由度, $\mathrm{df_T} = n-1$; ②因素自由度, $\mathrm{df}_j = m-1$, m 为因素水平个数; ③误差自由度, $\mathrm{df_e} = \mathrm{df}_{空列1} + \mathrm{df}_{空列2} + \cdots$。

方差计算公式为

$$\mathrm{MS} = \frac{\mathrm{SS}_j}{\mathrm{df}_j} \tag{2.6}$$

式中, $\mathrm{SS}_j = \dfrac{1}{r}\sum_{i=1}^{m}\overline{Y_{jk}}^2 - \dfrac{1}{n}\left(\sum_{i=1}^{m}Y_i\right)^2$, $j = 1,2,\cdots,k$, 每个水平有 r 次重复, $r = n/m$。

F 统计量为

$$F_j = \frac{\mathrm{MS}_j}{\mathrm{MS}_{误差}} \tag{2.7}$$

由式(2.7)计算得到方差分析结果, 见表 2.9。由表 2.9 可知, 各因素对恢复时间影响的主次顺序为 A(剂量率) > C(输入信号) > B(增益) > D(电源电压), 与极差分析结果一致。

表 2.9 方差分析结果

变异因素	平方和	自由度	方差	F	F_α[①]	显著水平[②]
A	5148.1	5	1029.6	78.0	$F_{0.05}(5,6)=4.39$ $F_{0.01}(5,6)=8.75$	☆☆
B	148.7	2	74.4	5.6	$F_{0.05}(2,6)=5.14$ $F_{0.01}(2,6)=10.9$	☆
C	200.1	2	100.1	7.6	—	☆
D	102.7	2	51.4	3.9	—	—
空列 1 误差	36.7	2	—	—	—	—
空列 2 误差	41.4	2	—	—	—	—
空列 3 误差	1.4	2	—	—	—	—
总误差	79.5	6	13.2	—	—	—

① F_α 为从 F 分布统计表中查得的数值。

② ☆的数量越多, 表示显著水平越高。

2.6 模拟集成电路瞬时电离辐射效应理论模拟

采用电路模拟软件 PSPICE 对集成运算放大器 μA741 的瞬时电离辐射效应进行计算机模拟[14]。

2.6.1 电路结构

双极运算放大器 μA741 电路图如图 2.26 所示, 其组成部分包括偏置电路、输入级、中间级、输出级和短路保护电路。

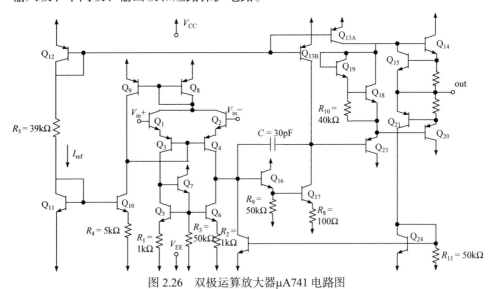

图 2.26 双极运算放大器 μA741 电路图

2.6.2　模型建立

在 PSPICE 软件中按图 2.26 所示建立 μA741 电路模型，模型中用到的元件包括 24 个双极晶体管、11 个电阻和 1 个电容。构建电路模型所用的晶体管是 Q2N2222(NPN)和 Q2N2605(PNP)，用这两种晶体管主要是因为它们的模型参数可调，可以通过调整晶体管参数来保证模型的准确。为使电路模型更接近真实情况，模型中所用晶体管参数见表 2.10[15]。

表 2.10　模型中所用晶体管参数

模型	器件类型	最大正向放大倍数 BF	饱和电流 I_S/fA	发射结电容 C_{LE}/fF	集电结电容 C_{JC}/pF	衬底电容 C_{JS}/pF	晶体管
1	PNP	50	10	0.1	1.05	5.1	Q_3，Q_4，Q_8，Q_9，Q_{12} Q_{21}，Q_{23}
2	NPN	200	10	0.65	0.36	3.2	Q_1，Q_2，Q_5，Q_6， Q_7，Q_{10}， Q_{11}，Q_{15}，Q_{16}，Q_{17} Q_{18}，Q_{19}，Q_{22}，Q_{24}
3	PNP	50	2.5	0.1	0.3	4.8	Q_{13A}
4	PNP	50	7.5	0.1	0.9	4.8	Q_{13B}
5	NPN	200	10	2.8	1.55	7.8	Q_{14}
6	PNP	50	10	4.05	2.8	N/A	Q_{20}

利用 PSPICE 建立的 μA741 电路有限增益模型如图 2.27 所示，电路配置成负反馈放大模式，可以通过调整电阻 R_{14} 和 R_{21} 的比值来确定放大器的放大倍数，输入信号通过信号源 V_5 加入。

在 PSPICE 中，将建立的运算放大器 μA741 模型接成 1 倍反相放大模式，加入频率为 10kHz、幅值为 1V 的正弦输入信号，进行瞬时效应仿真，得到运算放大器输出波形。运算放大器输入输出波形如图 2.28 所示。运算放大器大信号脉冲响应实验结果和模拟结果如图 2.29 所示。对电路进行交流扫描，分析运算放大器频率响应，得到图 2.30 所示结果。可见模拟结果与运算放大器技术指标和实验结果符合得较好。另外，对运算放大器中所用三极管的频率响应进行了仿真，结果如图 2.31 所示，可见三极管的响应时间在微秒量级。

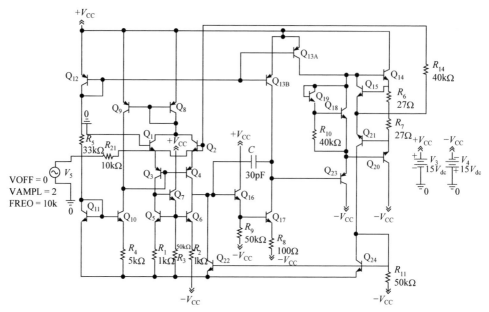

图 2.27 μA741 电路有限增益模型

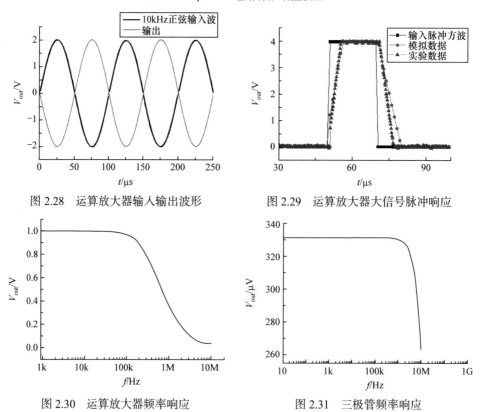

图 2.28 运算放大器输入输出波形

图 2.29 运算放大器大信号脉冲响应

图 2.30 运算放大器频率响应

图 2.31 三极管频率响应

2.6.3　模拟结果

同一个晶体管，其基极-集电极结、集电极-衬底结的光电流波形是不同的，但是同一个芯片上所有集电极-衬底结产生的光电流波形是一样的，同样所有基极-集电极结产生的光电流波形也是一样的，但是不同 PN 结光电流的幅度不同，因为光电流依赖于 PN 结的面积，不同 PN 结面积不同。这里假设所有晶体管的基极-集电极结光电流相同，所有集电极-衬底结光电流相同，这对定性分析没有影响。在 PSPICE 中采用指数电流源 I_{exp}。剂量率为 $1\times10^8 Gy(Si)/s$ 时基极-集电极结和集电极-衬底结电流源参数分别为 $I_1 = 0$，$I_2 = 0.1mA$，$T_{d1} = 0$，$T_{d2} = 0$，$T_{c1} = 20ns$，$T_{c2} = 300ns$ 和 $I_1 = 0$，$I_2 = 0.33mA$，$T_{d1} = 0$，$T_{d2} = 0$，$T_{c1} = 20ns$，$T_{c2} = 300ns$；剂量率为 $1\times10^9 Gy(Si)/s$ 时基极-集电极结和集电极-衬底结电流源参数分别为 $I_1 = 0$，$I_2 = 1.0mA$，$T_{d1} = 0$，$T_{d2} = 0$，$T_{c1} = 20ns$，$T_{c2} = 400ns$ 和 $I_1 = 0$，$I_2 = 3.3mA$，$T_{d1} = 0$，$T_{d2} = 0$，$T_{c1} = 20ns$，$T_{c2} = 400ns$。

对 $1\times10^9 Gy(Si)/s$ 剂量率下运算放大器响应进行模拟，μA741 辐射效应模拟结果与实验结果的比较如图 2.32 所示。在反偏 PN 结加入光电流只能模拟辐照瞬间运算放大器输出端与负电源短路的过程，不能模拟电压的正向跳变。

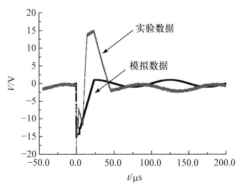

图 2.32　μA741 辐射效应模拟结果与实验结果的比较

模拟时首先找到运算放大器瞬时电离辐射敏感单元，对于 μA741，其敏感单元为具有补偿电容的中间级结构，中间级晶体管在脉冲 γ 射线辐照下截止，中间级电流源负载 Q_{13B} 饱和，输出端输出高电平，电平值由电源电压值和晶体管饱和电压值决定。利用外加电路实现这一过程，模拟时在中间级输入端加入开关，使晶体管截止，持续时间由初步模拟结果而定。得到的不同幅值光电流下运算放大器辐射效应模拟结果如图 2.33 所示，模拟结果与实验结果比较吻合。

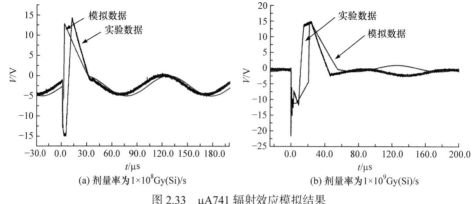

(a) 剂量率为1×10^{8}Gy(Si)/s　　　　　(b) 剂量率为1×10^{9}Gy(Si)/s

图 2.33　μA741 辐射效应模拟结果

2.7　模拟集成电路瞬时电离辐射扰动机理

以运算放大器为例分析模拟集成电路瞬时电离辐射扰动机理[14]。瞬时γ射线辐照半导体器件时，产生大量电子空穴对，在反偏 PN 结收集，形成光电流。运算放大器瞬时电离辐射效应就是运算放大器对光电流的响应，瞬时电离辐射产生的光电流扰乱了运算放大器的偏压条件，电路在被扰动的偏压条件下回到正常状态的电路输出为电路的辐射效应。

运算放大器的辐射效应可以分为三个阶段进行分析，如图 2.34 所示，对于 μA741，采用标准集成 NPN 工艺制作，其衬底接负电源，输出端从集电极引出。集电极和衬底形成反偏 PN 结。T1 阶段为光电流作用阶段，γ射线作用产生的光电流使反偏 PN 结导通，运算放大器输出瞬间降为低电平并持续一定时间。T2 阶段为器件响应阶段，主要由运算放大器中间级(放大级)晶体管效应引起，当载流子复合，绝大部分光电流消失后，中间级输入端为低电平，中间级的两个晶体管截止，中间级负载饱和，输出端迅速变为高电平。T3 阶段为电路恢复阶段，运算放大器直流偏置点恢复，运算放大器输出恢复到正常状态。

对不同剂量率下 μA741 T3 阶段斜率进行分析。对于具有内补偿电容的运算放大器 μA741，其内补偿电容 C 对运算放大器中间级(放大级)起到负反馈的作用，可以使运算放大器极点分离，稳定运算放大器。当内补偿电容为 30pF 时，通过理论计算获得运算放大器压摆率约为 0.6V/μs。图 2.35 是不同剂量率下运算放大器输出端口响应波形。对不同波形 T3 阶段进行线性拟合，得到 T3 阶段的斜率，分别为 0.76V/μs、0.75V/μs、0.74V/μs、0.74V/μs，平均值为 0.75V/μs，该值与器件的压摆率值相差不大，说明运算放大器 T3 阶段响应由运算放大器压摆率决定。假设 T3 阶段持续时间为 t_3，运算放大器正电源电压为 V，压摆率为 SR，对于 μA741

有 $t_3 = V/\mathrm{SR}$ 。

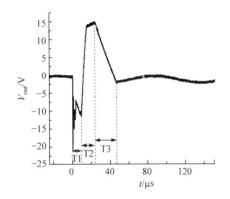

图 2.34　μA741 损伤机理分析示意图

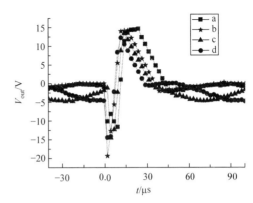

图 2.35　不同剂量率下运算放大器输出
端口响应波形

　　根据以上分析可见,T1 阶段 μA741 的瞬时电离辐射效应主要由剂量率和晶体管工艺及结构决定；T2 阶段 μA741 输出幅值由电源电压决定,截止时间和饱和时间主要由剂量率和晶体管本身特性决定；T3 阶段持续时间主要与电源电压和压摆率有关。因此电源电压对运算放大器瞬时电离辐射效应影响较大,而输入信号和增益的影响较小,比较符合正交实验的结果。

2.8　小　　结

　　模拟集成电路的瞬时电离辐射效应比较复杂,与其制造工艺、种类、偏置条件等有关。本章基于集成运算放大器和稳压器,分析了不同工艺、不同种类模拟集成电路的瞬时电离辐射效应,介绍了确定模拟集成电路最劣偏置条件的正交设计法和模拟集成电路瞬时电离辐射效应的计算机模拟方法,分析了瞬时辐射扰动机理。

参 考 文 献

[1] 罗俊, 秦国林, 邢宗锋, 等. 双极型集成电路可靠性技术[J]. 微电子学, 2010, 40(5): 747-753.

[2] 徐世六. 模拟集成电路发展概况[J]. 微电子学, 2004, 34(4): 349-355.

[3] HARTMAN E F, EVANS D C. Electrical pulse burnout of transistors in intense ionizing radiation[J]. IEEE Transactions on Nuclear Science, 1975, 22(6): 2528-2532.

[4] WROBEL T F, AZAREWICZ J L. High dose rate burnout in silicon epitaxial transistors[J]. IEEE Transactions on Nuclear Science, 1980, 27(6): 1411-1415.

[5] OCHOA A, DAWES W, ESTREICH D. Latch-up control in CMOS integrated circuits[J]. IEEE Transactions on

Nuclear Science, 1979, 26(6): 5065-5068.

[6] 陈盘训. 半导体器件和集成电路的辐射效应[M]. 北京: 国防工业出版社, 2005.

[7] WUNSCH T F, HASH G L. Transient radiation hardness of the CMOSV 1.25 micron technology[J]. IEEE Transactions on Nuclear Science, 1991, 38(6): 1392-1397.

[8] ADEL S S, KENNETH C S. Microelectronic Circuits[M]. London: Oxford University Press, 2009.

[9] CARR E A, BINDER D. Radiation induced second breakdown in transistors[J]. IEEE Transactions on Nuclear Science, 1969, 16(6): 120-123.

[10] HUFFMAN D D. Prevention of radiation induced latchup in commercially available CMOS devices[J]. IEEE Transactions on Nuclear Science, 1980, 27(6): 1436-1441.

[11] SCHROEDER J E, OCHOA A, DRESSENDORFER P V. Latchup elimination in bulk CMOS LSI circuits[J]. IEEE Transactions on Nuclear Science, 1980, 27(6): 1735-1738.

[12] 方开泰. 均匀设计与均匀设计表[M]. 北京: 科学出版社, 1994.

[13] 马强, 林东生, 金晓明. 基于正交设计的 BiMOS 运算放大器瞬时电离辐射效应影响因素分析[J]. 原子能科学技术, 2012, 46(9): 592-597.

[14] 马强. 双极集成运算放大器瞬时电离辐射效应模拟实验及理论研究[D]. 西安: 西北核技术研究所, 2011.

[15] DAVID M D. Improved method for simulating total radiation dose effects on single and composite operational amplifiers using PSpice[D]. Monterey: Naval Postgraduate School, 2004.

第 3 章　大规模数字集成电路瞬时电离辐射效应

3.1　引　　言

电子系统向信息化、智能化、网络化、小型化方向发展，其功能实现和性能提升需要高性能、高集成、高可靠的处理器，大规模可编程逻辑阵列，存储器，系统集成芯片等大规模数字集成电路。现代数字集成电路普遍采用 CMOS 工艺制造，在脉冲 γ/X 射线作用下会发生翻转、闩锁、烧毁等各类瞬时电离辐射效应，对电路和系统的正常工作造成影响。

本章首先从 CMOS 工艺集成电路瞬时电离辐射效应的基本原理出发，介绍剂量率翻转、剂量率闩锁等主要效应产生机制。在此基础上，针对抗辐射性能试验测试需求，提出效应测试参数选取原则，并结合静态随机存储器、微处理器、现场可编程门阵列和片上系统芯片等常见大规模数字集成电路，介绍典型测试系统架构和典型试验结果。

3.2　基　本　原　理

瞬时电离辐射效应产生的基础是脉冲 γ/X 射线在集成电路 PN 结中感生的光电流[1]。γ/X 射线穿透能力强，在半导体材料中造成的是体效应，在整个集成电路所有 PN 结中都会感生光电流。现代 CMOS 工艺数字集成电路规模庞大、结构复杂、附加回路繁多，认识各类寄生结构感生光电流的产生机制及其电路响应，是理解瞬时电离辐射效应的关键。20 世纪 60 年代，MOS 工艺电路刚刚兴起，Long 等[2-3]首先发现了寄生漏-衬底结的作用，随后建立了包含漏、源光电流的物理模型。CMOS 工艺出现后，Alexander 等[4]加入了阱-衬底结的光电流模型。CMOS 工艺固有寄生双极晶体管结构的导通，会对光电流起到放大作用，形成次级光电流[5]。这些光电流可以造成数字集成电路的剂量率翻转，即节点电压的扰动或逻辑电平"1"到"0"或"0"到"1"的翻转。随着 CMOS 工艺进步、芯片面积持续增大，片内各处光电流汇聚至电源和地的布线，并在寄生电阻上形成压降造成路轨塌陷效应，对剂量率翻转有重要的影响[6]。

3.2.1　瞬时辐射翻转

瞬时辐射翻转亦称为剂量率翻转，是大规模数字集成电路最为常见的电离辐射效应，其内涵也最为丰富，在展开讨论前有必要对其定义进行介绍。根据国内外瞬时电离辐射效应相关标准和规范，数字集成电路剂量率翻转所涉及的效应现象主要包括以下 3 种类型[7-11]：①瞬时输出翻转(也称瞬时扰动)。处于工作状态的数字集成电路，输出电压发生变化，高于或低于规定的逻辑电平，但在辐射脉冲停止作用后，电路在一定时间内恢复至辐照前状态。②数据翻转或逻辑翻转。一个或多个内部存储或逻辑单元的状态发生变化，而且在辐射脉冲作用结束后不能得到恢复。但是，如果在输入端施加一个与原先用来建立辐照前状态相同的逻辑信号序列，可使电路恢复至辐照前的条件状态。③动态翻转。处于工作状态的器件受到辐照时，其预期输出或存储的测试图形发生变化。翻转效应取决于辐射脉冲与器件工作周期之间精确的时间关系。

对大规模数字集成电路剂量率翻转效应的研究，主要集中在 SRAM 的数据翻转上，其原因在于：①SRAM 对剂量率翻转很敏感，而作为独立缓存或独立中央处理器(CPU)、DSP、FPGA 等其他电路的内部集成模块，SRAM 广泛应用于电子系统中，其存储数据的破坏会危害系统可靠性；②在 CMOS 工艺发展过程中，SRAM 通常采用最激进的设计规则以获得尽可能高的集成密度[12]，其作为半导体工艺抗辐射性能研究的载体具有典型代表性；③SRAM 剂量率翻转的研究成果，也可以推广到其他类型数字电路中。因此，本小节主要以 SRAM 数据翻转为具体对象介绍剂量率翻转的产生机制。

CMOS 工艺标准六管 SRAM 单元电路如图 3.1 所示，利用两个输入、输出交叉互连的 CMOS 反相器存储信息。一个反相器的输出、输入分别连接另一个反相

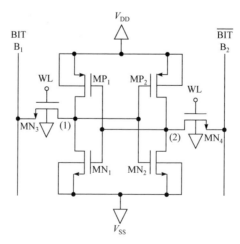

图 3.1　CMOS 工艺标准六管 SRAM 单元电路[13]

器的输入、输出,这种反馈结构使得节点(1)、(2)的逻辑电平在稳态下始终互补并能够自持,保证信息存储的稳定性。只要供电正常且无外部扰动,存储信息就能够长期保存而不会丢失。对存储单元的读写操作是通过逻辑互补的 B_1、B_2 两根位线来实现的,当字线 WL 为高电平时,MN_3、MN_4 两个存储单元访问管开启,节点(1)、(2)的电压就可通过位线提供给外部电路进行读写操作。值得注意的是,只有在改变逻辑状态时存储单元中才会有漏电流以外的显著电流通过。在这个瞬态过程中,反相器的 NMOS、PMOS 同时导通,从而在 V_{DD} 和 V_{SS} 之间形成低阻通道。

1. 局部光电流诱发翻转

局部光电流是在集成电路单元内部 PN 结感生的光电流。CMOS 工艺 SRAM 单元电路及其产生的局部光电流如图 3.2 所示,P_1、P_2 为 PMOS 漏结光电流,P_3、P_4 为 NMOS 漏结光电流,P_5 为阱结光电流。P_1、P_2 对存储节点(1)、(2)起到充电作用,使节点电压趋向上升;P_3、P_4 则使节点放电,降低节点电压。在这些局部光电流共同作用下,存储器节点状态受到干扰、进入不稳定状态。各个局部光电流的大小受到 MOS 管耗尽区体积、扩散光电流收集体积等参数的影响,而这些参数决定了具体的 CMOS 制造工艺。对于 P 阱工艺结构,收集体积受到阱体积的约束;在另一些工艺中,也可能受到临近外延层或衬底的约束。以 P 阱工艺为例,处于关断状态的 PMOS 漏结体积最大,相应漏结光电流对低电平节点的充电起主导作用,造成逻辑电平的翻转。

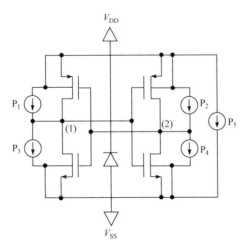

图 3.2　CMOS 工艺 SRAM 单元电路及其产生的局部光电流[13]

从噪声分析的角度看,光电流相当于在电路各节点引入的噪声,造成对节点状态的干扰，体现为节点的充放电。对于存储节点(1)、(2)，只有局部光电流 $P_1 \sim P_4$ 能够引入噪声，存储单元外部的电路无法直接影响该噪声信号，因此存储节点的噪声也称为局部噪声。对于 V_{DD} 和 V_{SS} 节点，噪声不仅来自 $P_1 \sim P_5$ 等局部光电流，还可以是存储单元外部注入的结果，因此也称为全局噪声。局部光电流诱发翻转是局部噪声作用的结果，但全局噪声也会对存储状态造成影响，其作用机制将在后文进行讨论。关于局部噪声和全局噪声的详细分析，详见参考文献[13]。

2. 局部光电流的寄生双极放大效应

CMOS 工艺中固有寄生双极晶体管结构。在 CMOS 反相器结构中[14]，主要的寄生晶体管有 4 个，均以反偏的衬底-阱 PN 结作为集电结。其中 2 个为横向 NPN 晶体管 LT1、LT2，发射区分别为 NMOS 管的源区、漏区；另 2 个为纵向 PNP 晶体管 VT1、VT2，发射区分别为 PMOS 管的源区、漏区。CMOS 反相器中的寄生晶体管结构见图 1.3。

集电结感生光电流时，每个集电区内都会形成集电结与相应集电极接触之间的压降，由集电区电阻表示。若通过集电区的光电流达到一定幅度，在部分电阻上产生的压降超过发射结开启电压，就会使发射结正偏，导通寄生双极晶体管，从而对光电流起到放大作用，形成非常大的次级光电流 $I_{pp} \times h_{fe}$。其中，I_{pp} 是瞬时电离辐射在 PN 结中直接感生的光电流，称为初始光电流；h_{fe} 为寄生晶体管放大倍数。这种光电流的放大效应，无疑会增大存储单元内各节点的噪声。

除体硅 CMOS 工艺外，CMOS/SOI 工艺中也存在寄生双极晶体管结构。图 3.3 为截止状态 N 沟道 SOI MOSFET 及其寄生晶体管结构，源区、体区、漏区分别作为寄生晶体管的发射区、基区和集电区。在金属氧化物半导体场效应晶体管(metal-oxide-semiconductor field-effect-transistor, MOSFET)开启状态下，光电流通过导通的沟道泄放；在 MOSFET 截止状态下，光电流抬高体区电势，光电流足够大时，发射结电压达到开启电压，从而导通寄生 NPN 晶体管，产生放大的次级光电流。

3. 全局光电流与路轨塌陷效应

对于 V_{DD} 和 V_{SS} 节点中引入的全局噪声，其产生的原因之一是电源和地分布总线中的寄生互连电阻。对整个存储器芯片而言，所有存储单元内部感生的局部光电流都会流入电源线和地线，而电源线和地线上存在一定的互连电阻，电流的流入在电阻上形成压降，导致存储单元上 V_{DD} 的降低和/或 V_{SS} 的抬升。存储单元依赖电源供电来保持稳定状态，V_{DD} 降低和/或 V_{SS} 抬升意味着噪声容限的下降，当噪声容限下降到一定程度，稳定状态则无法保持。其中，重要的不是 V_{DD} 或 V_{SS} 的电压绝对值，而是两者的压差，也称为"路轨"[6]。这种光电流引发路轨变窄的现象称为路轨塌陷效应，相应的光电流则称为全局光电流。

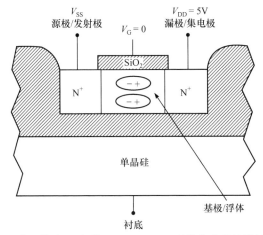

图 3.3　截止状态 N 沟道 SOI MOSFET 及其寄生晶体管结构[15]

　　存储单元在电源网络中所处位置不同，路轨塌陷的程度会有差异，因此存储器翻转的剂量率阈值会体现出与存储单元物理地址的相关性。图 3.4 给出了一种体硅 CMOS 工艺 SA3001 存储器电源网络简化电路原理图。该电路是包含了各存储单元光电流源的阻性电路网络，考虑了等效局部光电流源 I_{eq}、存储单元等效电阻 R_{eq}、电源线分布电阻 R_{DD} 和地线分布电阻 R_{SS}[6]。其中等效局部光电流源和等效电阻是剂量率的函数。显而易见，存储单元距离 V_{DD} 或 V_{SS} 端口越远，互连电阻分压越大，其路轨塌陷越严重，图 3.5 给出了基于图 3.4 所示简化电路计算得

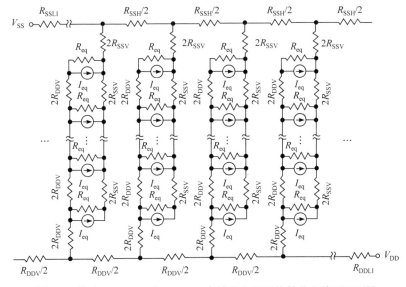

图 3.4　体硅 CMOS 工艺 SA3001 存储器电源网络简化电路原理图[6]

到的不同剂量率辐照条件下路轨塌陷随存储单元所在位置的变化。图中标注的
1.6V 为该存储器保持数据所需的最小路轨，作为发生翻转的判据。可以看出在
$2 \times 10^7 Gy(Si)/s$ 剂量率下部分位置上的存储单元发生了翻转。

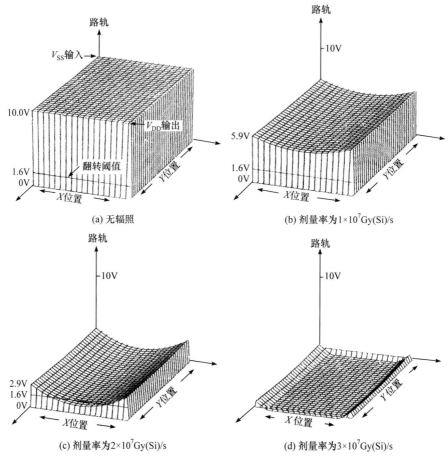

图 3.5　不同剂量率辐照条件下体硅 CMOS 工艺 SA3001 存储器阵列路轨塌陷随存储单元
所在位置的变化[6]

　　路轨塌陷不仅取决于芯片内部电源分布网络寄生电阻，而且与芯片外部电源
线路阻抗相关，包括集成电路封装、解耦电容的阻抗等。辐射感生光电流作为脉
冲信号，会在封装引线框和键合线的寄生电感上感应压降，因而降低了实际供给
芯片的电源电压，这种效应称为感性路轨塌陷[16]。为减小这种寄生电感的影响，
应在封装内部 V_{DD}、V_{SS} 电路上插入解耦电容，在封装外部靠近 V_{DD}、V_{SS} 引脚处
布放大容值电容，并增加 V_{DD}、V_{SS} 引脚数量[17]。

　　无论是局部光电流引入的局部噪声，还是全局光电流引入的全局噪声，都可

以通过各自的作用机制造成翻转。若作用于存储节点的局部光电流足够大，节点电压会因节点的充放电而发生逻辑翻转。若路轨塌陷使得存储单元噪声容限下降到很低的程度，数据状态则无法保持，这个过程等效于芯片的电源中断，存储信息自然会丢失。但是应该注意的是，集成电路在受到瞬时电离辐射时，局部噪声和全局噪声同时存在、两种机制共同发生作用。对于非常"硬"的路轨，或者全局光电流较小时，局部光电流决定存储单元的翻转，反之则由全局光电流主导。Ackermann 等[18-19]描述了一种局部光电流效应和全局光电流效应相互作用的分析技术，结果表明体硅和含外延层的 CMOS 电路主要由全局光电流主导，而 CMOS/SOI 工艺电路的翻转则主要由局部光电流造成。这是因为体硅 CMOS 电路可以通过大面积的衬底-阱结收集到很大的光电流，而绝缘体上硅(silicon on insulator，SOI)工艺电路没有衬底-阱结，总的光电流更小。

3.2.2　瞬时辐射闩锁

瞬时辐射闩锁亦称为剂量率闩锁。大规模数字集成电路的剂量率翻转主要造成电路状态的瞬时扰动和数据翻转，可以在辐照后一定时间内自行恢复，或者通过数据重载、芯片复位等方法恢复正常。剂量率闩锁是一种更为严重的问题。发生剂量率闩锁时，芯片处于低阻导通状态、电源电流陡增、电路功能失效，只有通过断电才能解除。若闩锁电流过大，还会造成电路的烧毁。以 N 阱 CMOS 工艺为例介绍剂量率闩锁的形成机制，N 阱 CMOS 反相器中的寄生晶体管结构见图 1.3。

在图 1.3 中，R_{W1} 是阱接触与 VT1 基区之间的电阻，R_{W2} 是 VT1、VT2 基区之间的电阻，R_{W3}、R_{W4} 分别是 VT2 基区与 LT1、LT2 电流收集点 X_1、X_2 之间的电阻；类似地，R_{S1} 为衬底接触与 LT1 基区之间的电阻，R_{S2} 是 LT1、LT2 基区之间的电阻，R_{S3}、R_{S4} 分别为 LT2 基区与 VT1、VT2 电流收集点 Y_1、Y_2 之间的电阻。由此，反相器可表示为图 3.6 所示的等效电路，由 MOS 管、双极晶体管两部分并联构成，其中双极晶体管部分包含了上述相关电阻。在正常工作状态下，该电路执行反相器功能，可忽略双极晶体管部分。

在瞬时电离辐射作用下，衬底-阱结(所有寄生晶体管的集电结)产生很大的光电流，光电流流经各寄生电阻，导致阱区内电势拉低、衬底电势抬高，造成 VT1、VT2 基极电压降低，LT1、LT2 基极电压上升。若这一变化使得任一寄生晶体管发射结正偏，则其发射结会产生放大电流，该电流在电阻上产生的压降将进一步降低(提高)VT1、VT2(LT1、LT2)基极电压，迫使其他晶体管开启。如此，双极电路部分形成电源到地的低阻通道，电路从正常的高阻状态切换到低阻状态。若不采取限流措施，则可造成电路的烧毁，如电源或地金属布线的熔断等；即使采取限流措施，电路也会因为低阻态而功能失效。这就是电路的剂量率闩锁现象。

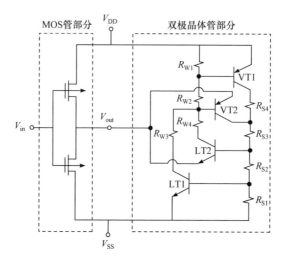

图 3.6 N 阱 CMOS 反相器等效电路[14]

3.3 试 验 测 试

利用实验室辐射模拟设备开展瞬时电离辐射效应试验测试,是评价大规模数字集成电路抗辐射性能、验证工艺和电路设计等加固措施、抗辐射电路选型应用、效应规律和机理研究的必需手段。通过试验测试,希望获取两方面信息:①给定剂量率条件下,电路状态在辐照瞬间如何变化;②辐照结束后电路功能是否正常。数十年来,虽然大规模数字集成电路在制造工艺、集成规模、电路功能、性能指标等方面都发生了翻天覆地的变化,但是其瞬时电离辐射效应试验测试的基本框架并未改变,即由瞬态信号测试和功能测试两部分构成。

3.3.1 瞬态信号测试

瞬态信号测试是指,采用示波器或逻辑分析仪等记录设备,在同步触发系统的控制下,测量被测电路输出电压、电源电流等信号在辐照瞬间的变化情况。测量的时间尺度通常在辐射脉冲前后微秒到毫秒量级,根据需要也可到秒量级。由于测量的触发时刻与辐射脉冲具有规定的时间同步关系,瞬态信号测试结果可反映被测信号在辐照瞬间的变化情况。

瞬态信号测试结果可以反映电路的剂量率翻转效应,包括瞬时扰动、数据/逻辑翻转、动态翻转等。以 SRAM 为例,其数据端口输出电压可作为瞬态信号测试参数。当感生光电流引入的噪声较小时,输出电压在辐照结束后一定时间内恢复,称为瞬时扰动;噪声较大时,存储内容发生变化,输出电压无法自行恢复,则称为数据翻转;若辐照瞬间存储器处于动态的读操作状态,光电流与存储器时序和译码电路相互作用，输出电压也可表现为访问时间的延长[17]，即动态翻转。图 3.7 为某型 FPGA 全局时钟模块(global clock buffer，GCB)输出的瞬态信号测试结果。该输出正常情况下为频率 25MHz、占空比 50%的方波；瞬时扰动时，输出电压在辐照瞬间拉低为低电平，持续约 20μs 后自行恢复正常；在逻辑翻转情况下，输出电压在辐照瞬间拉低后保持为低电平。需要说明的是，数据/逻辑翻转的判定不能仅依靠辐照瞬间的测量结果，因为不能排除该状态是持续时间很长的瞬时扰动，一般需要在辐照后重新触发示波器等记录设备，若信号仍未恢复则可判定为数据/逻辑翻转。

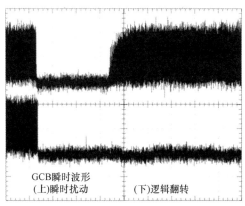

图 3.7 某型 FPGA 全局时钟模块(GCB)输出的瞬态信号测试结果

横坐标为时间，5μs/div；纵坐标为输出电压信号，1V/div

瞬态信号测试的对象主要包括反映被测电路工作状态的各类电压输出和电源电流。测试信号的选取，取决于具体的电路类型。对于功能较为简单的电路，如组合逻辑、触发器、存储器等，功能输出单一、选取参数明确。对于处理器、FPGA 等复杂电路，由于功能参数繁多，瞬态信号测试不可能完全覆盖，工程实践上一般采用模块划分原则和系统应用原则进行测试参数选取。根据模块划分原则，将电路划分为多个不同的功能模块，选取其中具有代表性的功能参数进行测试。代表性可以体现为模块在整体结构中的重要性，如处理器、FPGA 的时钟模块输出[20,21]；也可体现为模块资源在电路中的高占比，如 FPGA 的查找表、块存储器、触发器功能输出[22]；还能体现为模块的通用性，如处理器不同状态下的通用 IO 等[20,23]。系统应用原则是指，针对集成电路在实际系统中应用的需求，使其工作于相应功能状态，选取关键功能输出作为测试参数[24]。

瞬态电源电流是瞬态信号测试的重要内容，一般通过电流探头将其转换为电压信号进行测量。无源电流探头是最常用的测量装置之一[15]，主要由线圈和探头线缆构成，探头线缆连接线圈和示波器，如图 3.8 所示。电流探头利用线圈感应穿过其中的变化电流，产生正比于电流大小的电压信号。其内置端接电阻以减小

反射，允许探头在连接被测电路情况下断开探头线缆。在辐照瞬间，集成电路感
生光电流主要由紧邻电源引脚的大容值电容供电，因此电流探头应安装在供电电
容和集成电路电源引脚之间。此外，被测瞬态电源电流幅度对时间的积分不可超
过探头的安培秒乘积指标。否则，线圈磁芯进入饱和状态，电压输出呈非线性，
影响测量结果的精确度。

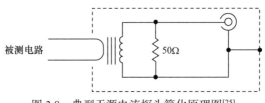

图 3.8　典型无源电流探头简化原理图[25]

　　瞬态电源电流是集成电路光电流响应最直接的表征。两种型号 CMOS SRAM
瞬态电源电流峰值随剂量率的线性变化如图 3.9 所示。根据 MOSFET 光电流模
型[17]，初始光电流与剂量率大小成正比，相应地，瞬态电源电流峰值随剂量率提
高而线性增长；但是，若在一定剂量率以上，光电流足以导通寄生双极晶体管产
生次级光电流，则瞬态电源电流峰值将呈现超线性增长趋势；在更高的剂量率下，
辐射感生电荷浓度与掺杂浓度相当，高注入效应导致寄生双极晶体管放大倍数和
基区电阻率降低，使得电源电流峰值增长速度放缓，如图 3.10 某型 CMOS 微处
理器瞬态电源电流峰值随剂量率的非线性变化关系所示。集成电路工艺、版图设
计等因素都会对光电流响应产生影响，进而决定电路响应，因此瞬态电源电流峰
值测量结果可以为工艺优化、加固设计等提供有益的参考。

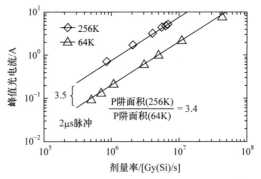

图 3.9　两种型号 CMOS SRAM 瞬态电源电流峰值随剂量率的线性变化[26]

3.3.2　功能测试

　　功能测试的目的是确认被测电路在辐照后是否功能正常。功能测试要能够产
生特定激励以驱动被测电路的输入，并具备比较功能，以确定电路的输出结果是

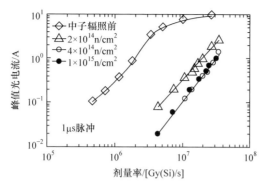

图 3.10 某型 CMOS 微处理器瞬态电源电流峰值随剂量率的非线性变化关系[26]

否正确。功能测试参数取决于具体的电路类型，选取原则与瞬态信号测试类似，应选取具有代表性的功能模块，或者选取实际应用的功能模块。功能测试结果可以表征集成电路的剂量率翻转效应，如存储器、复杂电路内部寄存器等器件数据的翻转，功能输出的逻辑翻转等；也可以作为剂量率闩锁的判据，如稳态电源电流超过规定值、功能输出对输入激励无响应等。

功能测试可以采用示波器、逻辑分析仪、函数发生器等通用设备，在满足测试需求的情况下可与瞬态信号测试共用硬件设备。例如，在辐照后重新触发瞬态信号测试用示波器，属于最简单的功能测试情形之一。还可以基于商用集成电路测试仪器等专用设备开展功能测试[27-30]，但是相关设备需要满足长线缆的测试需求(线缆长度通常在数十米水平)，且须采取辐射防护措施以免受辐射损伤。大多情况下，功能测试基于用户定制的测试系统进行。下面将针对主要的大规模数字集成电路类型，介绍几种典型的用户定制测试系统及其试验结果。

3.3.3 典型测试系统

1. 微处理器

80C196KC 型微处理器是高性能互补金属氧化物半导体(complementary high performance metal-oxide-semiconductor，CHMOS)工艺的 MCS-96 系列的 16 位微处理器，具备高密度金属氧化物半导体(HMOS)工艺高速度、高密度的特点和 CMOS 工艺低功耗的特点，适用于要求实时控制和实时处理的各类自动控制系统和信号处理系统。针对该型处理器，对其内部模块在功能上划分并选取了相应参数进行测试，图 3.11 为 80C196KC 微处理器的模块划分和参数测试图。采用示波器对其中的电压输出信号进行测试，此外采用上位计算机通过串口与被测电路进行通信。

针对参数测试需求，设计了满足其运行的基本硬件和软件环境。该硬件最小系统的组成为 80C196KC、稳压电源 L7805CV、晶振电路、复位电路、地址锁存器 74LS373、片外程序存储器 EEPROM28C256 及串行通信电路，图 3.12 为 80C196KC

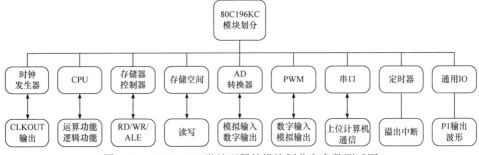

图 3.11 80C196KC 微处理器的模块划分和参数测试图

微处理器测试系统示意图。时钟发生器用外部 11MHz 晶振输入,经分频产生 5.5MHz 的时钟信号,作为微控制器工作时钟。定时器 1 的测试基于其溢出产生的中断程序,首先配置 IOC1 寄存器选择定时器溢出中断使能,在每个循环周期对通用 IO 接口 port1 进行电平反转操作,并设置 P1.0 和 P1.1 初始电平值高低相隔,使其输出两路反相方波信号。其中,循环周期为 1.2s,IO 输出信号周期为 2.4s。针对 CPU 的执行指令能力,测试了 add、subtract、compare、multiply、divide、logical AND、logical NOT、logical OR、logical XOR、logical CLR 和移位指令。微处理器内部共 512Byte 的寄存器随机存取存储(random access memory,RAM)空间,其中前 24Byte 为特殊功能寄存器。测试其他功能模块时会用到少量的寄存器资源,因此在空闲的寄存器空间中选取了一个缓冲区来测试寄存器 RAM 的读写能力,以监测其数据是否翻转。对于 10 位 AD 转换模块,采用 $V_{ref} = 5V$ 电压输入,并通过 ACH3 通道输入 2.5V 模拟信号作为 AD 的输入,测试 AD 结果寄存器。该寄存器正常值为 8003H,其中前 10 位是 AD 转换结果。对于 PWM,即脉宽调制(pulse width modulation)输出,配置 PWM_CONTROL 寄存器为 80H,使得占空比为 50%。PWM 计数器为 8 位,每个时钟周期加 1,加到满 8 位后溢出,故 PWM 输出的脉冲周期为 255 个状态周期,其输出方波频率为 $5.5 \times 10^6 \div 255 \approx 22\text{kHz}$。

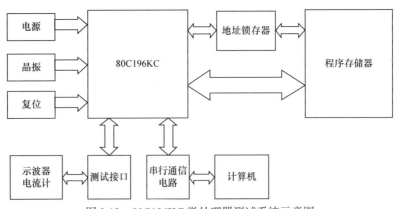

图 3.12 80C196KC 微处理器测试系统示意图

在 $6.7 \times 10^6 \sim 1.3 \times 10^8 \mathrm{Gy(Si)/s}$ 范围开展了效应试验。在较低的剂量率下微处理器发生复位,各电压输出发生瞬时扰动。整个辐照过程中上位计算机持续接收微处理器发送的串口数据,在辐照瞬间前后串口数据为 11 12 13 14 00 11 12 13 14 80 C3,其中 14 是第四段程序测试发送的测试结果,00 即微处理器复位时发送给上位计算机的初始数据,之后发送的则是正常的子程序测试数据。图 3.13 给出了 $7.9 \times 10^7 \mathrm{Gy(Si)/s}$ 剂量率下通用 IO 和 PWM 辐照瞬间输出波形,其中 PWM 扰动时间为 640μs,约占用了 14 个 PWM 周期数。通用 IO 输出方波周期为 2.4s,远大于扰动时间。在辐射脉冲前后,P1.0 处于高电平和 P1.1 处于低电平的持续时间为 2.02s,其中前 0.82s 为辐射脉冲到来之前的输出,后 1.2s 是微处理器复位后的正常信号。

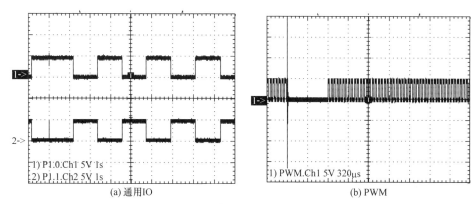

图 3.13　$7.9 \times 10^7 \mathrm{Gy(Si)/s}$ 剂量率下通用 IO 和 PWM 辐照瞬间输出波形

图 3.14 为 $1.3 \times 10^8 \mathrm{Gy(Si)/s}$ 剂量率下通用 IO 和 PWM 辐照瞬间输出波形。在较高剂量率下微处理器发生剂量率闩锁,通用 IO 输出钳位高电平,PWM 输出钳位低电平。辐照结束后重新触发示波器各电压输出保持钳位状态,且微处理器对复位信号无响应,串口通信中断。在重新加电后,微处理器各项功能恢复正常。

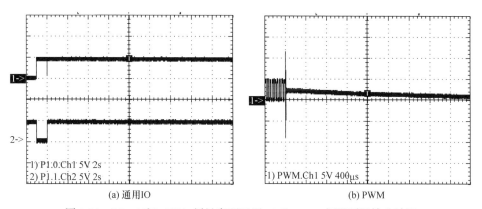

图 3.14　$1.3 \times 10^8 \mathrm{Gy(Si)/s}$ 剂量率下通用 IO 和 PWM 辐照瞬间输出波形

微处理器剂量率闩锁阈值在 $8.3 \times 10^7 \mathrm{Gy(Si)/s}$ 和 $1.3 \times 10^8 \mathrm{Gy(Si)/s}$ 之间。在该范围以上，微处理器发生闩锁，各功能输出信号错误，且对复位信号无响应，只能通过重新加电恢复工作状态。在该范围以下，微处理器在辐照瞬间受到扰动，且扰动时间与剂量率正相关。扰动结束后，微处理器自行复位，各功能参数恢复正常。

2. SRAM

SRAM 作为独立芯片和处理器等核心电路的重要组成部分，是电子系统的关键部件，也是瞬时电离辐射效应研究的重要载体。本小节所介绍的 SRAM 测试系统，主要具备以下特点：①支持 8 芯片同时在线测试，可大幅提高试验效率，减少剂量率翻转阈值获取试验所需的试验发次；②辐照瞬间在各被测芯片之间施行物理隔离，消除芯片间信号耦合，保证辐照瞬间各被测芯片状态的独立性；③采取辐射回避方法，可对外围测试电路独立断电，使其在辐照瞬间免受辐射脉冲及其附加干扰影响，提高系统可靠性；④采用辐照子板设计，通过更换辐照母板上的子板可适配不同厂家、型号的 SRAM 存储器，也可适配兼容异步 SRAM 读写时序的其他类型存储器，如铁电存储器、磁存储器等。

SRAM 测试系统主要由四部分构成，包括屏蔽测试间内的控制计算机和电源系统，以及辐照间内的主控系统和辐照系统，SRAM 测试系统总体框图如图 3.15 所示。系统连接上，控制计算机通过 USB-RS232 线缆连接电源系统，并采用 50m 长屏蔽网络线缆连接主控系统；电源系统通过 50m 长同轴电缆为主控系统提供供电电源和控制信号，主控系统通过 3 根 J30J 接口电缆为辐照系统提供供电和读写控制信号。SRAM 测试系统实物图见图 3.16。

电源系统在计算机的控制下，为主控系统、辐照系统提供供电电源。台式稳压电源产生的 2 路 28V 电压和 1 路 5V 电压输入电源系统，其中 2 路 28V 电压分别通过电源系统中的继电器和手动开关传输至主控系统，继电器输出 28V 电压用于主控系统供电，手动开关输出 28V 电压在主控系统内部提供的通路上转换为被测 SRAM 适用电压后为辐照系统供电；5V 电压为电源系统的控制电路供电，其核心芯片为 STM32 微控制器。微控制器通过 RS232 通信接收计算机发出的控制指令，控制主控系统 28V 供电的开断，以及 8 路用于辐照系统子板选通的继电器阵列驱动信号，该驱动信号亦通过主控系统提供的通路连接至辐照系统。为辐照系统提供的 28V 供电电压和 8 路继电器阵列驱动信号，通过主控系统提供的物理通路传输至辐照系统，但是与主控系统自身的工作相互独立、互不影响。

主控系统通过以太网通信接收计算机的控制信号，负责被测 SRAM 的读写操作并返回测试结果，同时为辐照系统提供电源和继电器阵列驱动信号通路。主控系统核心为 Zynq 系列 XC7Z010 型 SoC，包含双 ARM Cortex-A9 处理器核的处理器

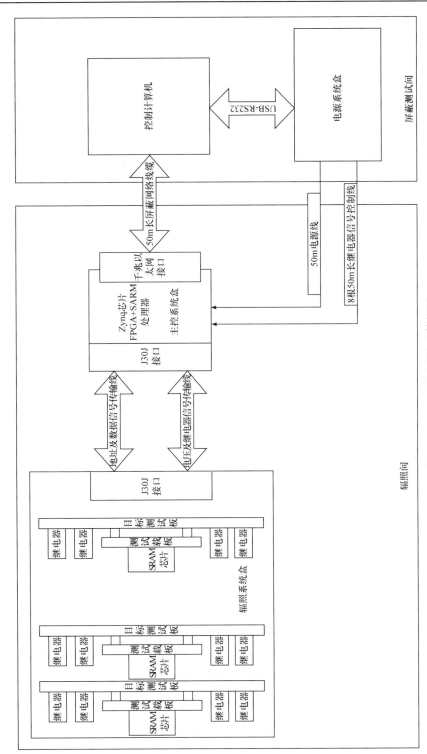

图3.15 SRAM测试系统总体框图

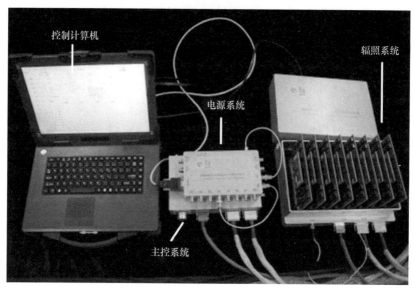

图 3.16　SRAM 测试系统实物图

系统(processing system，PS)部分、Artix-7 FPGA 的可编程逻辑(programmable logic，PL)部分。其中 PS 负责与上位计算机通信，利用高级可扩展接口(advanced extensible interface，AXI)总线将指令数据传输给 PL 进行 SRAM 的数据读、写驱动。同时，通过控制 8 个常断继电器，选择输出电源系统传输的 8 路继电器阵列驱动信号，实现对辐照系统子板的选通。PL 负责建立 SRAM 的读、写时序。系统兼容不同工作电压的 SRAM，主控系统上设计电压档位调节旋钮，可选择 +1.2V、+1.8V、+2.5V、+3.3V、+5V 和用户自定义电压接口，用户可根据测试需求选择相应的 SRAM 工作电压。

　　辐照系统是 SRAM 芯片测试的载体，由 1 块母板、8 块继电器阵列板、8 块辐照子板构成。继电器阵列板垂直安装在母板上，每块阵列板上安装 1 块辐照子板。每块继电器阵列板上设计了由 16 个继电器构成的开关矩阵，开关矩阵一端连接至继电器阵列板对应的辐照子板，另一端连接至主控系统的测试总线(包括数据线、地址线、控制线等)。主控系统通过选通继电器阵列驱动信号，可以选择相应的被测 SRAM 连接至测试总线。辐照瞬间，所有子板断开与测试总线的连接，相互之间亦不存在物理连接。

　　测试系统为用户提供的主要功能：①存储器的必要信息输入，如数据位宽、地址位宽等；②写入数据定义，包括全同数据、数据自增、数据自减、奇偶交错、地址即数据、随机数据和自定义数据；③测试频率选择，包括 1.6MHz、0.8MHz、0.4MHz、0.2MHz、0.1MHz 等固定频率；④回读数据的静态比较和动态比较，两种模式下分别将回读的全地址数据与原始写入数据和上一次回读数据进行比较，统计翻转情况；⑤稳态电源电流的实时测量与显示，以及电源电流的限流阈值设置。

表 3.1 给出了一款 40nm CMOS 工艺 32Mbit SRAM 剂量率翻转试验结果，通过 2 发次试验获取了该 SRAM 剂量率翻转阈值，约为 1.0×10^7Gy(Si)/s。回读测试后再进行读写功能测试，未发现功能异常，稳态电源电流亦无增加，表明在高达 9.4×10^8Gy(Si)/s 的剂量率下该型 SRAM 无闩锁发生。

表 3.1　IS61WV204816BLL 型 SRAM 剂量率翻转试验结果

发次	脉宽/ns	器件位置	剂量率/[Gy(Si)/s]	翻转数/bit
1	30	BANK1	1.6×10^7	643892
		BANK2	1.2×10^7	207465
		BANK3	1.0×10^7	45945
		BANK4	8.8×10^6	2
		BANK5	5.9×10^6	3
		BANK6	5.3×10^6	0
		BANK7	4.2×10^6	0
		BANK8	4.2×10^6	0
2	37	BANK1	9.4×10^8	2516661
		BANK2	6.0×10^8	2572283
		BANK3	3.0×10^8	2747878
		BANK4	1.7×10^8	2739097
		BANK5	1.2×10^8	2710123
		BANK6	8.2×10^7	2709699
		BANK7	6.3×10^7	2731064
		BANK8	4.6×10^7	2725127

利用该测试系统，也可开展兼容异步 SRAM 时序的铁电、磁等非易失性存储器的效应测试。非易失性存储器存储数据的机制不同于 SRAM，铁电存储器利用铁电电容上下极板电位差状态存储数据，磁存储器通过磁隧道结的磁信号存储信息。相比于 SRAM，在瞬时电离辐射环境中非易失性存储器的数据保持能力非常强。在最高 2.9×10^9Gy(Si)/s 的剂量率下，对 FM28V100 型铁电存储器、MR2A16A 和 MR4A16B 型磁存储器的效应试验未发现任何数据错误。但是若使存储器在辐照瞬间处于写状态，MR4A16B 型磁存储器在高于 1.1×10^8Gy(Si)/s 的剂量率下出现了连续地址数据错误，重新上电亦无法消除数据错误，表明存储单元的外围读写电路在辐照瞬间受到了扰动而无法正常进行写操作。这种写状态下的剂量率翻转，在 SRAM 存储器中也存在[17]。除铁电、磁存储器外，EEPROM、FLASH 等

非易失性存储器同样表现出存储单元抗辐射能力强,而 CMOS 工艺外围读写电路抗辐射能力弱的规律[31]。

3. FPGA

脉冲 γ/X 射线作用于 FPGA,对用户逻辑资源、配置存储器、配置接口等均可能造成剂量率翻转,导致用户电路功能错误或 FPGA 配置、回读等功能的失效。对用户逻辑资源的效应测试,可采用示波器直接测量用户电路的功能输出。配置存储器数据可在辐照后通过配置接口(如 SelectMAP 接口、JTAG 接口)回读得到,直接反映配置存储器的翻转情况。FPGA 的配置接口类似于 SRAM 的外围控制电路,是外部对器件进行操作的中介,同时也是处理、协调器件内部各逻辑过程的中枢。配置接口发生剂量率翻转,可能导致复位信号的误触发和 FPGA 初始化、配置、启动等过程出错,造成 FPGA 配置、回读的失败和系统功能的紊乱,轻则需复位恢复,重则需重新上电。其功能状态可通过配置和回读是否成功来判断。当感生光电流触发 FPGA 闩锁路径且外部电源供电能力够强时,就会造成 FPGA 闩锁。FPGA 闩锁首先表现为稳态电源电流的陡增,且闩锁时器件对任何激励均无响应(如复位信号、功能电路输入等),只有通过重新上电才能恢复正常。因此,FPGA 的瞬态信号测试主要针对其用户功能电路输出和瞬态电源电流,而功能测试参数包括用户功能电路输出、稳态电源电流,以及回读配置功能和写入配置功能(类似于 SRAM 的读写功能)。

FPGA 测试系统基本架构与上述 SRAM 测试系统类似,同样采用辐射回避方法,保证外围测试电路免受脉冲射线干扰。FPGA 测试系统总体框图如图 3.17 所示,主要由上位计算机、电源系统、辐射回避自动控制系统、测试板和辐照板等五部分构成。其中电源系统包括屏蔽测试间直流稳压电源和待测器件(DUT)电源模块,屏蔽测试间直流稳压电源负责为测试板直接供电、通过 DUT 电源模块为 DUT 间接供电,并完成各路功耗电流的测量。辐射回避自动控制系统包括辐射回避控制板(与上位计算机通过串口通信,位于屏蔽测试间)和继电器阵列(位于辐照大厅),辐射回避控制板通过控制继电器阵列的通断实现测试总线切换 DUT、测试板的通断电和物理隔离。上位计算机与测试板通过 TCP/IP 协议通信,采用网线作为物理连接。测试板与辐照板由 50 芯排线连接,并通过继电器切换 DUT。系统硬件主要包括测试板和辐照板,辐照板通过插针插在测试板的插座(金手指接插槽)上。当进行不同型号的 FPGA 测试时,只需更换辐照板即可。整个测试系统的核心为测试板,一方面实现与上位计算机的数据通信,另一方面对 SelectMAP 接口进行操作实现配置和回读。

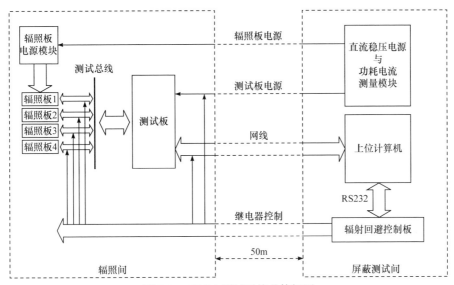

图 3.17　FPGA 测试系统总体框图

SRAM 型 FPGA 瞬时剂量率效应测试系统软件主要包括基于 LabVIEW 程序设计的上位计算机软件、基于 C 编程的辐射回避控制用单片机 AT89S52 固件程序和测试板 ARM7 LPC2290 固件程序，FPGA 测试系统软硬件接口框图见图 3.18。上位计算机软件为用户提供人机交互界面，是测试系统软件终端。上位计算机软件通过 RS232 协议与辐射回避控制板上的单片机 AT89S52 进行串口通信，通过控制指令的传输实现对继电器和继电器阵列的切断控制(AT89S52 的 I/O 电平控制)；通过网口与测试板 ARM7 LPC2290 微控制器进行网络通信，通过控制指令

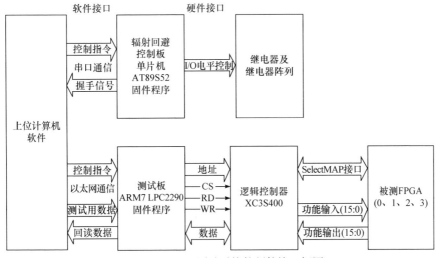

图 3.18　FPGA 测试系统软硬件接口框图

的传输实现对微控制器、逻辑控制器间的总线操作(地址总线、数据总线、片选信号、读写使能信号),从而完成数据的读写,同时为 FPGA 测试系统提供测试数据的下载和回读数据的回传功能。

　　FPGA 功能输出的典型效应现象为瞬时扰动和逻辑翻转,如图 3.19 所示的 SRL16 移位寄存器链瞬时信号波形,该链以查找表资源配置的 16 位移位寄存器为单元,串联 224 级构成。图中的 1)和 2)均为瞬时扰动,在辐照后重新触发示波器时均正常;3)为逻辑翻转,辐照后重新触发示波器时仍为低电平,重新配置后恢复正常。波形 1)、2)尽管都是瞬时扰动,但是 1)经过约 9μs 的扰动后就恢复到了正常状态,而 2)在约 50μs 内仍未恢复,重新触发示波器时才恢复。这是由于 1)是移位寄存器链首端的输出,其数据刷新快,仅需 40ns×16 即 0.64μs,9μs 的扰动主要是时钟扰动带来的。图 3.20 展示了某发次试验中移位寄存器链输出与时

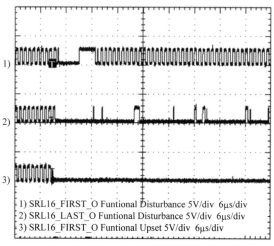

1) SRL16_FIRST_O Funtional Disturbance 5V/div　6μs/div
2) SRL16_LAST_O Funtional Disturbance 5V/div　6μs/div
3) SRL16_FIRST_O Funtional Upset 5V/div　6μs/div

图 3.19　SRL16 移位寄存器链瞬时信号波形

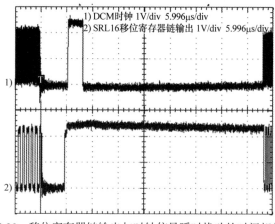

1) DCM时钟 1V/div 5.996μs/div
2) SRL16移位寄存器链输出 1V/div 5.996μs/div

图 3.20　移位寄存器链输出与时钟信号瞬时扰动的时间相关性

钟信号瞬时扰动的时间相关性。2)是移位寄存器链末端输出，数据全部刷新需要的时间为 0.64μs×3584 即约 2.3ms，其瞬时扰动波形主要是从移位寄存器链中移位出来的错误数据。

图 3.19 中的 3)是逻辑翻转波形,在瞬时辐照后立即变为低电平。在 4.2×10⁷～4.2×10⁸Gy(Si)/s 剂量率范围, 所有输出端口均发生逻辑翻转; 同时回读配置存储器数据发现, 其数据状态与 FPGA 在空配置下完全相同, 意味着 FPGA 发生了复位。在 3.0×10⁷Gy(Si)/s 及以下发生瞬时扰动的剂量率范围内, 回读数据表明未发生配置存储器翻转。

FPGA 瞬时电源电流峰值随剂量率变化的曲线见图 3.21。在较低剂量率下, 瞬时电源电流峰值随剂量率线性增长; 剂量率达到 4.2×10⁷Gy(Si)/s 后, 峰值增长的斜率显著上升, 表明在该剂量率以上光电流导通了寄生双极晶体管, 因此表现出了电流增长的超线性趋势。这个寄生双极晶体管导通的剂量率转折点, 恰好对应了瞬时扰动与逻辑翻转的剂量率分界线。在另一个 FPGA 的试验中[21], 寄生双极晶体管导通的剂量率大致为 1.0×10⁶Gy(Si)/s, 与时钟模块出现错误的剂量率阈值范围一致, 说明了寄生双极放大效应对集成电路具有重要影响。

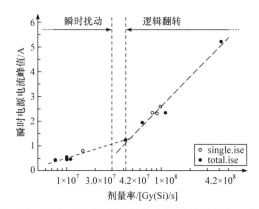

图 3.21　FPGA 瞬时电源电流峰值随剂量率变化的曲线

在 4.2×10⁸Gy(Si)/s 剂量率下, 辐照后产生了大电流, 但复位即可恢复。在更高的剂量率下(图 3.21 中未标出), FPGA 辐照后产生了大电流, 且对功能输入和复位均无响应, 是典型的闩锁现象。

4. SoC

SoC 是在单芯片上集成高密度数字电路、模拟电路、通信接口、专用算法和协议的微系统, 对于实现高性能、低功耗、小型化、智能化电子系统具有重要意义, 已成为微电子领域的重要发展方向。其中, 国际领先的 FPGA 优势厂商, 包括 Xilinx、Altera、Microsemi 等公司, 均推出了结合处理器、FPGA 等功能的 SoC,

在一个芯片上集成了处理器、FPGA、存储器，以及存储器接口、通信接口、调试接口和各类控制器等部件，能够实现基于硬件和软件的信号采集、转换、存储、处理和 IO 控制等功能。这种可重构、IP 复用、高密度、高性能、低功耗、小型化的芯片技术成了当前极具竞争力的系统解决方案。

针对 Zynq-7000 系列 XC7Z020 型 SoC 瞬时电离辐射效应试验需求建立了测试系统。该系列 SoC 是传统 FPGA 与 ARM Cortex-A9 处理器核结合的产品，在单芯片内集成了双核 ARM Cortex-A9 处理器的处理系统和 Xilinx 可编程逻辑。双核 ARM Cortex-A9 是 PS 的"心脏"，它包含片上存储器、外部存储器接口和一套丰富的 I/O 外设，在 Zynq-7000 中处于支配地位，作为芯片的核心部分首先启动，再由它初始化 FPGA 可编程逻辑资源[32]。测试系统分别对 PS 部分和 PL 部分进行测试，包括静态测试和动态测试。静态测试方面，通过 PS、PL 各自的 JTAG 接口回读处理器内部寄存器(如片内存储器、外设寄存器等)数据、FPGA 的配置存储器数据，并与预先写入的数据比较，获取存储数据翻转情况。动态测试方面，被测 SoC 配置为特定功能，使 FPGA 的 32 位通用 IO 接口、处理器通过 UART 接口分别输出周期循环数据，测试系统读取这些接口数据并与正常循环数据比较，判断功能运行情况。此外，采用示波器捕获部分功能接口输出的瞬时变化情况，并实时监测 SoC 稳态电源电流。

SoC 测试系统总体框图如图 3.22 所示，主要包括上位计算机、电源分析仪、测试板、辐照板等部分。其中，屏蔽测试间的上位计算机通过 50m 网线与测试板通信，测试板单端信号经接口板进行差分处理后，经过 5m 屏蔽线缆进行差分信号传输，由辐照板的接口模块转换为单端信号，并连接至辐照板上的被测芯片。电源分析仪通过 LAN 口被上位计算机控制，实现被测 SoC 电源电压设置和电压、电流读取，采用 4 线法通过 5m 长线缆为辐照板提供 1.0/1.5/1.8/2.5/3.3V 供电。

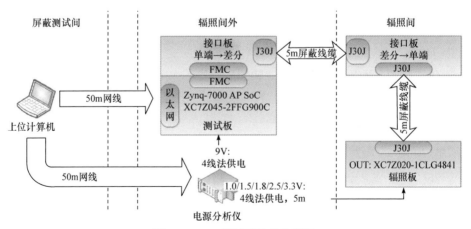

图 3.22 SoC 测试系统总体框图

在 SoC 的测试中，被测 SoC 工作时钟由测试板生成，整个试验过程中测试板均处于正常加电状态，并未采用前述 SRAM、FPGA 测试系统所用的辐射回避方法。测试系统的辐射防护方面，将系统置于辐照靶面侧方向 5m 处以避免脉冲γ射线直接作用，并采用金属箱体进行电磁屏蔽。

　　测试板设计方面，为满足测试系统对测试板高速通信、高密度 IO、高容量存储的需求，选择了 ZC706 开发板作为与上位计算机通信、对被测器件进行测试的核心控制板。该开发板采用 Zynq-7000 系列 XC7Z045 作为核心芯片，该芯片在 PL(可编程逻辑)端与 PS(处理器系统)端各提供 1GB DDR3 存储器、200/33.33MHz 时钟资源，具备千兆以太网数据通信能力，通过高密度连接器(high pin connector，HPC)和低密度连接器(low pin connector，LPC)标准 FMC 接口分别提供 160/80 路单端/差分、68/34 路单端/差分用户自定义信号通道。测试板通过 4 线法接入 9V 电源，测试信号通过 FMC 接口经过单端转差分、差分转单端后连接到辐照板，其中接口板连接信号如表 3.2 所示。

表 3.2　接口板连接信号

测试板侧	信号名	信号说明	功能	辐照板侧
FMC HPC (J6) 单端信号	LVTTL33_IO[15:0]	PL 端功能测试信号 16 路，LVTTL3.3V 电平标准	PL 动态 测试	J30J-100 (J3) 差分信号
	LVCMOS33_IO[15:0]	PL 端功能测试信号 16 路，LVCMOS3.3V 电平标准		
	FPGA_TDO/TDI/TMS/TCK	PL 端 JTAG 信号 4 路，用于 FPGA 配置和回读	PL 静态 测试	
	PJTAG_TDO/TDI/TMS/TCK	PS 端 JTAG 信号 4 路，用于处理器核内部寄存器测试	PS 静态 测试	
FMC LPC (J7) 单端信号	FPGA_DONE	PL 端配置成功指示信号	PL 全局 指示	J30J-100 (J8) 差分信号
	FPGA_INIT	PL 端初始化指示信号		
	FPGA_CLK	PL 端时钟信号	PL 输入 激励	
	FPGA_PROG	PL 端复位信号		
	UART0/1_RX/TX	PS 端 UART 总线 2 路	PS 功能 测试	
	PS_CLK	PS 端时钟信号	PS 输入 激励	
	PS_SRST_B	PS 端复位信号		
	PS_POR_B	PS 端上电复位信号		

　　在测试板上，使用 ZC706 上的 FPGA 实现了 JTAG 总线接口，并作为一个外

设外挂在 ZC706 的 PS 上，其设计图如图 3.23 所示。

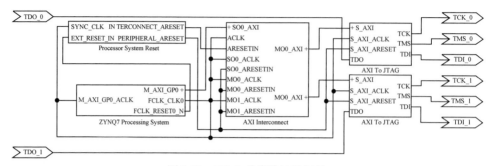

图 3.23 JTAG 总线接口的实现

JTAG 总线接口时序通过标准 AXI-Lite 总线外挂在 ZC706 的 PS 上，并例化成了一个 IP 核，这样 ZC706 的 PS 端可以通过地址寻码的方法对 JTAG 总线接口进行数据交互，如图 3.24 所示。

Cell	Slave Interface	Base Name	Offset Address	Range		High Address
∨ ⊕ processing_system7_0						
∨ ⊞ Data (32 address bits : 0x40000000 [1G])						
⊞ axi_jtag_0	s_axi	reg0	0x43C0_0000	64K	▼	0x43C0_FFFF
⊞ axi_jtag_1	s_axi	reg0	0x43C1_0000	64K	▼	0x43C1_FFFF

图 3.24 JTAG 作为 AXI-Lite 总线外挂示意

JTAG 总线接口的操作具有简单的编程模型。高级精简指令集计算机(advanced RISC machine, ARM)处理器写入 LENGTH、TMS_VECTOR 和 TDI_VECTOR 寄存器。然后，启用移位操作并设置 CTRL 寄存器的位来开始传输。移位操作寄存器为自清除，因此软件可以轮询此寄存器，以确定何时操作完成。TDO_VECTOR 寄存器在移位操作期间捕获 TDO 位。这些寄存器的读写操作均由 Linux 应用程序控制。

上位计算机与测试板通过以太网进行通信，下发测试指令和数据，获取测试数据；同时通过 LAN 总线连接电源分析仪，下发供电电压信息，获取电压电流数据，为测试系统提供供电和电压电流测量功能。为了实现 4 线法供电和稳态电源电流的测量，电源模块采用两台 KeysightN6705B 台式电源，该模块为 4 路输出电源，电源设置功能可以通过上位计算机设置 KeysightN6705B 各路是否可以被开启、各路的输出电压、限压、限流和加电顺序。以上设置完成后，通过软件控制，对被测器件进行加断电。

在瞬时电离辐射效应试验中，开展了 SoC 的 PL 静态、PL 动态、PS 静态、PS 动态和 PL 端 8 路功能输出瞬态信号测试。PL 静态与 PS 静态测试在辐照前生成 GOLDEN 文件，辐照后通过 JTAG 总线接口回读 PL 及 PS 内部数据，并与

GOLDEN 文件进行对比,判断是否发生翻转。PL 动态测试是对 PL 配置的普通存
储器、三模冗余存储器、ECC 存储器三种存储器,循环读取数据输出判断辐照后
功能是否正常。PS 动态测试主要针对通用异步收发传输器(universal asynchronous
receiver-transmitter,UART)总线的输出数据进行测试。PL 端 8 路功能输出包括以
查找表、触发器为基本单元的 2 条移位寄存器链输出各 4 路。

　　表 3.3 给出了不同剂量率条件下 SoC 在不同测试模式下的效应现象。在 7.6×
$10^4\sim4.5\times10^6$Gy(Si)/s 的较低剂量率下,PL 及 PS 的所有功能测试结果正常,静态
测试也未发现翻转。在剂量率为 3.0×10^7Gy(Si)/s 时,PL 静态测试发现大量翻转,
其翻转数与空配置条件下相同,表明 PL 端发生了配置存储器清空,但是无法通
过 JTAG 总线接口重新写入 PL、PS 程序数据。此外,PL、PS 动态测试功能中断,
即未读取到预期的功能输出数据。在剂量率为 1.2×10^8Gy(Si)/s 时,还增加了 I/O
电源闩锁现象,其辐照前偏置状态为 3.3V/0.51A,辐照后变为 2.0V/0.80A。在剂
量率为 9.7×10^8Gy(Si)/s 时,I/O 电源状态在辐照后甚至变为 1.8V/0.80A,且所有
的测试功能中断。在剂量率为 3.7×10^9Gy(Si)/s 时,I/O 电源和 1.8V 电源均发生闩
锁,前者变为 1.8V/2.0A,后者从 1.8V/0.12A 变为 1.7V/2.0A,且所有测试功能均
发生中断。移位寄存器链瞬态信号测量结果与图 3.19 类似,在较低剂量率下发生
瞬时扰动,在高剂量率下则产生逻辑翻转,且移位寄存器链级数越多则扰动持续
时间越长。

表 3.3　不同剂量率条件下 SoC 在不同测试模式下的效应现象

剂量率 /[Gy(Si)/s]	效应现象				
	PL 静态	PL 动态	PS 静态	PS 动态	PL 端 8 路功能输出
$7.6\times10^4\sim$ 4.5×10^6	无翻转	功能正常	无翻转	功能正常	瞬时扰动
	PL、PS 所有功能测试正常,无翻转				
3.0×10^7	大量翻转	功能中断	功能中断	功能中断	逻辑翻转
	PL 配置存储器清空,JTAG 总线接口可回读 PL 静态测试数据,但 JTAG 总线接口无法重新配置 PL 与 PS				
1.2×10^8	大量翻转	功能中断	功能中断	功能中断	逻辑翻转
	I/O 电源闩锁,PL 配置存储器清空,JTAG 总线接口可回读 PL 静态测试数据,但 JTAG 总线接口无法重新配置 PL 与 PS				
9.7×10^8	功能中断	功能中断	功能中断	功能中断	逻辑翻转
	I/O 电源闩锁,JTAG 总线接口功能中断,所有测试功能中断,PL 及 PS 程序无法重新配置				
3.7×10^9	功能中断	功能中断	功能中断	功能中断	逻辑翻转
	I/O 电源闩锁,所有测试功能中断				

3.4　效　应　规　律

3.4.1　微米至超深亚微米集成电路瞬时电离辐射效应

随着微电子技术的发展，半导体器件的特征尺寸逐渐进入超深亚微米甚至纳米尺度，器件的核心工作电压也呈不断下降的趋势。一方面，器件特征尺寸的等比例减小导致晶体管耗尽区的体积减小，使单管的光电流下降；另一方面，器件内部核心工作电压的降低使其发生翻转需要的最小光电流下降，同时由于器件结构尺寸减小，其内部的寄生晶体管放大倍数增大，更容易发生辐射损伤。这两方面对器件瞬时电离辐射敏感性的影响相反。我国西北核技术研究所对七种典型的微米至超深亚微米静态随机存储器在"强光一号"开展了瞬时辐射效应实验，测量了超深亚微米 SRAM 的剂量率损伤阈值。七种典型的微米至超深亚微米 SRAM 的特征尺寸涵盖了 1.5μm 至 0.13μm 的范围。七种典型微米至超深亚微米 SRAM 型号及特征尺寸、存储容量如表 3.4 所示。

表 3.4　七种典型微米至超深亚微米 SRAM 型号及特征尺寸、存储容量

试验发次	SRAM 型号	存储容量	特征尺寸/μm
第一轮实验	HM6264B	64K(8K×8)	1.5
	HM62256BLP-7	256K(32K×8)	0.8
	HM628512ALP-7	4M(512K×8)	0.5
	HM628512BLP-7	4M(512K×8)	0.35
	HM62V8100TTI5	8M(1M×8)	0.18
第二轮实验	HM628512ALFP-7	4M(512K×8)	0.5
	HM62W8512BLFP-7	4M(512K×8)	0.35
	HM628512CLFP-7	4M(512K×8)	0.18
	HM62V8100LTTI5	8M(1M×8)	0.18
	HM62V16100	16M(1M×16)	0.13

在 SRAM 进行瞬时辐射效应实验时，通常采用全地址的测量方法。辐照前在 SRAM 所有存储单元中写入 55H，辐照时电路处于加电状态和片选无效状态，辐照后首先测量电路的电源电流，如果电源电流明显增加，则重新加电，进行读写功能测试；如果电源电流没有明显增加，则全地址测量存储内容，并进行读写功能测试，再重新加电后进行读写功能测试。辐照后 SRAM 的电源电流没有明显增加并且存储内容没有发生变化，则 SRAM 发生瞬时扰动；辐照后电源电流没有明显增加，但存储内容发生变化，则 SRAM 发生瞬时翻转；辐照后电源电流明显增

加，读写功能不正常，重新加电后，读写功能及电源电流恢复正常，则 SRAM 发生瞬时闩锁；辐照后电源电流明显增加，读写功能不正常，重新加电后读写功能及电源电流仍不正常，则 SRAM 发生永久损伤。

　　进行瞬时辐照前，需要对待测器件的总剂量损伤阈值进行测量，确定总剂量极限值。在进行总剂量实验过程中，绘制存储器翻转数与总剂量的关系曲线，提取翻转阈值，取翻转阈值的 10%作为存储器在瞬时辐射效应实验时的总剂量极限值。在瞬时辐射效应实验过程中，器件接受的累积总剂量不能超过总剂量极限值。

　　不同特征尺寸 SRAM 的剂量率损伤阈值可通过绘制翻转率与剂量率的关系曲线得到。图 3.25 为不同特征尺寸 SRAM 的翻转率或翻转数随剂量率的变化趋势。图中纵坐标为翻转数或翻转率(总翻转位数或其占总存储容量的比例)。几种存储器的瞬时电离辐射效应规律一致，即存储器的翻转存在剂量率阈值，当剂量率小于翻转阈值时，没有存储单元发生翻转；在剂量率达到翻转阈值时，翻转数迅速增加，在一定的剂量率下，翻转数达到最大，之后翻转数不再随剂量率的增加而增加。翻转数饱和时对应的剂量率称为翻转饱和剂量率，七种典型超深亚微米 SRAM 剂量率翻转阈值及翻转饱和剂量率见表 3.5。

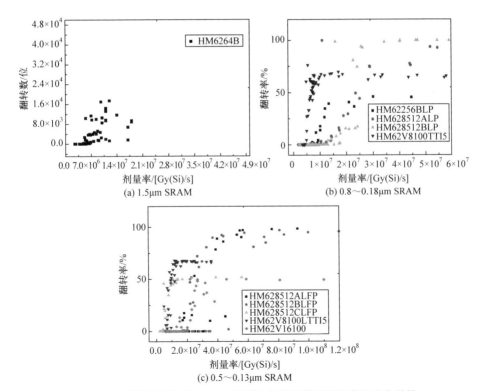

图 3.25　不同特征尺寸 SRAM 的翻转率/翻转数随剂量率的变化趋势

表 3.5 　七种典型超深亚微米 SRAM 剂量率翻转阈值及翻转饱和剂量率

SRAM 型号	特征尺寸/μm	剂量率翻转阈值 $D_{th}/[10^7\text{Gy(Si)/s}]$	翻转饱和剂量率 $D_{sat}/[10^7\text{Gy(Si)/s}]$	D_{sat}/D_{th}
第一轮实验				
HM6264B	1.5	0.7	—	—
HM62256BLP-7	0.8	0.9	1.5	1.7
HM628512ALP-7	0.5	1.3	2.8	2.2
HM628512BLP-7	0.35	1.3	3.0	2.3
HM62V8100TTI5	0.18	0.5	1.0	2.0
第二轮实验				
HM628512ALFP-7	0.5	2.0	5.5	2.8
HM628512BLFP-7	0.35	2.2	5.5	2.5
HM628512CLFP-7	0.18	0.7	1.0	1.4
HM62V8100LTTI5	0.18	0.7	1.2	1.7
HM62V16100	0.13	1.7	2.5	1.5

图 3.26 为 HM62V8100LTTI5 的翻转位图，图中的黑点表示该地址对应的存储单元发生了翻转。从翻转位图上看，存储器的翻转不是均匀分布的，且具有区域性。翻转首先从某一区域开始，随着剂量率的增加，发生翻转的黑点密度增加，并且黑点的分布面积也在扩大，翻转延伸至其他区域。

如果存储器内部各存储单元的结构完全一致，当只有局部光电流的作用时，存储单元的翻转阈值应基本一致，并且从翻转位图上看，存储单元的翻转应该是均匀的。但根据实验结果，不同位置存储单元的翻转阈值不同甚至相差较大，并且存储器的翻转不是均匀分布，说明存储器的瞬时辐射翻转不只有局部光电流的作用，与全局光电流也密切相关。全局光电流在布线上流动，导致金属布线网络上存在压降，使存储单元的核心工作电压降低，核心工作电压降低又引起存储单元噪声容限的降低，在局部光电流(瞬态噪声)的作用下发生翻转。不同物理位置的存储单元，距离电源节点长度不同，电压降低的幅度不同，噪声容限不同，造成翻转阈值的不同，在翻转位图上表现为翻转的不均匀性和区域性。

SRAM 剂量率翻转阈值与特征尺寸的关系见表 3.6。从实验结果来看，随着特征尺寸从 1.5μm 缩短至 0.5μm，SRAM 的剂量率翻转阈值提高，0.5μm 和 0.35μm 的 SRAM 剂量率翻转阈值整体差别不大；特征尺寸从 0.35μm 缩短至 0.18μm 时，剂量率翻转阈值大幅降低；特征尺寸从 0.18μm 缩短至 0.13μm 时，剂量率翻转阈值又大幅提高。因此，剂量率翻转阈值与特征尺寸的关系不是单调变化的。

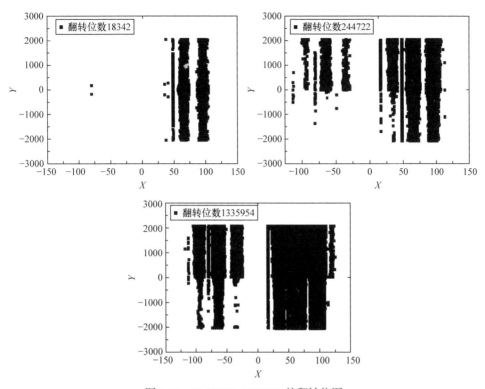

图 3.26　HM62V8100LTTI5 的翻转位图

表 3.6　SRAM 剂量率翻转阈值与特征尺寸的关系

SRAM 特征尺寸/μm	1.5	0.8	0.5	0.35	0.18	0.13
剂量率翻转阈值/[10^7Gy(Si)/s]（第一轮实验）	0.7	0.9	1.3	1.3	0.45	—
剂量率翻转阈值/[10^7Gy(Si)/s]（第二轮实验）	—	—	2.0	2.2	0.7	1.7
剂量率翻转阈值/[10^7Gy(Si)/s]（第三轮实验）	—	—	—	—	—	1.6

　　CMOS 电路的瞬时辐射损伤不仅与寄生 PN 结感生的局部光电流有关，也与 CMOS 电路的寄生双极放大效应有关。这些寄生晶体管在放大状态下，会把局部光电流放大，流入电源布线，全局光电流也随之增加，降低电路的抗辐射性能。

　　根据表 3.6 总结的不同特征尺寸存储器的剂量率翻转值可知，随着特征尺寸减小，器件内部寄生 PN 结的面积变小，由脉冲 γ 射线辐射感生的局部光电流强度降低；但小尺寸电路的寄生晶体管结构尺寸变小，放大倍数变大，导致全局光电流增加。因此随着器件特征尺寸的降低，局部光电流降低，导致剂量率翻转阈值提高，但寄生晶体管放大倍数增加又导致剂量率翻转阈值降低。这两个因素相互竞争，使 CMOS 电路的剂量率翻转阈值与特征尺寸不是单调变化关系，在 1.5μm 到 0.35μm 的特征尺寸内，瞬时辐射剂量率翻转阈值随尺寸的降低而提高，但在 0.35μm 到 0.18μm 的特征尺寸内，瞬时辐射剂量率翻转阈值又随着尺寸的降低而降低。

通过对不同特征尺寸、不同存储容量的七种 SRAM 进行"强光一号"瞬时辐射效应实验研究，微米至超深亚微米 SRAM 的瞬时辐射效应规律为随着特征尺寸从 1.5μm 减小至 0.5μm，SRAM 的剂量率翻转阈值提高，0.5μm 和 0.35μm 的 SRAM 剂量率翻转阈值整体差别不大；特征尺寸从 0.35μm 减小至 0.18μm 时，剂量率翻转阈值大幅降低；特征尺寸从 0.18μm 减小至 0.13μm 时，剂量率翻转阈值又大幅提高。对于存储器等大规模集成电路，其瞬时辐射损伤由局部光电流与全局光电流共同作用，导致各存储单元的剂量率翻转阈值不同、翻转位图的不均匀性及区域性。特征尺寸对存储器抗辐射性能的影响具有两面性，尺寸减小，PN 结光电流减小，剂量率翻转阈值提高；但尺寸减小又导致寄生晶体管放大倍数增加，全局光电流增加，剂量率翻转阈值降低。这两种竞争机制使得 SRAM 特征尺寸与抗辐射性能的关系较为复杂。

3.4.2　纳米集成电路瞬时电离辐射效应

3.4.1 小节介绍了特征尺寸为微米至超深亚微米的七种 SRAM 的瞬时电离辐射效应规律。本小节重点针对特征尺寸为 40nm、65nm 和 90nm 的三种商用 SRAM 芯片的瞬时电离辐射效应规律进行介绍。纳米 SRAM 芯片的参数信息如表 3.7 所示。

表 3.7　纳米 SRAM 芯片的参数信息

SRAM 芯片型号	生产公司	容量(工作模式)	特征尺寸λ/nm	电源电压/核心电压/V
IS61WV204816	ISSI	32M(2048K×16bit)	40	3.3/1.1
IS61WV25616	ISSI	4M(256K×16bit)	65	3.3/1.2
IS61WV12816	ISSI	2M(128K×16bit)	90	3.3/1.2

在纳米 SRAM 芯片的测试过程中，同样采用全地址测试系统测试其瞬时辐射效应。测试系统由供电系统、示波器、上位计算机、测试板和辐照板组成。上位计算机通过测试板对辐照板上的器件进行操作。SRAM 测试系统可以实现的功能：①SRAM 芯片的初始化；②SRAM 芯片的在线配置；③辐照后 SRAM 芯片的数据回读。辐照前，SRAM 芯片中写入 55H，辐照瞬间芯片处于加电和片选无效状态，辐照过后，回读 SRAM 存储数据，记录翻转情况及逻辑地址翻转位图。根据

SRAM 的翻转情况及逻辑地址翻转位图分析 SRAM 瞬时剂量率翻转特性。三种特征尺寸的 SRAM 芯片翻转特性曲线如图 3.27 所示。

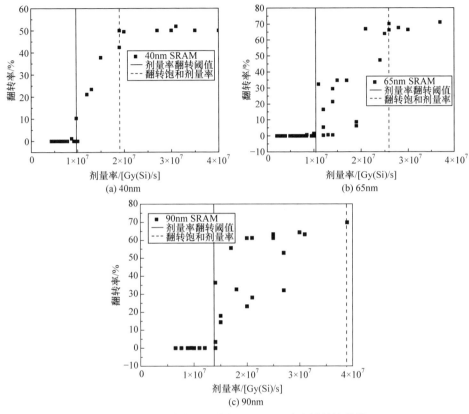

图 3.27　三种特征尺寸的 SRAM 芯片翻转特性曲线

图 3.27 中纵坐标为 SRAM 芯片的数据总翻转位数占总存储容量的比例。从图中可以看到，SRAM 瞬时剂量率翻转效应存在剂量率阈值，当剂量率小于翻转阈值时，没有存储单元发生翻转；在剂量率达到翻转阈值时，翻转数迅速增加，在某一剂量率条件下翻转数达到最大，随后 SRAM 数据位翻转率随剂量率增加而保持不变。表 3.8 为 40nm、65nm、90nm SRAM 芯片瞬时辐射效应实验结果。

表 3.8　40nm、65nm、90nm SRAM 芯片瞬时辐射效应实验结果

SRAM 芯片型号	特征尺寸 λ/nm	剂量率翻转阈值 D_{th}/[Gy(Si)/s]	翻转饱和剂量率 D_{sat}/[Gy(Si)/s]
IS61WV204816	40	1.0×10^7	1.9×10^7
IS61WV25616	65	1.2×10^7	2.6×10^7
IS61WV12816	90	1.4×10^7	3.9×10^7

　　随着 SRAM 芯片的特征尺寸从 90nm 降至 40nm，SRAM 瞬时剂量率翻转阈值表现为逐渐减小，其中 90nm SRAM 芯片的剂量率翻转阈值最大为 $1.4×10^7$Gy(Si)/s，40nm SRAM 芯片的剂量率翻转阈值最小为 $1.0×10^7$Gy(Si)/s。随着 SRAM 芯片特征尺寸的减小，SRAM 存储单元的核心工作电压不断降低，噪声容限不断下降，使其发生翻转的临界电荷也不断减小，导致小尺寸 SRAM 芯片的剂量率翻转阈值较低。图 3.28～图 3.30 分别给出了 40nm、65nm、90nm SRAM 芯片的逻辑地址翻转位图。90nm SRAM 芯片的逻辑地址翻转位图呈现出较强的不均匀性与区域性，同时翻转位图呈现出等距条状区域翻转，表明不同位置存储单元的剂量率翻转阈值相差较大；65nm SRAM 芯片呈现出较弱的不均匀性与区域性；40nm SRAM 芯片则表现为均匀翻转。通常在辐照瞬间 SRAM 芯片的内核供电电压会下降，导致存储单元的噪声容限降低，若 SRAM 存储单元的翻转只受局部光电流的影响，

(a) 翻转数为98655，翻转率为1%

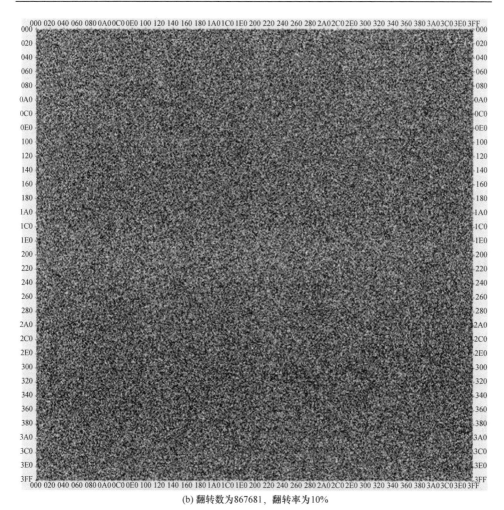

(b) 翻转数为867681，翻转率为10%

图 3.28　40nm SRAM 芯片的逻辑地址翻转位图

则不同位置存储单元的剂量率翻转阈值应相差不大,并且翻转位图应该是均匀的,
但是当阱与衬底之间产生的瞬时光电流汇入金属布线变为全局光电流时, 由于金
属布线电阻的存在, 金属布线上会产生压降导致存储单元的核心工作电压下降或
接地电压抬升。不同物理位置的存储单元, 相对于内核供电电源节点的距离不同,
全局光电流在金属布线上的压降不同, 导致核心工作电压降低的幅度不同。在局
部光电流相同的情况下可能会造成剂量率翻转阈值的不同, 这在翻转位图上表现
为不均匀性和区域性。从 90nm 与 65nm SRAM 芯片的逻辑地址翻转位图上可以
看到, 存储单元的翻转表现出不均匀性和区域性, 这种翻转模式通常称为"路轨
塌陷"。对于 40nm SRAM 芯片, 其逻辑地址翻转位图表现为均匀翻转, 表明全局
光电流在金属布线上引起的压降导致不同物理位置存储单元噪声容限的降低幅度

基本相同，继而在 SRAM 存储单元局部光电流的作用下发生翻转，表现为翻转的均匀性。

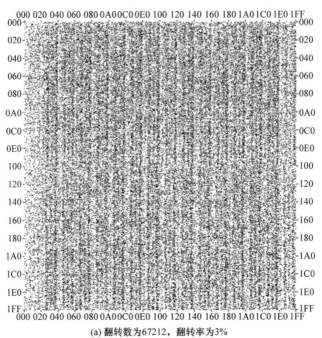

(a) 翻转数为67212，翻转率为3%

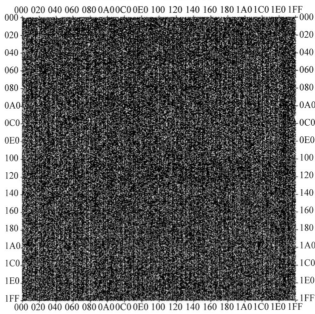

(b) 翻转数为339472，翻转率为16%

图 3.29　65nm SRAM 芯片的逻辑地址翻转位图

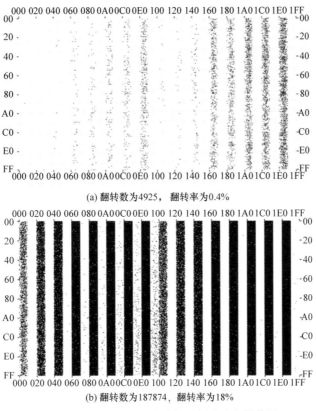

(a) 翻转数为4925，翻转率为0.4%

(b) 翻转数为187874，翻转率为18%

图 3.30　90nm SRAM 芯片的逻辑地址翻转位图

3.5　小　　结

　　脉冲 γ/X 射线作用于大规模数字集成电路，主要造成剂量率翻转和剂量率闩锁，其根本来源都是电路 PN 结的感生光电流。剂量率翻转表现为信号的瞬时扰动、存储数据或逻辑状态的翻转，由集成电路基本单元内部的局部光电流、芯片整体的全局光电流共同作用导致；剂量率闩锁是光电流触发 CMOS 电路寄生四层硅控整流器结构导通的结果，会造成电路功能的失效、电源电流的陡增甚至电路的烧毁。对大规模数字集成电路的试验测试包括瞬态信号测试和功能测试，分别测试电路在辐照瞬间和辐照结束后的工作状态。测试系统在辐射环境中的可靠工作是开展试验测试的前提和基础，在工程实践中主要采用辐射回避和辐射屏蔽等措施以保证系统的可靠性。

参 考 文 献

[1] DAVID R, ALEXANDER D R. Transient ionizing radiation effects in devices and circuits[J]. IEEE Transactions on Nuclear Science, 2003, 50(6): 565-582.

[2] LONG D M, FLESCHER H L. Transient response of MOS transistorsand integrated circuits to ionizing radiation[J]. IEEE Transactions on Nuclear Science, 1966, 13(6): 295-299.

[3] LONG D M. A radiation effects large signal equivalent circuit for MOS transistors[J]. IEEE Transactions on Nuclear Science. 1967, 14(6): 210-216.

[4] ALEXANDER D R, TUEFLER R M. An MOS modeling hierarchy includingradiation effects[J]. IEEE Transactions on Nuclear Science, 1975, 22(6): 2611-2616.

[5] ALEXANDER D R. Transient ionizing radiation effects in devices and circuits[J]. IEEE Transactions on Nuclear Science, 2003, 50(3): 565-582.

[6] MASSENGIL L W, DIEHL-NAGLE S E. Transient radiation upset simulations of CMOS memory circuits[J]. IEEE Transactions on Nuclear Science, 1984, 31(6): 1337-1343.

[7] 中国人民解放军总装备部. 微电子器件试验方法和程序: GJB 548B—2005[S]. 北京: 总装备部军标出版发行部, 2007.

[8] 中国人民解放军总装备部. 军用电子器件脉冲γ射线效应试验方法: GJB 7350—2011[S]. 北京: 总装备部军标出版发行部, 2011.

[9] 中央军委装备发展部. 半导体器件辐射加固试验方法第3部分: γ瞬时辐照试验: GJB 762.3A—2018[S]. 北京: 国家军用标准出版发行部, 2019.

[10] ASTM International. Standard test method for measuring dose rate threshold for upset of digital integrated circuits: ASTM F744M-16[S]. ASTM International, 1997.

[11] ASTM International. Standard guide for transient radiation upset threshold testing of digital integrated circuits: ASTM F1262M-14[S]. ASTM International, 1995.

[12] ABU-RAHMA M H, ANIS M. Nanometer Variation-Tolerant SRAM[M]. New York: Springer, 2013.

[13] MASSENGILL L W. The simulation of pulsed-ionizing-radiation-induced errors in CMOS memory circuits[D]. Raleigh: North Carolina State University, 1987.

[14] TROUTMAN R R. Latchup in CMOS Technology: The Problem and Its Cure [M]. New York: Kluwer Academic Publishers, 1986.

[15] DAVIS G E, HITE L R, BLAKE T G W, et al. Transient radiation effects in SOI memories[J]. IEEE Transactions on Nuclear Science, 1985, 32(6): 4432-4437.

[16] BARTHOLET W G, STUBBS G W, NESS J D. Edge rate induced upset in high speed circuits[J]. IEEE Transactions on Nuclear Science, 1987, 34(6): 1438-1441.

[17] COHN L . Transient radiation effect on electronics handbook: DNA-H-95-61[R]. Defense Nuclear Agency Technical Report, 1996.

[18] ACKERMANN M R, MIKAWA R E, MASSENGILL L W, et al. Factors contributing to CMOS static RAM upset[J]. IEEE Transactions on Nuclear Science, 1986, 33(6): 1524-1529.

[19] MIKAWA R E, ACKERMANN M R. Transient radiation effects in SOI static RAM cells[J]. IEEE Transactions on Nuclear Science, 1987, 34(6): 1698-1703.

[20] YUANFU Z, HONGCHAO Z, LON F, et al. Experimental research on transient radiation effects in microprocessors

based on SPARC-V8 architecture[J]. Journal of Semiconductors, 2015, 36(11): 114008-1-114008-5.

[21] VERA A, LLAMOCCA D, FABULA J, et al. Xilinx Virtex V field programmable gate array dose rate upset investigations[C]. IEEE Radiation Effects Data Workshop, Tucson, Arizona, 2008: 90-93.

[22] VERA A, LLAMOCCA D, PATTICHIA M, et al. Dose rate upset investigations on the Xilinx VirtexIV field programmable gate arrays7[C]. IEEE Radiation Effects Data Workshop, Honolulu, Hawaii, 2007: 172-176.

[23] COPPAGE F N, BARNUM J H, COLLINS C, et al. Transient radiation effects evaluation of the F-8 microprocessor[J]. IEEE Transactions on Nuclear Science, 1981, 28(6): 4041-4045.

[24] 杜川华, 詹峻岭, 徐曦. 反熔丝 FPGA 延时电路γ瞬时辐射效应[J]. 强激光与粒子束, 2006, 18(2): 321-324.

[25] Tektronix. CT-1 and CT-2 Current Transformer Instructions[Z]. 2020.

[26] WUNSCH T F, HASH G L, HEWLETT F W, et al. Transient radiation hardness of the CMOSV 1.25 micro technology[J]. IEEE Transactions on Nuclear Science, 1991, 38(6): 1392-1397.

[27] BROWM G R, HOFFMANN L F, LEAVY S C, et al. Honeywell radiation hardened 32-bit processor central processing unit, floating point processor, and cach memory dose rate and single event effects test results[C]. IEEE Radiation Effects Data Workshop, Snowmass Village, Colorado, 1997: 110-115.

[28] HASH G L, SCHWANK J R, SHANEYFELT M R. Transient and total dose irradiation of BESOI 4K SRAM[C]. IEEE Radiation Effects Data Workshop, Tucson, USA, 1994: 11-14.

[29] MURRAY J R. Design consideration for a radiation hardened nonvolatile memory[J]. IEEE Transactions on Nuclear Science, 1993, 40(6): 1610-1618.

[30] OWENS A H, YEE A, TOUTOUNCHI S, et al. 1μm CMOS gate array radiation hardened technology[C]. 1992 IEEE Radiation Effects Data Workshop, New Orleans, USA, 1992: 67-71.

[31] 王桂珍, 林东生, 齐超, 等. EEPROM 和 SRAM 瞬时剂量率效应比较[J]. 微电子学, 2014, 44(4): 510-514.

[32] Xilinx. Zynq-7000 SoC Data Sheet: Overview DS190(v1.11.1)[Z]. 2018.

第 4 章 瞬时电离辐射脉冲宽度效应

4.1 引　言

瞬时电离辐射效应是在瞬时 γ 辐射环境下，半导体器件和电路的性能发生退化的现象。对于瞬时 γ 辐射环境，γ 剂量率和 γ 脉冲宽度都是很重要的参数。瞬时电离辐射效应不仅与 γ 剂量率相关，而且与 γ 脉冲宽度也是密切相关的，相同剂量率、不同脉冲宽度下，器件和电路的瞬时电离辐射效应不同。

不同类型核武器的 γ 脉冲宽度有很大的差异。对于高空核爆炸辐射环境，一般有如下的参数[1]：氢弹，脉冲半宽为 40～50ns；助爆型原子弹，脉冲半宽为 15～16ns；中子弹，脉冲半宽为 4～5ns。当然核爆炸 γ 脉冲时间谱与武器设计的细节有关，不同类型武器的 γ 脉冲时间谱有很大的差异，以上只是一个参考值，但可以看出，不同类型的核爆炸，其脉冲波形的宽度差别很大。

研究瞬时电离辐射效应的地面模拟源为脉冲 X 射线源及线性加速器。目前我国的脉冲 X 射线源为西北核技术研究所的"强光一号"和"晨光号"等，可提供不同剂量率、不同脉冲宽度的瞬时辐射环境。"强光一号"短 γ 脉冲状态的辐射输出的 γ 射线脉冲宽度为 25ns±5ns、长 γ 脉冲状态的辐射输出的 γ 射线脉冲宽度约 150ns，"晨光号"的辐射脉冲宽度约 25ns。可见，不同脉冲 X 射线源辐射环境的脉冲宽度不同。

电子器件可能遭遇的辐射环境的脉冲宽度与地面模拟环境也不尽相同，不同地面模拟源产生的脉冲 γ 射线宽度差别很大，为保证器件的抗辐射性能考核结果可靠，需要研究不同脉冲宽度辐射下器件辐射效应的异同性，建立正确的模拟试验方法，解决如何用地面模拟试验来预估电子器件在核辐射环境下的生存能力的问题，提高器件的抗辐射性能。

4.2 双极电路的脉冲宽度效应

4.2.1 PN 结辐射感生光电流的脉冲宽度效应

半导体器件的基本结构是 PN 结，PN 结受到 γ 射线辐照，感生载流子，即电子空穴对。载流子在内建电场的作用下，向两极漂移。若 PN 结不加偏压，大量的电子空穴对在耗尽区就复合掉了，在外电路只形成微弱电流。当 PN 结反向偏置时，外加电场与内建电场方向一致，有利于载流子的运动，耗尽区产生的载流子在电场的作用下很快向两极漂移，形成漂移电流；耗尽区外，在 P 区、N 区一个扩散长度内产生的载流子向耗尽区扩散，可到达耗尽区后被电极收集，形成扩散电流。辐射感生载流子穿过 PN 结形成初始光电流 I_{pp}，由上面分析可知，初始光电流由两部分组成：漂移电流和扩散电流。

在脉冲宽度为 t_p 的脉冲 γ 射线作用下，PN 结瞬时光电流的表达式为[2]

$$I_{pp}(t \leqslant t_p) = q \cdot g_0 \cdot \dot{D}(t) \cdot A \left[w + L_p \text{erf}\left(\frac{t}{\tau_p}\right)^{\frac{1}{2}} + L_n \text{erf}\left(\frac{t}{\tau_n}\right)^{\frac{1}{2}} \right] \quad (4.1)$$

$$I_{pp}(t > t_p)$$

$$= q \cdot g_0 \cdot \dot{D}(t) \cdot A \left[L_p \text{erf}\left(\frac{t}{\tau_p}\right)^{\frac{1}{2}} - L_p \text{erf}\left(\frac{t-t_p}{\tau_p}\right)^{\frac{1}{2}} + L_n \text{erf}\left(\frac{t}{\tau_n}\right)^{\frac{1}{2}} - L_n \text{erf}\left(\frac{t-t_n}{\tau_n}\right)^{\frac{1}{2}} \right] \quad (4.2)$$

式中，$I_{pp}(t)$ 为初始光电流，单位 A；q 为电子电量，单位 C；g_0 为载流子产生率，单位电子空穴对/[Gy(Si)·m³]；$\dot{D}(t)$ 为剂量率，单位 Gy(Si)/s；A 为结面积，单位 m²；w 为耗尽区宽度，单位 m；t_p 为辐射脉冲宽度，单位 s；erf(x) 为余误差函数；τ_n 和 τ_p 分别为电子和空穴的寿命，单位 s；L_n 和 L_p 分别为电子和空穴的扩散长度，单位 m。

若器件少子寿命远小于辐射脉冲的宽度，PN 结辐射感生光电流持续时间(光电流波形宽度)与脉冲宽度相当；若器件少子寿命较长，在脉冲停止后，仍存在扩散电流，光电流的持续时间要大于脉冲宽度，且主要由少子寿命决定。

对辐射感生光电流的脉冲宽度效应进行数值模拟。数值模拟中的 PN 结基本结构见图 4.1，其中，N 区和 P 区的掺杂浓度分别为 10^{19}cm^{-3} 和 10^{15}cm^{-3}。针对两种不同结构的 PN 结，分析其辐射感生初始光电流脉冲宽度效应与器件结构的关系，PN 结的结构参数和掺杂浓度见表 4.1。模拟中，同时考虑了俄歇复合和 SRH 复合，并且在复合模型和迁移率模型中，载流子寿命及迁移率都与载流子浓度有关，入射脉冲 γ 射线为不同宽度的方波。

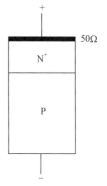

图 4.1　PN 结基本结构

表 4.1　PN 结的结构参数和掺杂浓度

PN 结	N 区的长度/μm	P 区的长度/μm	N 区的掺杂浓度/cm⁻³	P 区的掺杂浓度/cm⁻³
PN1	50	150	10^{19}	10^{15}
PN2	1	1	10^{19}	10^{15}

在相同剂量率、不同脉冲宽度下，PN 结的辐射感生光电流波形见图 4.2，图中光电流幅值为相对值。对于 PN1，在宽度为 1ns、10ns、100ns 的脉冲辐射下，相同剂量率下的光电流峰值分别为 2.5a.u.、6.3a.u.和 8.7a.u.，随宽度的增加而增加；宽度大于等于 100ns 的脉冲辐射感生的光电流峰值基本不变。对于 PN2，辐射感生光电流峰值与脉冲宽度无关。

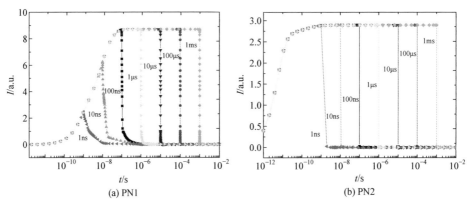

图 4.2　在相同剂量率、不同脉冲宽度下 PN 结的辐射感生光电流波形
图中 1ns、10ns、100ns、1μs、10μs、100μs、1ms 为辐射脉冲宽度

PN 结辐射感生光电流包括三部分，一是 PN 结耗尽区产生的漂移光电流成分，二是 N 区的辐射感生载流子因扩散而形成的扩散光电流成分，三是 P 区的辐射感生载流子因扩散而形成的扩散光电流成分。对于 PN1，N 区和 P 区比较长，导致其辐射响应时间长；当辐射脉冲宽度小于 100ns 时，PN 结两侧的准中性区感生的载流子未能在辐照持续时间内全部扩散至耗尽区被收集，在整个 γ 脉冲期间，光电流一直处于上升阶段；当 γ 脉冲过后，漂移光电流成分消失，扩散光电流成分形成光电流波形的后沿。对于 PN2，N 区和 P 区的长度比较短，PN 结两侧的准中性区感生的载流子在很短的时间内就扩散到了耗尽区，致使其光电流的响应时间短，脉冲宽度对光电流峰值没有影响。在不同脉冲宽度的 γ 射线辐照下，PN2 在 1ns 左右即可到达光电流最大值，PN1 的感生光电流在 100ns 左右才可到达最大值。

分析光电流宽度、辐射感生且被收集的电荷量与脉冲宽度的关系。表 4.2 为

PN1 和 PN2 在不同脉冲宽度辐射下的响应数据,其中单位吸收剂量下的光电流波形面积为光电流波形积分面积除以 γ 总剂量。PN2 的光电流响应时间短,光电流波形宽度与 γ 脉冲宽度相差无几;光电流响应时间长的 PN1,在 γ 脉冲宽度小于 100ns 时,其辐射感生的光电流波形宽度比 γ 脉冲宽度要宽,当 γ 脉冲宽度大于 100ns 后,光电流波形宽度与 γ 脉冲宽度一致。

　　单位吸收剂量下的光电流波形面积表征单位吸收剂量可感生且被收集的电荷量,该值随 γ 脉冲宽度的增加而减小,当 γ 脉冲宽度增大到一定值时,其不再随宽度的变化而变化。两种结构 PN 结的变化趋势一致,但变化幅度不同。

表 4.2　PN1 和 PN2 在不同脉冲宽度辐射下的响应数据

γ脉冲宽度	PN1			PN2		
	光电流波形宽度	光电流峰值/a.u.	单位吸收剂量下的光电流波形面积/a.u.	光电流波形宽度	光电流峰值/a.u.	单位吸收剂量下的光电流波形面积/a.u.
1ns	1.5ns	2.48(0.29)	2.36(2.71)	约 1ns	2.89(1.00)	4.31(1.49)
10ns	16ns	6.26(0.72)	1.82(2.09)	10.5ns	2.89(1.00)	3.03(1.05)
100ns	115ns	8.67(1.00)	1.00(1.15)	101ns	2.89(1.00)	2.91(1.01)
1μs	1μs	8.70(1.00)	0.88(1.01)	1μs	2.89(1.00)	2.89(1.00)
10μs	10μs	8.70(1.00)	0.87(1.00)	10μs	2.89(1.00)	2.89(1.00)
100μs	100μs	8.70(1.00)	0.87(1.00)	100μs	2.89(1.00)	2.89(1.00)
1ms	1ms	8.70(1.00)	0.87(1.00)	1ms	2.89(1.00)	2.89(1.00)

注:(1) 表中光电流峰值和单位吸收剂量下的光电流波形面积为相对值,故没有给出单位。

(2) 表中第三列和第六列括号里的数值为不同脉冲宽度下光电流峰值与 1ms 脉冲宽度下光电流峰值的比值。

(3) 表中第四列和第七列括号里的数值为不同脉冲宽度下光电流波形面积与 1ms 脉冲宽度下光电流波形面积的比值。

　　PN 结结构不同,其辐射感生光电流的响应时间不同,其脉冲宽度效应存在差异。若辐射脉冲宽度大于 PN 结的响应时间,则辐射感生的光电流峰值不受脉冲宽度的影响,光电流波形宽度与辐射脉冲宽度基本相同,单位吸收剂量感生且被收集的电荷量也不受脉冲宽度的影响;当脉冲宽度小于等于 PN 结响应时间时,光电流峰值与脉冲宽度严重相关,光电流波形宽度大于辐射脉冲宽度,单位吸收剂量感生且被收集的电荷量随辐射脉冲宽度的增加而减小。

4.2.2　晶体管的脉冲宽度效应

　　晶体管的瞬时辐射效应为辐射感生光电流,包括初始光电流和次级光电流。为了试验研究晶体管辐射感生光电流的脉冲宽度效应,西北核技术研究所的姜景

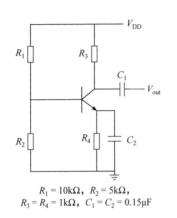

$R_1 = 10\text{k}\Omega$，$R_2 = 5\text{k}\Omega$，
$R_3 = R_4 = 1\text{k}\Omega$，$C_1 = C_2 = 0.15\mu\text{F}$

图 4.3　晶体管次级光电流采样电路

和、王桂珍等在 RS-20 电子加速器、闪光 II 号电子加速器、晨光号电子加速器、四用辐射源等不同脉冲宽度的模拟源上，对开关晶体管 3DK9D、高频大功率晶体管 3DA1、低频大功率晶体管 3DD4C 等截止频率不同的晶体管，进行辐射响应的测量，晶体管次级光电流采样电路见图 4.3，晶体管处于放大状态，把初始光电流放大，在集电极测量放大后的光电流[3]。

三种晶体管次级光电流大小、宽度与 γ 波形脉冲宽度的关系见表 4.3。开关晶体管 3DK9D 的截止频率高，少子寿命短，对辐射脉冲的响应时间短，光电流波形宽度受 γ 波形脉冲宽度的影响较大；对于少子寿命比较长的晶体管来说，如 3DD4C，在四种辐射模拟源辐照下，光电流波形的宽度相差不大，基本上在 2000ns 左右。

表 4.3　三种晶体管次级光电流大小、宽度与 γ 波形脉冲宽度的关系

管型	截止频率 /MHz	γ 波形脉冲宽度/ns	光电流波形宽度 B/ns	剂量率灵敏度 /[10^{-8}A/(Gy(Si)·s^{-1})]	剂量灵敏度 /[10^{-1}A/Gy(Si)]	$n = I \cdot B/D$ /[10^{-8}A/(Gy(Si)·s^{-1})]
3DD4C	1	2.1	1753	1.17	55.5	971.2
		25	2060	7.51	30.1	619.3
		62.6	2000	36.2	45	900
		132	2000	68.4	51.9	1038
3DA1	50	2.1	100.5	0.054	2.55	2.59
		21.6	86.8	1.35	6.28	5.45
		56.9	104.5	5.26	7.51	7.8
3DK9D	120	21.6	55.6	1.33	6.14	3.42
		62.4	87.9	4.16	6.65	5.82

从物理上考虑，在晶体管中产生且被收集的电荷量应与晶体管所受到的 γ 总剂量成正比，即在不同脉冲宽度辐射模拟源辐照下，晶体管的 $n = I \cdot B/D$ 值应相同，其中 I 为光电流幅值，B 为光电流波形宽度，D 为总剂量。但从所得到的结果来看，虽然 n 值差别不是很大，但更倾向于剂量灵敏度相等。在现有的实验条件下(脉冲宽度不大于少子寿命的一倍)，对于少子寿命比较短的晶体管来说，如 3DK9D，不同脉冲宽度 γ 辐射源辐照感生的光电流与吸收剂量基本成正比，即剂量灵敏度基本相等，光电流波形半宽稍大于 γ 波形半宽。

　　中国工程物理研究院的朱小锋等也对 3DK9D 进行了脉冲宽度效应的试验研究，测量了两种脉冲宽度的 γ 射线辐照下晶体管实验线路的辐射扰动时间。图 4.4 为 3DK9D 实验线路辐射扰动时间随辐射脉冲宽度的变化关系。相同脉冲剂量率下，辐射脉冲宽度越宽，晶体管的辐射扰动时间越长，损伤越严重[4]。

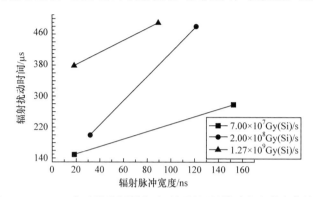

图 4.4　3DK9D 实验线路辐射扰动时间随辐射脉冲宽度的变化关系

4.2.3　双极集成电路的脉冲宽度效应

　　741C 运算放大器在脉冲宽度为 84ns 和 2500ns 下的辐射响应如图 4.5 所示，辐射剂量率为 7×10^6Gy(Si)/s。实验线路为放大电路，运算放大器的放大倍数为 100。当剂量率为 7×10^6Gy(Si)/s 时，辐射响应中负向扰动和正向扰动都达到了饱和。瞬时辐照下 741C 的负向饱和时间和正向饱和时间见表 4.4，分析发现，741C 存在明显的脉冲宽度效应[5]。

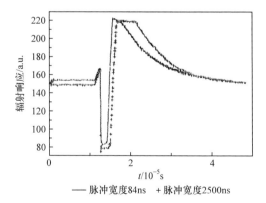

——脉冲宽度84ns　+脉冲宽度2500ns

图 4.5　741C 运算放大器在脉冲宽度为 84ns 和 2500ns 下的辐射响应[5]

辐射剂量率为 7×10^6Gy(Si)/s

表 4.4　瞬时辐照下 741C 的负向和正向饱和时间[5](剂量率为 7×10^6Gy(Si)/s)

辐射脉冲宽度/ns	741C 的负向饱和时间/μs	741C 的正向饱和时间/μs
2500	5.1	10.5
1500	5.0	10.0
650	4.3	10.0
500	4.3	9.4
430	4.4	9.3
200	4.1	9.0
112	3.7	5.0
84	3.4	4.5

4.3　CMOS 电路的脉冲宽度效应

4.3.1　CMOS 反相器的脉冲宽度效应

CMOS 反相器的瞬时辐射效应主要为剂量率扰动、剂量率闩锁及剂量率烧毁。反相器在辐照瞬间输出状态发生变化，持续一定时间后，恢复正常，此即为 CMOS 反相器的剂量率扰动；反相器在辐照瞬间输出状态发生变化，辐照后，状态也未能恢复，同时电源电流有明显增加，重新加电后，反向功能及电源电流恢复，此即为 CMOS 反相器的剂量率闩锁；若辐照和重新加电后反相器功能都未能恢复，则 CMOS 反相器发生了剂量率烧毁。

在进行 CMOS 反相器脉冲宽度效应试验研究时，最为关键的是选取敏感参数。在瞬时电离辐射效应试验中，辐射模拟源的瞬时放电及长线传输会给响应信号测量带来比较大的噪声，这对 CMOS 反相器的扰动效应测量不利，噪声会引起效应测量的不准确，进而影响脉冲宽度效应的分析，并且剂量率扰动效应可提取的参数为扰动幅度和扰动持续时间，在参数提取时受效应波形影响较大，不利于分析脉冲宽度效应。CMOS 反相器发生烧毁需要的剂量率比较高，且一旦发生烧毁，器件便不能再次使用。对于闩锁效应，只需测量辐射效应是扰动还是闩锁，通过进行不同剂量率下的效应试验，从大量的试验数据中就可比较准确地提取电路的闩锁阈值，研究闩锁阈值与脉冲宽度的关系，并且在闩锁效应的测量中，闩锁阈值的提取不受效应波形的影响，所以选定 CMOS 的剂量率闩锁阈值作为脉冲宽度效应分析的敏感参数。

CMOS 电路闩锁的发生与否与电源的供电有很大的关系，在辐照试验中，器件应分别供电，电源可提供的电流一定要大于反相器的闩锁维持电流。另外，CMOS 电路的闩锁效应是一种概率事件，在相同的剂量率辐照下，相同的电路可能会出现不一样的效应，为了比较精确地提取 CMOS 反相器的闩锁阈值，需要大量的试验数据，在闩锁阈值上下一个比较宽的剂量率范围内进行辐照，获取辐射效应与剂量率的关系曲线，从此曲线上提取闩锁阈值，这样可以降低闩锁阈值测量及提取的不确定度。

针对两种 CMOS 反相器 4007 和 4069 进行闩锁阈值的试验测量[6]。对于 4069，测量第一对反相器的辐射效应；对于 4007，把第一只 NMOS 管和第一只 PMOS 管接成反相器结构，辐照时，反相器输入接低电平，输出为高电平。辐照时，4069 的其他五个反相器的输入端接地，4007 的另外两个反相器输入端接地。

绘制 CMOS 反相器的瞬时电离辐射效应曲线。在坐标图中，横坐标为辐射剂量率，纵坐标为辐射效应，辐射效应分为两种：剂量率扰动和剂量率闩锁。纵坐标为 "1" 时，表示电路发生了剂量率闩锁；纵坐标为 "0" 时，表示电路发生了剂量率扰动。从绘制的 CMOS 反相器瞬时电离辐射效应曲线中，提取电路的辐射闩锁阈值。

图 4.6 和图 4.7 分别为不同脉冲宽度下 4069 和 4007 瞬时电离辐射效应与剂量率的关系，其中辐射脉冲宽度约为 150ns 和 20ns。在长脉冲辐射下，当剂量率小于 1×10^7Gy(Si)/s 时，4069 的辐射效应为扰动，当剂量率大于 1.4×10^7Gy(Si)/s 时，4069 的辐射效应为闩锁，当剂量率在 $1 \times 10^7 \sim 1.4 \times 10^7$Gy(Si)/s 的范围，闩锁和扰动效应都有可能发生。提取结果显示，4069 在脉冲宽度约 150ns 和 20ns 的射线辐照下，闩锁阈值分别为 $(1.2 \pm 0.2) \times 10^7$Gy(Si)/s 和 $(2.6 \pm 0.2) \times 10^7$Gy(Si)/s；4007 在脉冲宽度约 150ns 和 20ns 的射线辐照下，闩锁阈值分别为 $(8.8 \pm 0.3) \times 10^6$Gy(Si)/s 和 $(1.5 \pm 0.2) \times 10^7$Gy(Si)/s。

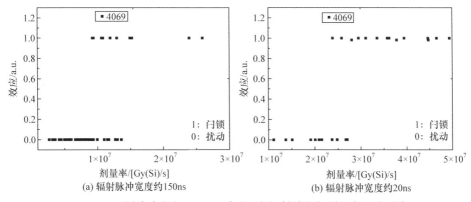

图 4.6　不同脉冲宽度下 4069 瞬时电离辐射效应与剂量率的关系[6]

CMOS 电路的闩锁效应主要由阱的光电流引起。在 CMOS 结构中，阱和衬底形成的 PN 结或两个阱形成的 PN 结，不仅结的面积大，而且载流子的收集区域大，在这样的结构中，载流子扩散至耗尽区被收集需要一定的时间，即光电流

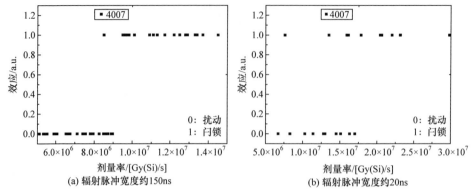

图 4.7　不同脉冲宽度下 4007 瞬时电离辐射效应与剂量率的关系[6]

的时间响应较慢，这时对于比较窄的脉冲辐射，扩散光电流成分叠加在光电流波形的后沿，对光电流峰值的贡献小，相对比较宽的脉冲辐射而言，感生光电流的峰值小；并且在不同宽度脉冲辐照下，光电流波形宽度也不同，而 CMOS 电路的闩锁效应不仅需要一定幅值的光电流，对光电流的持续时间也有一定的要求，即使光电流的幅度一样，持续时间的不同也会引起不同的辐射效应。对于比较短的脉冲辐射，由于其光电流产生率和脉冲宽度小于长脉冲辐射，导致短脉冲状态下 CMOS 反相器的损伤阈值高于长脉冲状态下的损伤阈值。

4.3.2　CMOS 随机静态存储器的脉冲宽度效应

对于大规模集成电路，有可能存在闩锁窗口，有时还不止一个，在存储器的脉冲宽度效应研究中，选取其翻转阈值作为敏感参数进行分析。瞬时电离辐射引起 SRAM 存储单元中存储内容的改变，即存储单元翻转，瞬时电离辐射引起的翻转是全局性的，在同一衬底上的器件会同时受到辐射的影响，器件之间会发生相互作用。

SRAM 存储单元由两个反相器存储一个二进制位，这两个反相器互为输入输出，即第一个反相器的输入、输出分别为第二个反相器的输出、输入，这种反馈结构使存储内容("1"或"0")在存储单元不断电及没有其他噪声的情况下长时间保存，不会丢失。在瞬时辐射环境下，存储单元中的每个 PN 结都会感生光电流，这些光电流在存储单元的各个节点引入噪声，使存储内容发生变化。这些光电流为局部光电流，由此引起的局部存储单元的翻转为局部翻转。

瞬态辐射引起的路轨塌陷也是引起 CMOS 随机静态存储器的存储信息丢失的主要原因。强电离辐射感生 PN 结光电流，光电流流过电源线的互连电阻，引起存储阵列内部 V_{DD} 和 V_{SS} 的值与整个芯片焊接点处相应的值不同，在存储单元上($V_{DD} - V_{SS}$)的降低(路轨塌陷)会引起存储信息的丢失。路轨塌陷效应是一种全局翻转效应，在大规模 CMOS 集成电路中普遍存在。局部光电流和全局光电流共同作用导致 SRAM 的剂量率翻转效应[7-8]。

在辐照前对 SRAM 全地址写入 55H 的内容，SRAM 在辐照时处于片选无效状态，这样可以降低辐照时的各种干扰对 SRAM 存储内容的影响，辐照后对存储器进行存储内容的全地址扫描，记录存储单元的翻转数量，同时监测电源电流的变化，测量存储器的读写功能。针对 CMOS 存储器 6264，在"强光一号"脉冲宽度约 150ns 和 20ns 两种状态下开展辐照试验，测量其在不同剂量率辐照下的翻转数，绘制翻转数与剂量率的关系图，从中提取翻转阈值。

图 4.8 为不同辐射脉冲宽度瞬时辐照下 6264 翻转数与剂量率的关系[7]。辐射脉冲宽度约 150ns 下，在剂量率小于 9×10^6Gy(Si)/s 时，存储器没有出现翻转现象，随着剂量率的增加，翻转数迅速增加，在剂量率约 3.5×10^7Gy(Si)/s 时翻转数达最多，之后，翻转数不再随着剂量率的增加而变化。从图 4.8(a)中可以提取，在宽度约 150ns 的 γ 脉冲辐照下，6264 的翻转阈值为 $(9\pm1)\times10^6$Gy(Si)/s。

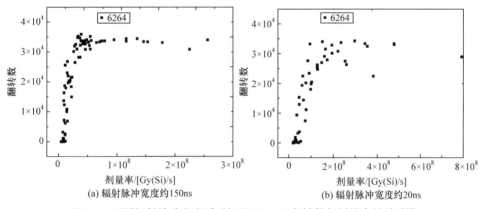

图 4.8　不同辐射脉冲宽度瞬时辐照下 6264 翻转数与剂量率的关系[7]

辐射脉冲宽度约 20ns 下，在剂量率小于 4×10^7Gy(Si)/s 时，存储器没有出现翻转现象，随着剂量率的增加，翻转数迅速增加，在剂量率约 2×10^8Gy(Si)/s 时翻转数达最多，之后，翻转数不再随着剂量率的增加而变化。从图 4.8(b)中可以提取，在宽度约 20ns 的 γ 脉冲辐照下，6264 的翻转阈值为 $(4\pm0.5)\times10^7$Gy(Si)/s。

4.4　CMOS 电路脉冲宽度效应数值模拟计算

在模拟计算中，主要研究 CMOS 电路的剂量率闩锁特性，计算 CMOS 电路的剂量率闩锁阈值与脉冲宽度的关系，分析脉冲宽度效应规律。

在模拟计算中，构建了微米级 CMOS 结构，器件模型采用漂移-扩散模型[9]，此模型基于泊松方程和连续性方程。模拟的剂量率范围为高注入水平，这时少数载流子寿命不再为常数。低水平注入时，SRH 复合机制表明，少数载流子寿命为常数。但是，当剂量率大于一定的值时，少子寿命不再是常数，而与载流子密度有关。过剩载流子密度随着剂量率的增加而增加，少子寿命也随着增加，当陷阱饱和后，少子寿命达到极大值，当过剩载流子密度继续增加时，复合机制发生变化，从陷阱复合(SRH 复合)改变为直接复合(Auger 复合)，少子寿命继而开始缩短。结果导致：高剂量率辐照下，少数载流子密度增加，寿命明显降低。

　　模拟针对的剂量率比较高，但脉冲过后，随着载流子的复合，载流子浓度逐渐降低。所以，在复合模型中，选择俄歇复合模型和与载流子浓度相关的 SRH 复合模型，适用于不同的载流子浓度，并且需要考虑载流子浓度的变化对少子寿命的影响。在辐照期间及少数载流子寿命内，半导体材料中载流子浓度很高，引起禁带宽度的变窄，在模拟计算中，还需要考虑由重掺杂引起的禁带变窄模型。在电场的作用下，载流子获得足够高的能量，和晶格上的原子碰撞产生新的电子空穴对，这些新的载流子还可能在电场作用下获得足够高的能量再发生碰撞，电离出新的电子空穴对，所以在模拟计算中，还需要考虑碰撞电离模型。载流子迁移率与载流子浓度有关，在模拟计算中，选择与载流子浓度有关的迁移率模型。

4.4.1　电流注入法模拟 CMOS 电路的脉冲宽度效应

　　用于进行闩锁效应模拟的一种 N 阱 CMOS 结构及闩锁触发电路图[9]见图 4.9。其中，P 衬底掺杂浓度 $1×10^{15} cm^{-3}$，N 阱掺杂浓度 $1.5×10^{16} cm^{-3}$，在 P 衬底表面 0.45μm 深的区域，掺杂浓度 $4×10^{16} cm^{-3}$，对 N 沟器件的阈值电压进行调节，N^+、P^+ 区域掺杂浓度 $1×10^{19} cm^{-3}$。N 阱中的 P^+ 区和 P 衬底中的 N^+ 区之间的距离 $L = 12μm$。N 阱的 N^+、P^+ 区连接在一起，通过一个电阻与电源电压 V_{DD} 连接，P 衬底的 P^+ 区接地，通过对 P 衬底的 N^+ 区施加脉冲电压，使 CMOS 结构发生闩锁。

　　在图 4.9 所示电路中的节点 2 处施加一个如图 4.10 所示的脉冲信号，在一定脉冲宽度下，调节 V_A 的大小，计算电源电流的变化，当电源电流突然大幅度增加时，即可断定闩锁效应发生。当施加在 N^+P 结的脉冲电压幅度大于 0.7V 时，此 PN 结导通，有电子注入 P 衬底，当电子密度超过一定值时，寄生的横向晶体管基区的电流使此晶体管开启，在其集电极就有放大的电流，此电流又为纵向晶体管的基极电流，迫使纵向晶体管开启，这样，两个寄生晶体管形成正反馈电路，使电源电流迅速增加，并且，当脉冲过后，这种大电流状态仍能持续，只有通过重新加电状态才能恢复，这种效应即为闩锁。

　　计算不同脉冲宽度下 CMOS 电路发生闩锁时的电压幅度，并将其定义为闩锁阈值，获取闩锁阈值与脉冲宽度的关系。

　　计算时所加的脉冲电压上升时间和下降时间为 $T_R = T_F$，最大电压持续时间

$T_P = 0.001$ns，$T_D = 50$ns，PER $= 5$s，$V_0 = -0.5$V，计算电源电流随电压 V_A 的变化。脉冲信号的宽度 $t_p = T_F = T_R$。

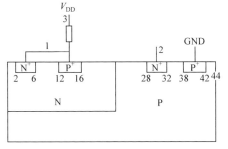

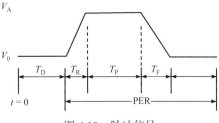

图 4.9　N 阱 CMOS 结构及闩锁触发电路图　　　　图 4.10　脉冲信号

图 4.11 为 CMOS 结构电源电流波形与输入脉冲电压幅度的关系，脉冲信号宽度 10ns。从图中可以看出，对构建的 CMOS 结构，脉冲信号电压 V_A 从 -1.14V 变化到 -1.15V 时，电源电流大幅增加，闩锁效应发生，闩锁阈值为 -1.15V，闩锁前的电源电流峰值为 0.62mA。

计算了脉冲信号宽度为 2ns、5ns、10ns、20ns、50ns、100ns、150ns、200ns 下的闩锁阈值，图 4.12 为闩锁阈值(输入电压幅值)与脉冲信号宽度的关系。从图中可以看出，闩锁阈值随着脉冲信号宽度的增加而减小。在脉冲信号宽度小于 50ns 时，闩锁阈值的变化幅度很大，在脉冲信号宽度大于 50ns 时，闩锁阈值逐渐趋于饱和。

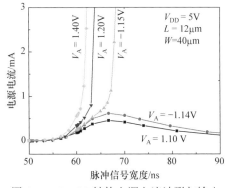

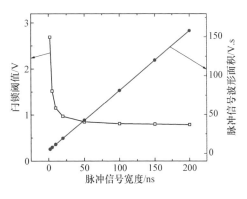

图 4.11　CMOS 结构电源电流波形与输入　　　图 4.12　闩锁阈值与脉冲信号宽度的关系
脉冲电压幅度的关系(脉冲信号宽度 10ns)

脉冲信号波形面积定义为发生闩锁时输入的脉冲信号的面积。从图 4.12 中可以看出，脉冲信号波形面积与脉冲宽度有着比较好的线性关系，对闩锁阈值与脉冲宽度的拟合结果见公式 $V_{th} = (0.72 \pm 0.09) + (3.85 \pm 9.62 \times 10^{-4})/t_p$，其中 V_{th} 为闩锁阈值，单位 V；t_p 为脉冲宽度，单位 ns。

4.4.2　辐照法模拟 CMOS 反相器的脉冲宽度效应

用于效应模拟的 2μm CMOS 反相器及电路结构见图 4.13[10]。P 衬底掺杂浓度为 $1×10^{15}$cm^{-3}，均匀分布；N 阱掺杂浓度为 $1.5×10^{16}$cm^{-3}，结深为 3μm，高斯分布；N$^+$ 区掺杂浓度为 $1×10^{19}$cm^{-3}，结深 0.2μm，高斯分布；P$^+$ 区掺杂浓度为 $1×10^{19}$cm^{-3}，结深 0.3μm，高斯分布。N 管和 P 管的沟道长度为 2μm，栅氧厚度为 25nm，场氧厚度为 100nm，在电源端加有 100Ω 的电阻。

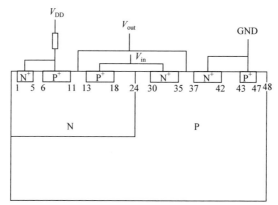

图 4.13　2μm CMOS 反相器及电路结构[10]

基于以上的 2μm CMOS 电路，进行了三个方面的模拟。首先计算了 CMOS 反相器的常态特性，确定了器件的掺杂浓度等工艺参数选取的合理性；其次计算了在宽度为 20ns、不同剂量率的脉冲辐射下，CMOS 反相器的瞬时辐射效应，计算得到的效应规律与实验测量的结果较为符合，说明了物理模型和辐照模型的合理性；最后进行了不同脉冲宽度下 CMOS 反相器的闩锁特性模拟，得到了闩锁阈值与脉冲宽度的关系。

计算不同辐射脉冲宽度下 CMOS 反相器瞬时辐射效应，图 4.14 为 CMOS 反相器的闩锁剂量率阈值及闩锁总剂量阈值与脉冲宽度的关系。CMOS 反相器的闩锁阈值与脉冲宽度有强烈的依赖关系。当脉冲宽度小于 50ns 时，闩锁剂量率阈值随着脉冲宽度的增加迅速减小，之后，随着脉冲宽度的增加，闩锁剂量率阈值仍在减小，但变化幅度较小。从图中可以看出，闩锁总剂量阈值与脉冲宽度有着较好的线性关系。闩锁剂量率阈值与脉冲宽度的关系拟合为 $\dot{D}_{th} = 1.15×10^8 + 1.60×10^{10} / t_p$，其中，$\dot{D}_{th}$ 为闩锁剂量率阈值，单位 Gy(Si)/s；t_p 为脉冲宽度，单位 ns。

4.4.3　模拟计算结果与试验测量结果的比较

1）辐照法与电流注入法计算结果的比较

图 4.15 为辐照法与电流注入法计算结果的比较(数据进行归一化处理)，从图

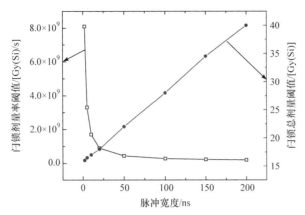

图 4.14　CMOS 反相器的闩锁剂量率阈值及闩锁总剂量阈值与脉冲宽度的关系

中可以看出，无论是电流注入，还是 X 射线辐照，不同脉冲宽度下闩锁阈值的变化趋势一致，在脉冲宽度小于 50ns 时，脉冲宽度对闩锁阈值的影响较大，当脉冲宽度大于 50ns 时，闩锁阈值随脉冲宽度的变化缓慢，但比较两种方法的模拟结果，辐照法模拟的闩锁阈值受脉冲宽度的影响比电流注入法的影响要大，分析原因：辐射感生的光电流的幅度和宽度都与 X 射线的脉冲宽度有关，电流注入法相当于在 CMOS 电路中注入光电流，模拟的是 CMOS 闩锁与光电流波形宽度的关系，这种情况假设光电流宽度受 X 脉冲宽度的影响，忽略了脉冲宽度对光电流幅度的影响，所以闩锁阈值受脉冲宽度的影响相比较辐照法而言小一些。

2) 试验测量结果与模拟计算结果的比较

假设在脉冲宽度 150ns 的瞬态辐射下损伤阈值为 1，其他脉冲宽度下的损伤阈值据此进行等比处理，CMOS 电路归一化损伤阈值与脉冲宽度的关系如图 4.16 所示，从图中可以得出，试验测量结果与模拟计算结果符合得较好。

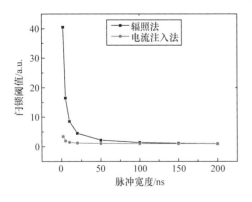

图 4.15　辐照法与电流注入法计算
结果的比较

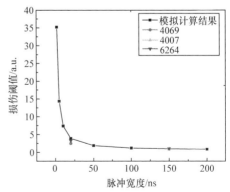

图 4.16　CMOS 电路归一化损伤
阈值与脉冲宽度的关系

4.5 脉冲宽度效应的分析方法

4.5.1 基于光电流的瞬时电离辐射损伤阈值分析方法

1. 半导体器件及电路瞬时电离辐射损伤模式

半导体器件的瞬时电离辐射效应是由辐射感生的光电流引起的，光电流有一定的幅度和持续时间，光电流幅度及收集的累积电荷量超过一定的值，会造成器件或电路损伤。为了比较辐射感生光电流引起的电路辐射损伤的程度，假定光电流引起的辐射损伤模式有以下三种。

(1) 光电流损伤模式：辐射感生光电流的幅度大于某个临界值 I_c 时，器件或电路受损。

(2) 电荷损伤模式：辐射感生且被收集的电荷量大于某阈值 Q_c 时，器件或电路受损；

(3) 能量损伤模式：辐射感生光电流通过单位电阻时产生的能量大于某阈值 E_c 时，器件或电路受损。

在这三种辐射损伤模式下，通过比较光电流大小、收集的累积电荷量或能量，就可以比较电路的瞬时辐射损伤程度。半导体器件及电路的辐射损伤是这三种损伤的组合，对于不同电路、不同效应形式，三种损伤所占的比重不同。

2. 等效剂量率概念

在进行半导体器件抗中子辐射效应实验时，中子辐射环境中的中子注量是以 1MeV 等效中子注量给出，用于等效不同中子能谱的注量，求得不同中子源的能谱等效关系，使得实验评估半导体器件的抗中子辐射性能大大简化。在电子系统和半导体器件的 γ 瞬时辐射效应研究中，γ 辐射的时间谱也是较为敏感的参数，电路的辐射损伤不仅与剂量率有关，也受脉冲宽度的影响。借鉴 1MeV 等效中子注量的概念，建立等效 γ 剂量率的概念，可以简化理论分析工作。

假定有两个不同脉冲宽度的辐射环境，脉冲宽度分别为 t_{pe} 和 t_p。在脉冲宽度 t_p、剂量率 $\dot{D}$ 下半导体器件的瞬时辐射损伤程度与脉冲宽度 t_{pe}、剂量率 $\dot{D}_e$ 下的瞬时辐射损伤程度相同，剂量率 $\dot{D}_e$ 和 $\dot{D}$ 互为等效剂量率。

有了等效剂量率的概念，并且对电路辐射损伤程度与脉冲宽度的关系有深入的了解，在规定抗瞬时辐射加固指标或分析效应试验结果时，可给出等效剂量率，使指标简化或抗瞬时辐射性能的评估工作简化。

3. 不同损伤模式下辐射损伤阈值的物理分析

在进行物理分析前,假定一个标准脉冲宽度为 t_{pe}。在标准脉冲宽度为 t_{pe} 的 γ 射线辐照下,器件的辐射损伤阈值为 $\dot{D}_e$,在此剂量率辐照下,器件辐射感生的光电流峰值为 I_e,光电流波形宽度为 t_{HFe}。在脉冲宽度为 t_p 的 γ 射线辐照下,辐射损伤阈值为 $\dot{D}$,在此剂量率辐照下,光电流峰值为 I,光电流波形宽度为 t_{HF}。

1) 能量损伤模式下器件辐射损伤阈值的分析

辐射感生的光电流通过单位电阻上的能量 $E = I^2 t_{HF}$,假定光电流大小与剂量率成正比,即 $I = k\dot{D}$,这样 $E = k^2 \dot{D}^2 t_{HF}$。其中,t_{HF} 为光电流波形半宽,I 为辐射感生光电流,$\dot{D}$ 为剂量率,k 为光电流响应系数。对于两个不同脉冲宽度的瞬时辐射,只要能量 E 相同,可以认为器件受损的程度一样。

根据以上的分析,在 t_{pe} 和 t_p 两个脉冲宽度的 γ 射线辐照下,损伤等效时有下列关系成立:$k_1^2 \dot{D}^2 t_{HF} = k_e^2 \dot{D}_e^2 t_{HFe}$,其中 k_1、k_e 分别为器件在脉冲宽度 t_p 和 t_{pe}、剂量率 $\dot{D}$ 和 $\dot{D}_e$ 的 γ 射线辐照下的光电流响应系数。这样,在脉冲宽度 t_p 的 γ 射线辐照下,损伤阈值 $\dot{D} = \dot{D}_e \cdot \dfrac{k_e}{k_1} \sqrt{\dfrac{t_{HFe}}{t_{HF}}}$。

2) 电荷损伤模式下器件辐射损伤阈值的分析

辐射感生且被收集的电荷量 $Q = I t_{HF}$。在不同脉冲宽度的 γ 射线辐照下,辐射感生且被收集的电荷量相等时,认为辐射损伤的程度一致。在 t_{pe} 和 t_p 两个脉冲宽度的 γ 射线辐照下,损伤等效时有以下关系存在:$I t_{HF} = I_e t_{HFe}$,$k_1 \dot{D} t_{HF} = k_e \dot{D}_e t_{HFe}$,则损伤阈值 $\dot{D} = \dot{D}_e \cdot \dfrac{k_e}{k_1} \cdot \dfrac{t_{HFe}}{t_{HF}}$。

3) 光电流损伤模式下器件辐射损伤阈值的分析

在不同宽度的脉冲 X 射线辐照下,只要辐射感生的光电流大小相同,就认为器件的损伤程度一致。光电流 $I = k\dot{D}$,这样,在 t_{pe} 和 t_p 两个脉冲宽度的 γ 射线辐照下,$\dot{D} = \dfrac{k_e}{k_1} \cdot \dot{D}_e = l(t_p) \cdot \dot{D}_e$,系数 l 与脉冲宽度、器件结构有关。

4.5.2　不同损伤模式下半导体器件的辐射损伤阈值

基于以上物理分析,构建三种不同结构的 PN 结,计算 PN 结在不同脉冲宽度、某剂量率辐照下的辐射感生光电流。选择一个脉冲宽度(如 50ns)作为标准脉冲宽度,在此脉冲宽度下的光电流、辐射感生且被收集的电荷量及能量作为损伤标准,以此确定损伤阈值。

1. PN 结辐射感生光电流的计算

用于辐射感生光电流模拟计算的三种 PN 结结构见图 4.17。PN1 是在 CMOS 集成电路中阱和衬底之间形成的结，PN2 是在 P 衬底上进行 N^+ 扩散形成的结，PN3 是在 P 型外延层上形成的结。对于 PN1，N 区掺杂浓度为 $1.5\times10^{16}cm^{-3}$，P 区掺杂浓度为 $1\times10^{15}cm^{-3}$。对于 PN2 和 PN3，P 区掺杂浓度为 $5\times10^{14}cm^{-3}$，P^+ 区掺杂浓度为 $1\times10^{18}cm^{-3}$，N^+ 区掺杂浓度为 $1\times10^{19}cm^{-3}$。

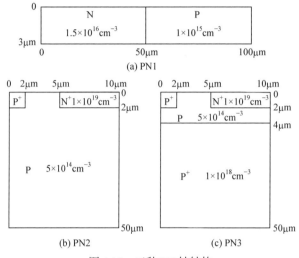

图 4.17　三种 PN 结结构

在剂量率 $1\times10^8Gy(Si)/s$、不同脉冲宽度下 PN 结辐射感生光电流模拟计算结果见表 4.5。

表 4.5　在剂量率 $1\times10^8Gy(Si)/s$、不同脉冲宽度下 PN 结辐射感生光电流模拟计算结果

脉冲宽度 /ns	PN1			PN2			PN3		
	光电流峰值 /10^{-6}A	光电流波形宽度/ns	光电流波形面积 /10^{-14}A.ns	光电流峰值 /10^{-6}A	光电流波形宽度 /ns	光电流波形面积 /10^{-14}A.ns	光电流峰值 /10^{-6}A	光电流波形宽度 /ns	光电流波形面积 /10^{-15}A.ns
2	2.25	7.9	1.78	4.47	7.5	3.38	2.24	2.8	6.27
5	3.85	13.6	5.23	5.54	14.6	8.1	2.55	6.1	15.5
10	5.81	19.5	11.3	6.32	28.4	17.9	2.72	11.5	31.4
20	8.75	26.8	23.5	7.25	49.2	35.6	2.99	20.8	62.1
50	12.8	50.5	64.6	8.84	98.9	87.4	3.09	50.3	155
100	13	106	138	10.5	158	165	3.09	101	312
200	13.1	160	210	11.5	213	246	3.1	150	466
500	13.2	214	282	12.4	266	329	3.1	200	621

2. 损伤阈值的估算方法

在进行辐射损伤阈值估算前，进行两个假设：一是在某种宽度的 γ 射线辐射下，光电流波形宽度在一定剂量率范围内不发生变化；二是在研究的剂量率范围内，光电流与剂量率成正比。

设定标准脉冲宽度为 50ns，在此脉冲宽度的 γ 射线辐照下，辐射损伤阈值为 $\dot{D}_e = 1 \times 10^8 \text{Gy(Si)/s}$，光电流为 I_e，光电流波形宽度为 t_{HFe}；在脉冲宽度 t_p、剂量率 $\dot{D}_0 = 1 \times 10^8 \text{Gy(Si)/s}$ 的 γ 射线辐射下，光电流为 I_0，光电流波形宽度为 t_{HF0}。设在脉冲宽度 t_p 时，损伤阈值为 $\dot{D}$，在此剂量率辐照下光电流为 I，光电流波形宽度为 t_{HF}。根据以上假设的三种辐射损伤机制，估算在不同脉冲宽度下的辐射损伤阈值。

在脉冲宽度 t_p 的辐照下，器件的损伤阈值为 $\dot{D}$，在这个剂量率下光电流 $I = kI_0$。在能量损伤模式、电荷损伤模式及光电流损伤模式下，分别有 $(kI_0)^2 t_{HF0} = I_e^2 t_{HFe}$、$kI_0 t_{HF0} = I_e t_{HFe}$、$kI_0 = I_e$，则系数 k 分别为 $k = \dfrac{I_e}{I_0} \cdot \sqrt{\dfrac{t_{HFe}}{t_{HF0}}}$、$k = \dfrac{I_e}{I_0} \cdot \dfrac{t_{HFe}}{t_{HF0}}$、$k = I_e / I_0$。根据模拟计算得到的光电流峰值及光电流波形宽度，得到系数 k，进而估算在脉冲宽度 t_p 时的辐射损伤阈值 $\dot{D} = k \dot{D}_0 = k \times 10^8 \text{Gy(Si)/s}$。

根据估算的剂量率，进行 TCAD 仿真，确定是否满足不同脉冲宽度下能量相同、电荷相同或光电流相同的条件，如果不满足条件，则继续进行阈值估算，再次进行 TCAD 仿真，直至满足条件。

下列为能量损伤模式下损伤阈值的估算过程。

(1) 根据剂量率 $1 \times 10^8 \text{Gy(Si)/s}$、不同脉冲宽度下二极管光电流的模拟计算结果进行第一次估算，并以估算的剂量率进行数值模拟，计算光电流。能量损伤模式下的第一次估算结果及对估算剂量率的模拟计算结果见表 4.6。

表 4.6　能量损伤模式下的第一次估算结果及对估算剂量率的模拟计算结果

脉冲宽度 /ns	PN1			PN2			PN3		
	估算的阈值 /[10^7Gy(Si)/s]	光电流峰值/10^{-6}A	E /(10^{-18}J/Ω)	估算的阈值 /[10^7Gy(Si)/s]	光电流峰值/10^{-6}A	E /(10^{-18}J/Ω)	估算的阈值 /[10^7Gy(Si)/s]	光电流峰值/10^{-6}A	E /(10^{-19}J/Ω)
2	144	58.3	22.4	71.8	27.5	7.56	58.5	13.5	4.87
5	64.1	37.7	16.1	41.5	19.8	7.15	34.8	9.3	5.01
10	35.5	26.6	12.3	26.1	14.9	6.63	23.8	6.83	5.06
20	20.1	19.3	10.2	17.3	12	7.34	16.1	4.84	4.84
50	10	12.8	8.27	10	8.84	7.73	10	3.09	4.79
100	6.8	8.77	7.86	6.66	7.1	8.09	7.06	2.17	4.75
150	5.49	7.12	7.66	5.24	6.16	8.19	5.77	1.79	4.82
200	4.71	5.81	7.03	4.35	5.43	7.98	5	1.54	4.79

(2) 分析表 4.6 可知，经过一次阈值估算，并不能满足能量损伤模式中能量相同的要求，根据模拟计算结果，按照上述给出的估算方法，再次进行阈值估算，并利用估算的剂量率进行光电流的模拟计算，能量损伤模式下的第二次估算结果及对估算剂量率的模拟计算结果见表 4.7。

表 4.7 能量损伤模式下的第二次估算结果及对估算剂量率的模拟计算结果

脉冲宽度/ns	PN1			PN2			PN3		
	估算的阈值/[10⁷Gy(Si)/s]	光电流峰值/10⁻⁶A	E/(10⁻¹⁸J/Ω)	估算的阈值/[10⁷Gy(Si)/s]	光电流峰值/10⁻⁶A	E/(10⁻¹⁸J/Ω)	估算的阈值/[10⁷Gy(Si)/s]	光电流峰值/10⁻⁶A	E/(10⁻¹⁹J/Ω)
2	87.5	34.7	7.84	72.6	27.7	7.7	58	13.3	4.76
5	45.9	26.3	7.78	43.2	20.5	7.69	34	9.09	4.79
10	29.1	21.9	8.21	28.2	15.9	7.65	23.2	6.66	4.82
20	18.1	16.9	7.84	17.8	12.3	7.76	16	4.81	4.8
50	10	12.8	8.27	10	8.84	7.73	10	3.09	4.79
100	6.98	9.02	8.33	6.51	6.82	7.57	7.12	2.19	4.84
150	5.7	7.42	8.31	5.09	5.99	7.73	5.75	1.78	4.77
200	5.11	6.48	8.68	4.28	5.35	7.7	5	1.54	4.79

(3) 从表 4.7 来看，经过两次估算，PN2 和 PN3 的阈值已经满足要求，但仍需对 PN1 的阈值再进行一次估算，PN1 在能量损伤模式下的第三次估算结果及对估算剂量率的模拟计算结果见表 4.8。经过第三次估算，PN1 的损伤阈值已经满足要求。

表 4.8 PN1 在能量损伤模式下的第三次估算结果及对估算剂量率的模拟计算结果

脉冲宽度/ns	估算的阈值/[10⁷Gy(Si)/s]	光电流峰值/10⁻⁶A	E/(10⁻¹⁸J/Ω)
2	90	35.8	8.34
5	47.3	27.1	8.32
10	29.2	22	8.27
20	18.6	17.9	8.63
50	10	12.8	8.27
100	6.95	8.97	8.24
150	5.69	7.41	8.3
200	4.99	6.31	8.2

3. 不同损伤模式下损伤阈值估算结果

对于电荷损伤模式和光电流损伤模式，都需要按照给出的估算方法进行多次循环估算，才可能得到满足要求的阈值。表 4.9～表 4.11 分别为三种损伤模式下三种 PN 结结构的损伤阈值。

表 4.9　光电流损伤模式下三种 PN 结结构的损伤阈值

脉冲宽度/ns	PN1			PN2			PN3		
	剂量率阈值/[10^8Gy(Si)/s]	总剂量阈值/Gy(Si)	光电流峰值/10^{-5}A	剂量率阈值/[10^8Gy(Si)/s]	总剂量阈值/Gy(Si)	光电流峰值/10^{-6}A	剂量率阈值/[10^8Gy(Si)/s]	总剂量阈值/Gy(Si)	光电流峰值/10^{-6}A
2	3.80	0.76	1.27	1.95	0.39	8.90	1.30	0.26	3.06
5	2.55	1.28	1.29	1.60	0.80	8.82	1.15	0.58	3.09
10	1.85	1.85	1.29	1.42	1.42	8.81	1.08	1.08	3.10
20	1.35	2.70	1.27	1.25	2.50	8.90	1.03	2.06	3.08
50	1.00	5.00	1.28	1.00	5.00	8.84	1.00	5.00	3.09
100	0.96	9.60	1.27	0.84	8.40	8.87	1.00	10.00	3.09
150	0.95	14.30	1.27	0.75	11.30	8.79	1.00	15.00	3.10
200	0.95	19.00	1.28	0.71	14.20	8.83	1.00	20.00	3.10

表 4.10　能量损伤模式下三种 PN 结结构的损伤阈值

脉冲宽度/ns	PN1			PN2			PN3		
	剂量率阈值/[10^7Gy(Si)/s]	总剂量阈值/Gy(Si)	能量/(10^{-18}J/Ω)	剂量率阈值/[10^7Gy(Si)/s]	总剂量阈值/Gy(Si)	能量/(10^{-18}J/Ω)	剂量率阈值/[10^7Gy(Si)/s]	总剂量阈值/Gy(Si)	能量/(10^{-19}J/Ω)
2	90.00	1.80	8.34	72.60	1.45	7.70	58.00	1.16	4.76
5	47.30	2.37	8.32	43.20	2.16	7.69	34.00	1.70	4.79
10	29.20	2.92	8.27	28.20	2.82	7.65	23.20	2.32	4.82
20	18.60	3.72	8.63	17.80	3.56	7.76	16.00	3.20	4.80
50	10.00	5.00	8.27	10.00	5.00	7.73	10.00	5.00	4.79
100	6.95	6.95	8.24	6.51	6.51	7.57	7.12	7.12	4.84
150	5.69	8.54	8.30	5.09	7.64	7.73	5.75	8.63	4.77
200	4.99	9.98	0.82	4.28	8.56	7.70	5.00	10.00	4.79

表 4.11　电荷损伤模式下三种 PN 结结构的损伤阈值

脉冲宽度/ns	PN1			PN2			PN3		
	剂量率阈值/[10^8Gy(Si)/s]	总剂量阈值/Gy(Si)	电荷/10^{-13}C	剂量率阈值/[10^8Gy(Si)/s]	总剂量阈值/Gy(Si)	电荷/10^{-13}C	剂量率阈值/[10^8Gy(Si)/s]	总剂量阈值/Gy(Si)	电荷/10^{-13}C
2	23.50	4.70	6.46	24.80	4.96	8.42	24.80	4.96	1.52
5	9.45	4.73	6.40	9.56	4.78	8.76	9.99	4.99	1.54
10	4.57	4.57	6.46	5.22	5.22	8.73	4.97	4.97	1.55

脉冲宽度/ns	PN1			PN2			PN3		
	剂量率阈值/[10^8Gy(Si)/s]	总剂量阈值/Gy(Si)	电荷/10^{-13}C	剂量率阈值/[10^8Gy(Si)/s]	总剂量阈值/Gy(Si)	电荷/10^{-13}C	剂量率阈值/[10^8Gy(Si)/s]	总剂量阈值/Gy(Si)	电荷/10^{-13}C
20	2.43	4.86	6.46	2.48	4.96	8.73	2.50	5.00	1.56
50	1.00	5.00	6.46	1.00	5.00	8.74	1.00	5.00	1.55
100	0.51	5.08	6.45	0.51	5.10	8.75	0.50	4.98	1.55
150	0.35	5.24	6.43	0.35	5.18	8.73	0.33	5.01	1.56
200	0.27	5.42	6.43	0.26	5.18	8.73	0.25	5.02	1.56

4.5.3　三种损伤模式下的脉冲宽度效应

图 4.18～图 4.20 分别为三种损伤模式下的模拟结果。从图中可以得出，在三

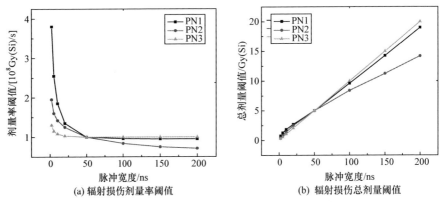

(a) 辐射损伤剂量率阈值　　　　　　(b) 辐射损伤总剂量阈值

图 4.18　光电流损伤模式下的剂量率阈值和总剂量阈值与脉冲宽度的关系

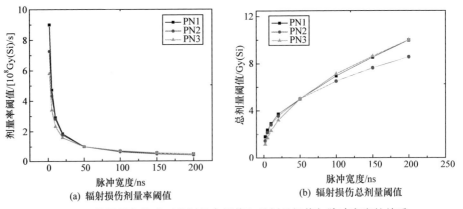

(a) 辐射损伤剂量率阈值　　　　　　(b) 辐射损伤总剂量阈值

图 4.19　能量损伤模式下的剂量率阈值和总剂量阈值与脉冲宽度的关系

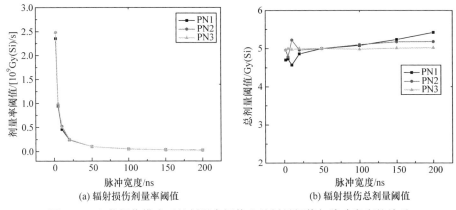

图 4.20　电荷损伤模式下的剂量率阈值和总剂量阈值与脉冲宽度的关系

种损伤模式下，三种 PN 结的辐射损伤剂量率阈值随着脉冲宽度的增加而降低。在脉冲宽度小于 50ns 时，剂量率阈值随脉冲宽度的增加降低得很快，当脉冲宽度大于 50ns 时，剂量率阈值的变化变缓。对于能量损伤模式，辐射损伤的总剂量阈值与脉冲宽度成正比关系；对于光电流损伤模式，辐射损伤总剂量阈值与脉冲宽度成线性关系；对于电荷损伤模式，辐射损伤的总剂量阈值受脉冲宽度的影响很小。

对损伤阈值的模拟计算结果进行数学处理，三种损伤模式下损伤阈值与脉冲宽度的关系见表 4.12。在进行处理时，脉冲宽度的单位为 ns，剂量率的单位为 Gy(Si)/s。

表 4.12　三种损伤模式下损伤阈值与脉冲宽度的关系

结构	光电流损伤模式	能量损伤模式	电荷损伤模式
PN1	$\dot{D} = 0.09 + 0.73/t_p$ $R = 0.99964$	$\dot{D} = -7.73 \times 10^7 + \dfrac{1.32 \times 10^8}{\sqrt{t_p}}$ $R = 0.99258$	$\dot{D} = 2.99 \times 10^6 + \dfrac{4.69 \times 10^9}{t_p} \approx \dfrac{4.69 \times 10^9}{t_p}$ $R = 0.99997$
PN2	$\dot{D} = 0.07 + 0.84/t_p$ $R = 0.99551$	$\dot{D} = -4.66 \times 10^7 + \dfrac{1.08 \times 10^8}{\sqrt{t_p}}$ $R = 0.99894$	$\dot{D} = 1.51 \times 10^6 + \dfrac{4.94 \times 10^9}{t_p} \approx \dfrac{4.94 \times 10^9}{t_p}$ $R = 0.99981$
PN3	$\dot{D} = 0.10 + 0.063/t_p$ $R = 1$	$\dot{D} = -1.62 \times 10^7 + \dfrac{0.83 \times 10^8}{\sqrt{t_p}}$ $R = 0.99855$	$\dot{D} = 1.28 \times 10^6 + \dfrac{4.96 \times 10^9}{t_p} \approx \dfrac{4.96 \times 10^9}{t_p}$ $R = 1$

由 4.4.2 小节数值模拟计算可得到，CMOS 反相器闩锁阈值与脉冲宽度的关系可用如下公式表示：$\dot{D}_{th} = 1.15 \times 10^8 + 1.60 \times 10^{10}/t_p$。根据以上计算结果，假设器件在 50ns 脉冲宽度的 γ 射线辐照下，辐射闩锁阈值为 1.0×10^8Gy(Si)/s，在光电

流损伤和电荷损伤模式下，闪锁阈值与脉冲宽度的关系分别为 $\dot{D}_{th} \approx (8\pm1)\times10^7 + (8.3+0.11)\times10^8 / t_p$ 和 $\dot{D}_{th} \approx (4.83\pm0.14)\times10^9 / t_p$。三个闪锁阈值关系式都是 $\dot{D}_{th} = A + B/t_p$，从三个关系式中 A 与 B 的比值分析，闪锁效应中包含电流损伤模式和电荷损伤模式，即闪锁效应的发生不仅需要一定幅度的光电流，还需要光电流有一定的持续时间。

4.6　小　　结

不同响应时间的电路，其辐射感生光电流的脉冲宽度效应不同。对于快响应电路，在相同的剂量率辐照下，随着脉冲宽度的增加，光电流的幅度不发生变化，而光电流的宽度变宽；对于慢响应电路，在相同的剂量率辐照下，在一定的脉冲宽度内，随着脉冲宽度的增加，光电流的幅度增加，光电流的宽度变宽，当脉冲宽度达到一定宽度时，光电流的幅度不再随着脉冲宽度的增加而增加，光电流的宽度仍在变宽；对于响应更慢的电路，其辐射感生的光电流的宽度几乎不随脉冲宽度及剂量率的变化而变化，但在相同的剂量率辐照下，光电流的幅度随脉冲宽度的增加而增加。

对于电路响应的损伤阈值与脉冲宽度的关系，可假定半导体器件及电路的辐射损伤是由光电流损伤模式和电荷损伤模式两部分组成。定义一个参数，即电路的辐射损伤因子 S，$S = C_1 I + C_2 t_{HF}$，对于不同电路，系数 C_1 和 C_2 不同。对于某电路，在不同脉冲宽度的 γ 射线辐照下，只要辐射损伤因子 S 相同，其辐射损伤的程度视为一致。

分析不同响应时间的电路的脉冲宽度效应。对于响应快和稍慢的电路，脉冲宽度 t_p 增加，光电流波形宽度 t_{HF} 增加，要想使辐射损伤因子 S 不变，光电流幅度 I 必须降低，相应的辐照剂量率降低，即随着脉冲宽度的增加，电路的损伤阈值降低。

对于响应更慢的器件，脉冲宽度 t_p 增加，光电流波形宽度 t_{HF} 不变，要求光电流幅度 I 也要保持不变，但在脉冲宽度不同的 γ 射线辐照下，要想辐射感生的光电流幅度相同，宽脉冲辐照下的剂量率要小，即随着脉冲宽度的增加，电路的损伤阈值降低。

参　考　文　献

[1] 王建国, 牛胜利, 张殿辉, 等. 高空核爆炸效应参数手册[M]. 北京: 原子能出版社, 2010.

[2] WIRTH J L, ROGERS S C. The transient response of transistors and diodes to ionizing radiation[J]. IEEE Transactions on Nuclear Science, 1964, 11(12): 24-38.

[3] 王桂珍, 姜景和, 彭宏论, 等. 双极晶体管不同脉冲宽度的 γ 剂量率效应研究[J]. 微电子学, 2002, 30(4): 247-249.

[4] 朱小峰, 赵洪超. γ 脉宽对电子器件瞬时辐射的影响[J]. 强激光与粒子束, 2009, 21(10): 1539-1541.

[5] COUSINS T. Pulse-width dependent radiation effects on electronic components: AD-A219734[R]. Defence Technical Information Center, 1989.

[6] 王桂珍, 白小燕, 郭晓强, 等. CMOS 电路瞬态辐照脉冲宽度效应的实验研究[J]. 强激光与粒子束, 2009, 21(5): 742-744.

[7] 王桂珍, 郭晓强, 李瑞宾, 等. 64K CMOS 随机存储器瞬时辐射损伤模式分析[J]. 原子能科学技术, 2010, 44(1): 121-123.

[8] 王桂珍, 李瑞宾, 白小燕, 等. CMOS 存储器瞬时辐照效应规律实验研究[J]. 微电子学, 2009, 39(2): 276-279.

[9] 王桂珍, 林东生, 李斌, 等. 非辐照法研究 CMOS 电路剂量率闩锁特性的数值模拟[C]. 第五届西北地区计算物理学术会议, 兰州, 中国, 2006: 33.

[10] 王桂珍, 林东生, 杨善潮, 等. 不同 γ 脉冲宽度下 CMOS 电路闩锁阈值的数值模拟[J]. 微电子学, 2009, 39(5): 680-683.

第5章 瞬时电离辐射效应数值仿真

5.1 引 言

电子元器件瞬时电离辐射效应是围绕武器系统突防需求展开的。当强脉冲γ射线辐照半导体器件时，与器件材料发生相互作用，引起电离效应，在电子元器件内部产生瞬时光电流，使处于工作状态的器件电性能发生变化，破坏整个系统的正常功能[1-2]。因此，研究半导体器件由于瞬时电离辐射引起的变化规律十分重要。

不同器件和电路的瞬时电离辐射效应表现不同。对于 CMOS 集成电路来说，瞬时电离辐射效应主要表现为输出状态的扰动、闩锁，严重时可造成器件烧毁，成为永久损伤；对于线性集成电路来说，瞬时电离辐射效应表现为强瞬时光电流输出、饱和持续时间及电源分布网络中的浪涌电流。

器件及电路的瞬时电离辐射效应研究一般通过实验测量进行，目前我国可以进行瞬时电离辐射效应实验的模拟源有限，实验次数受到限制，通过有限次的效应实验只能获得零散的数据，得到一种规律趋势，难以获取效应规律曲线。数值模拟计算是研究瞬时电离辐射效应的有效手段，可以对辐射损伤的微观过程进行细致的研究，并且可以根据实验数据，结合模拟结果对辐射环境及辐射损伤进行延伸，获取规律曲线。

5.2 瞬时电离辐射效应器件级仿真方法

5.2.1 瞬时电离辐射效应器件级仿真软件

器件级和一些简单电路的瞬时电离辐射效应模拟一般采用半导体数值模拟软件 TCAD 进行，复杂电路的瞬时电离辐射效应模拟通常采用电路级模拟软件 PSPICE 或 HSPICE。半导体工艺级器件模拟软件 Sentaurus TCAD 是由 Synopsys 公司开发的一款用于模拟集成器件的工艺制程、物理特性和互连特性的软件，它全面延续了之前的器件仿真软件 ISE TCAD 等的优点，已经成为业界最具权威的器件仿真工具之一。该软件可以对集成电路、半导体器件及其工艺进行多尺寸多维度的仿真模拟。其中低维度的仿真速度较快，三维数值模拟对器件的特性仿真更精确，能够清楚地反映器件的真实状态[3]。Sentaurus TCAD 可以将几何体网格化，利用有限元分析的方法求解载流子的连续性方程和电流传输方程。该软件支持不同物理模型的选择，如载流子复合模型、产生模型、输运模型、晶格散射模型等。Sentaurus TCAD 支持瞬时电离辐射效应的三维数值模拟，能够模拟脉冲 γ 射线入射器件后产生的瞬时光电流特性及其对器件物理特性与电学特性的影响。通常，在器件建模过程中需要用到的工具有器件结构编辑工具 SDE、网格划分工具 MESH、电学特性仿真工具 Sentaurus Device(Sdevice)、图形显示工具 Tecplot SV、INSPECT 等。Sentaurus TCAD 仿真流程图如图 5.1 所示。在 Sentaurus TCAD 中还可以选择对器件的实际工艺流程进行建模仿真的工具 Sentaurus Process，这里不再详细介绍。

图 5.1　Sentaurus TCAD 仿真流程图

SDE 是一个二维和三维器件结构编辑工具及三维工艺仿真工具。它通过图形化界面操作和脚本语言输入两种方式编辑器件几何图形结构，定义器件的电极区域，设置杂质分布，定义局部网格细化策略。MESH 工具可以实现对器件各部分的网格进行划分和对器件各部分的掺杂浓度进行定义。Sentaurus Device 是新一代器件物理仿真工具，用来模拟半导体器件的电、热和光等物理特性。Sdevice 内嵌多种物理模型，除了普通的模型外，还有量子化模型、应力模型等。通过数值求解泊松方程(Poisson 方程)、连续性方程和输运方程，精准地计算和分析半导体器件的物理特性，获取其电学参数和特性。Sdevice 支持很多类型器件的仿真，包括量子器件、纳米 MOS 器件、功率器件、光电器件等，此外该工具还支持多个器件组成的单元级电路仿真。

5.2.2　数值计算模型与物理模型

在半导体器件瞬时电离辐射效应的仿真中，通常根据器件的特征尺寸来选择不同的数值计算模型，目前漂移扩散模型是使用最多的模型，此模型主要基于泊松方程、连续性方程和电流密度方程。

(1) 泊松方程如下：

$$\varepsilon\nabla^2\psi = -q(p-n+N_D^+-N_A^-)-\rho_s \tag{5.1}$$

式中，ψ 为电势；ε 为介电常数；p 和 n 分别为空穴浓度和电子浓度；N_A^- 和 N_D^+ 分别为受主和施主杂质浓度；ρ_s 为表面电荷密度；q 为电子电量。泊松方程通常用于描述由于辐射感生载流子的产生而导致器件内部电势分布的变化情况。

(2) 连续性方程如下：

$$\frac{\partial n}{\partial t} = G_n - U_n + \frac{1}{q}\vec{\nabla}\cdot\vec{J_n} \tag{5.2}$$

$$\frac{\partial p}{\partial t} = G_p - U_p - \frac{1}{q}\vec{\nabla}\cdot\vec{J_p} \tag{5.3}$$

式中，G_n 和 G_p 分别为外界因素作用下的电子和空穴产生率；U_n 和 U_p 分别为半导体中电子和空穴的复合率；$\vec{J_n}$ 和 $\vec{J_p}$ 分别为电子和空穴引起的电流密度。连续性方程通常用于描述载流子在输运过程中在器件内部各处产生的电流。

(3) 电流密度方程如下：

$$\vec{J_n} = q\mu_n\vec{E_n}n + qD_n\vec{\nabla}n \tag{5.4}$$

$$\vec{J_p} = q\mu_p\vec{E_p}n - qD_p\vec{\nabla}p \tag{5.5}$$

$$\vec{E_n} = \vec{E_p} = \vec{E} = -\vec{\nabla}\psi \tag{5.6}$$

式中，μ_n、μ_p 分别为电子和空穴的迁移率；D_n、D_p 分别为电子和空穴的扩散系数。迁移率和扩散系数之间存在爱因斯坦关系：$\mu_n = q\cdot D_n/(k\cdot T)$，$\mu_p = q\cdot D_p/(k\cdot T)$。电流密度方程通常用于描述电流密度与载流子梯度的关系。半导体器件数值模拟就是通过计算机求解以上三个基本方程。

随着半导体器件的特征尺寸逐渐减小到纳米尺度，传统的漂移扩散模型已经不能够完全准确地描述纳米器件体内和表面的物理特性。这种情况下，Sentaurus TCAD 提供了能很好模拟纳米器件的流体动力学模型[4]。在流体动力学模型中，载流子的温度 T_n 和 T_p 与晶格温度 T 不同，此时电流密度方程修正为

$$\vec{J_n} = q\mu_n(n\nabla E_C + kT_n\nabla n - nkT_n\nabla\ln\gamma_n + \lambda_n f_n^{td}kn\nabla T_n - 1.5nkT_n\nabla\ln m_n) \tag{5.7}$$

$$\vec{J_p} = q\mu_p(p\nabla E_V - kT_p\nabla p + pkT_p\nabla\ln\gamma_p - \lambda_p f_p^{td}kp\nabla T_p - 1.5pkT_p\nabla\ln m_p) \tag{5.8}$$

式中，f_n^{td} 和 f_p^{td} 均为与温度有关的函数。爱因斯坦关系 $D = \mu kT$ 只在平衡状态下才可能满足，在 Sentaurus Device 中对爱因斯坦关系进行了修正，修正后的 T_n 为

$$T_n = gT_c + (1-g)T \tag{5.9}$$

式中，T_c 为载流子温度；T 为晶格温度；g 为电子的温度扩散系数。

当模拟的剂量率范围为高注入水平时，少数载流子寿命已不是常数。低水平注入时，SRH 复合机制表明，少数载流子寿命为常数。但是，当剂量率大于一定

的值时，少子寿命不再是常数，而与载流子密度有关。过剩载流子密度随着剂量率的增加而增加，少子寿命也随之增加，当陷阱饱和后，少子寿命达到最大值，当过剩载流子密度继续增加时，复合机制发生变化，从陷阱复合(SRH 复合)改变为直接复合(Auger 复合)，少子寿命继而开始缩短。结果导致：高剂量率辐照下，少数载流子密度增加，寿命明显降低。

模拟针对的剂量率比较高，但脉冲过后，随着载流子的复合，载流子浓度逐渐降低。因此，在复合模型中，选择俄歇复合模型和 CONSRH 复合模型，适用于不同的载流子浓度，并且考虑了载流子浓度的变化对少子寿命的影响。

在辐照期间及少数载流子寿命内，半导体材料中载流子浓度很高，引起禁带宽度的变窄，在模拟计算中，还需要考虑由重掺杂引起的禁带变窄模型。

在电场的作用下，载流子获得足够高的能量，和晶格上的原子碰撞产生新的电子空穴对。这些新的载流子还可能在电场作用下获得足够高的能量再发生碰撞，电离出新的电子空穴对。在模拟计算中，还需要考虑碰撞电离模型。

Auger 复合模型：$U_{\text{Auger}} = (nC_n + pC_p)(np - n_{\text{ie}}^2)$

SRH 复合模型：$U_{\text{SRH}} = \dfrac{np - n_{\text{ie}}^2}{\tau_p(n + n_1) + \tau_p(p + p_1)}$

碰撞电离模型：$G_{\text{IMPACT}} = \partial_n \dfrac{\left|\vec{J_n}\right|}{q} + \partial_p \dfrac{\left|\vec{J_p}\right|}{q}$

禁带变窄模型(载流子浓度的增加使禁带变窄)：

$$\Delta E_g = \frac{\text{V0.BGN}}{2kT} \cdot q \cdot \left[\ln \frac{N_{\text{total}}(x,y)}{\text{N0.BGN}} + \sqrt{\left(\ln \frac{N_{\text{total}}(x,y)}{\text{N0.BGN}} \right)^2 + \text{CON.BGN}} \right]$$

载流子迁移率与载流子浓度有关，在模拟计算中，选择与载流子浓度有关的迁移率模型，$\mu_{0n} = \mu_{0n}(N_{\text{total}}(x,y))$，$\mu_{0p} = \mu_{0p}(N_{\text{total}}(x,y))$，不同载流子浓度下的空穴和电子迁移率可以以表格的形式输入。

5.2.3　脉冲 γ 射线辐照模型

利用 Sentaurus TCAD 工具 Sdevice 对半导体器件进行瞬时剂量率效应模拟时可以采用以下两种方法。

1) 利用 Sdevice 工具内置的 Gamma Radiation 模型

在 Sdevice 内嵌模块 Physics 中可以定义瞬时剂量率大小、持续时间、脉冲上升与下降时间的标准差。瞬时剂量率会在材料中产生过剩载流子，辐照引起的电子空穴对产生率由式(5.10)和式(5.11)给出：

$$G_r = g_0 \dot{D} Y(F) \tag{5.10}$$

$$Y(F) = \left(\frac{F + E_0}{F + E_1} \right)^m \tag{5.11}$$

式中，g_0 为电子空穴对产生率；$\dot{D}$ 为辐射剂量率；$Y(F)$ 为空穴产额(逃脱复合的空穴数)；E_0、E_1 为拟合用常数。对于硅材料，$g_0 = 4 \times 10^{15} \mathrm{cm}^{-3} \mathrm{Gy(Si)}^{-1}$，$m = 0$。

2) 利用 Sdevice 工具内置的 PHOTOGENERATION 模型

PHOTOGENERATION 模型可以模拟器件在各种辐射下的响应，可以进行瞬态辐照下器件性能的模拟。PHOTOGENERATION 模型主要是在器件的灵敏区或电路的灵敏器件中加辐射感生载流子。

在 PHOTOGENERATION 模型中，载流子的产生率为

$$G_n(l,r,t)、G_p(l,r,t) = L(l) \cdot R(r) \cdot T(t)$$

式中，

$$T(t) = \begin{cases} \dfrac{2\exp\left[-\left(\dfrac{t - \mathrm{T0}}{\mathrm{TC}} \right)^2 \right]}{\mathrm{TC}\sqrt{\pi}\mathrm{erfc}\left(-\dfrac{\mathrm{T0}}{\mathrm{TC}} \right)}, & \text{GAUSSIAN} \\ \delta(t - \mathrm{T0}), & \text{DELTA} \\ 1, & \text{UNIFORM} \\ f(\mathrm{T0,TRS,TPD,TFS,TPRD}), & \text{PULSE} \end{cases}$$

$$R(r) = \begin{cases} \exp\left[-\left(\dfrac{r}{\mathrm{R.CHAR}} \right)^2 \right], & \text{R.CHAR} > 0 \\ 1, & \text{R.CHAR} = 0 \end{cases}$$

$$L(l) = A1 + A2 \cdot l + A3 \cdot \exp(A4 \cdot l) + k\left[C1 \cdot (C2 + C3 \cdot L)^{C4} + L_f(l) \right]$$

式中，$A1$、$A2$、$A3$、$A4$ 均为与长度有关系的系数；$C1$、$C2$、$C3$、$C4$ 用于定义在单粒子效应中的 LET 值；R.CHAR 为射线传输的特征长度；T0、TC、TRS、TPD、TFS、TPRD 为与辐射波形形状相关的常数。PHOTOGENERATION 模型适用于瞬时电离辐射效应及单粒子效应。

辐照模型决定了辐射感生载流子的产生率，在瞬时电离辐射效应研究中，载流子的产生率为

$$G_n(l,r,t)、G_p(l,r,t) = L(l) \cdot R(r) \cdot T(t)$$

式中，$L(l)=A1$；$R(r)=1$；对于高斯波形，$T(t)=\dfrac{2\exp\left[-\left(\dfrac{t-\mathrm{T0}}{\mathrm{TC}}\right)^2\right]}{\mathrm{TC}\sqrt{\pi}\,\mathrm{erfc}\left(-\dfrac{\mathrm{T0}}{\mathrm{TC}}\right)}$，$A1=g_0\cdot$

$\dot{D}\cdot t_\mathrm{p}$，对于方波，$T(t)=1$，$A1=g_0\cdot\dot{D}$。

5.3　瞬时电离辐射效应器件级仿真实例

5.3.1　初始光电流与次级光电流的仿真

当脉冲 γ 射线入射半导体器件时，会在其内部的寄生 PN 结产生初始光电流，若器件内部有寄生的三极管，还会产生次级光电流。结构参数为 N 区长度 50μm，P 区长度 100μm；N 区、P 区均匀掺杂，掺杂浓度分别为 $N_\mathrm{n}=10^{19}\mathrm{cm}^{-3}$、$N_p=10^{15}\mathrm{cm}^{-3}$；耗尽区宽度 $w=3.5\mu\mathrm{m}$；少数载流子寿命 $\tau_\mathrm{p}=10^{-8}\mathrm{s}$、$\tau_\mathrm{n}=5\times10^{-6}\mathrm{s}$；少数载流子扩散长度 $L_\mathrm{p}=1.6\mu\mathrm{m}$、$L_\mathrm{n}=78\mu\mathrm{m}$；结面积 $A=4\times10^{-6}\mathrm{cm}^2$；反偏电压为 10V；脉冲 γ 射线辐射宽度为 1ns；剂量率为 $1\times10^4\mathrm{Gy(Si)/s}$。在上述条件下计算二极管初始光电流。TCAD 计算结果和 Wirth-Rogers 模型计算结果比较如图 5.2 所示。

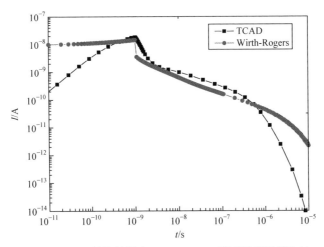

图 5.2　TCAD 计算结果和 Wirth-Rogers 模型计算结果比较

由于少数载流子寿命大于脉冲宽度，在 1ns 脉冲宽度内，初始光电流主要为耗尽区瞬时光电流，来自 P 区和 N 区的扩散光电流成分比较少；脉冲结束后，耗尽区瞬时光电流消失，此时二极管内部的扩散光电流成分占主导，电流随时间逐渐减小，来自 N 区的扩散光电流成分持续至 10^{-8}s，之后主要是 P 区的扩散光电流成分，时间持续至 10^{-5}s。Writh-Rogers 模型构建瞬时光电流模型时针对的是无限长 PN 结。在用 TCAD 软件计算 PN 结的初始光电流时，构建的二极管尽量满足了 Writh-Rogers 模型的假设。在图 5.2 中可以看到，TCAD 计算结果与 Writh-Rogers 模型的计算结果稍有差异，在 Writh-Rogers 模型的计算结果中，没有考虑耗尽区中载流子的收集时间，脉冲宽度内光电流的变化很小，电流的变化主要来自 P 区和 N 区的扩散光电流；在 TCAD 计算结果中，考虑了耗尽区中载流子的收集时间，在脉冲宽度内光电流随时间增加而增加，在脉冲结束时，光电流达到最大值。

　　二极管的结构不同也会对脉冲 γ 射线引起的初始光电流产生明显的影响。四种结构的二极管的瞬时电离辐射效应数据如表 5.1 所示。在相同的电压下，耗尽区宽度的差异导致电场的不同，宽度越大，电场越小，使载流子的漂移速度降低，电荷收集时间变长，最终导致二极管光电流的上升时间变长；耗尽区宽度的不同还会影响到峰值光电流，峰值光电流与耗尽区宽度成正比。

表 5.1　四种结构的二极管的瞬时电离辐射效应数据

参数	二极管 1	二极管 2	二极管 3	二极管 4
N 区的长度/μm	50	1	2	10
P 区的长度/μm	150	1	3	10
峰值光电流/A	$1.827×10^{-8}$	$2.769×10^{-9}$	$8.145×10^{-9}$	$1.563×10^{-8}$
光电流灵敏度/[10^{-12}A/(Gy(Si)·s^{-1})]	1.827	0.277	0.815	1.563

　　图 5.3 为四种不同结构二极管的瞬时电离辐射效应波形，脉冲辐射宽度为 1ns，剂量率为 10^4Gy(Si)/s。对于二极管 2 和二极管 3，由于耗尽区和 N 区、P 区的厚度比较窄，电荷收集时间短，在 1ns 的脉冲宽度内，电流就可以达到最大值；由于二极管 2 和二极管 3 耗尽区宽度的不同，两个二极管的光电流达到峰值的时间不同，二极管 2 在 $5.7×10^{-11}$s 时电流达到最大值，二极管 3 在 $1.64×10^{-10}$s 时电流达到最大值。这两种结构的二极管，N 区和 P 区的长度比较窄，小于少数载流子的扩散长度，所以在脉冲结束后，电流迅速降低为零，光电流的扩散分量不予考虑。二极管 2 和二极管 3 的耗尽区厚度不同，导致光电流的峰值不同，峰值光电流分别为 $2.769×10^{-9}$A 和 $8.145×10^{-9}$A。

　　二极管 4 和二极管 1 的耗尽区宽度比二极管 2 和二极管 3 宽，光电流上升慢，峰值光电流大。对这两种结构的二极管，因为耗尽区宽度的影响，在脉冲宽度内，光电流一直在增加，在脉冲结束时达最大值；脉冲后，二极管 1 的 N 区和 P 区的

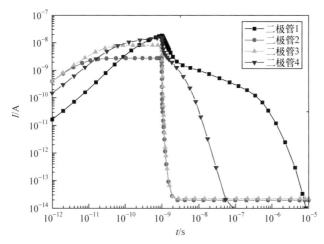

图 5.3　四种不同结构二极管的瞬时电离辐射效应波形

长度大于少数载流子扩散长度，两个区域的扩散电流分量对光电流都有贡献，N 区的扩散电流持续至 10^{-8}s，P 区的扩散电流持续至 10^{-5}s；二极管 4 的 N 区的长度大于少数载流子扩散长度，P 区的长度小于少数载流子扩散长度，脉冲后总光电流中只有 N 区的扩散电流分量，电流持续至 10^{-8}s 左右。

光电流的大小及持续时间与准中性区(耗尽区两侧 N 区、P 区)的长度有关，准中性区的载流子扩散至耗尽区被收集，形成扩散光电流，如果准中性区的长度短，减少了光电流中的扩散电流成分，将会影响光电流的峰值和光电流波形的后沿。

对于二极管 1，准中性区长度大于少数载流子的扩散长度，使扩散光电流可以达到峰值，且光电流后沿很慢，到约 $1×10^{-5}$s 时光电流降低至约 10^{-14}A；对于二极管 4，耗尽区宽度与二极管 1 相近，准中性 N 区的长度大于少数载流子的扩散长度，但 P 区的长度远小于少数载流子的扩散长度，所以二极管 4 的光电流峰值稍小于二极管 1，光电流波形底宽也比较窄，到约 10^{-7}s 时光电流已经降低为约 10^{-14}A；对于二极管 2、二极管 3，准中性区的长度很短，都小于各区域少数载流子的扩散长度，光电流的扩散分量很小，在脉冲结束后，光电流即消失。

若器件少子寿命远小于辐射脉冲的宽度，PN 结辐射光电流持续时间(光电流波形宽度)与脉冲宽度相当；若器件少子寿命较长时，在脉冲停止后，仍存在扩散电流，光电流的持续时间要大于脉冲宽度，主要由少子寿命决定。

5.3.2　不同脉冲宽度下 PN 结感生光电流数值模拟

脉冲 γ 射线的脉冲宽度会显著影响半导体器件内部产生的瞬时光电流。图 5.4 为表 5.1 中的二极管 1 与二极管 2 在不同脉冲宽度下的光电流波形，图中剂量率为 $1×10^{9}$Gy(Si)/s，脉冲宽度分别为 1ns、10ns、100ns、1μs、10μs、100μs、1ms。

从图中可以看出，对于二极管 1，在相同的剂量率辐照下，由于脉冲宽度的不同，峰值光电流有很大的差异，在宽度为 1ns、10ns、100ns 的脉冲辐射下，峰值光电流分别为 2.48mA、6.26mA、8.67mA，宽度大于 100ns 的脉冲辐射感生的光电流峰值基本不变。对于二极管 1，其辐射响应时间长，对于宽度小于 100ns 的脉冲，光电流响应时间短，光电流不能达到其峰值，在整个脉冲期间，光电流一直处于上升阶段。对于 1ns、10ns 的脉冲辐射，其光电流波形半宽分别为 1.34ns 和 1.10ns，比脉冲宽度稍加延长。对于二极管 2，其响应时间短，在很短的时间内，辐射感生光电流就可以达到剂量率响应峰值，脉冲宽度对光电流峰值没有影响。对于不同的二极管，脉冲宽度的影响不同，对于响应较慢的二极管，脉冲宽度对光电流峰值的影响较大，对于响应很快的二极管，脉冲宽度对光电流峰值没有影响。

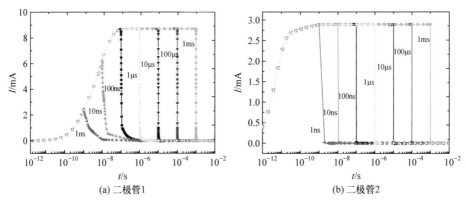

图 5.4　二极管 1 与二极管 2 在不同脉冲宽度下的光电流波形

5.3.3　CMOS 反相器剂量率扰动及剂量率闩锁的仿真

通过对 CMOS 反相器进行仿真，可以对剂量率闩锁效应进行仿真，基于图 4.13 所示的沟道长度为 2μm 的 CMOS 反相器及电路结构，对 CMOS 电路的剂量率扰动和剂量率闩锁进行仿真。

CMOS 反相器的转移特性曲线和传输特性曲线如图 5.5 所示，满足电路常态性能的一般要求。在对反相器进行瞬时电离辐射效应仿真时，在输入端 (V_{in}) 加低电平，输出为高电平，脉冲 γ 射线波形为高斯波形。

图 5.6 为不同剂量率辐照下 CMOS 反相器在脉冲宽度为 20ns 时的辐射响应，其中图 5.6(a) 为反相器输出波形，图 5.6(b) 为反相器电源电流波形。从图中可以看出，在低剂量率辐照时，输出电压及电源电流在辐照瞬间发生扰动，随着剂量率的增加，扰动幅度及扰动持续时间也增加，直到剂量率为 9.0×10^8Gy(Si)/s 时电路发生闩锁，输出电压从辐照前的高电平变为低电平，辐照后也未能恢复，电源电流在脉冲过后也一直维持高电流状态。

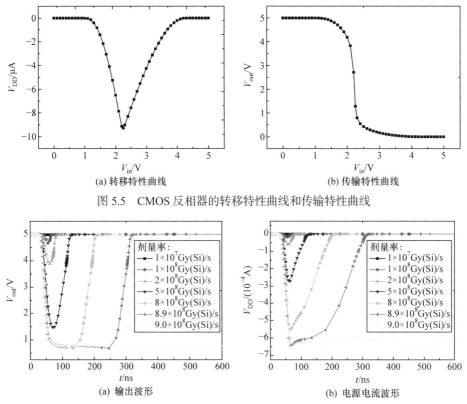

(a) 转移特性曲线　　　　　　　　　　　(b) 传输特性曲线

图 5.5　CMOS 反相器的转移特性曲线和传输特性曲线

(a) 输出波形　　　　　　　　　　　(b) 电源电流波形

图 5.6　不同剂量率辐照下 CMOS 反相器的辐射响应(脉冲宽度为 20ns)

表 5.2 给出了不同剂量率脉冲 γ 射线辐照下 CMOS 反相器输出瞬时扰动的幅度及扰动时间，随着剂量率的增加，输出电压的扰动幅度及电源电流都增加，当剂量率为 8×10^8Gy(Si)/s 时，输出电压的扰动达最大，之后，随着剂量率的增加，扰动幅度不再增加，而扰动持续时间依然增加；对于电源电流，其瞬时峰值随着剂量率的增加一直在增加，直到发生闩锁效应。

表 5.2　不同剂量率脉冲 γ 射线辐照下 CMOS 反相器输出瞬时扰动的幅度及扰动时间

剂量率/[10^8Gy(Si)/s]	扰动幅度		输出波形扰动时间/ns
	输出电压/V	电源电流/A	
0.1	0.011	7.75×10^{-7}	约 30
1	0.33	1.74×10^{-5}	约 30
2	1.12	5.94×10^{-5}	约 40
5	3.08	2.70×10^{-4}	约 100
8	4.31	5.50×10^{-4}	约 155

续表

剂量率/[10^8Gy(Si)/s]	扰动幅度		输出波形扰动时间/ns
	输出电压/V	电源电流/A	
8.5	4.31	6.05×10^{-4}	约 210
8.6	4.31	6.12×10^{-4}	约 215
8.7	4.31	6.22×10^{-4}	约 225
8.8	4.31	6.33×10^{-4}	约 250
8.9	4.31	6.43×10^{-4}	约 300

在脉冲宽度分别为 2ns、5ns、10ns、20ns、50ns、100ns、150ns、200ns 的脉冲 γ 射线辐照下，CMOS 反相器发生闩锁的阈值如表 5.3 所示。CMOS 反相器的闩锁阈值与脉冲宽度有着强烈的依赖关系，当脉冲宽度小于 50ns 时，闩锁剂量率阈值随着脉冲宽度的增加迅速减小，之后，随着脉冲宽度的增加，闩锁剂量率阈值仍在减小，但变化幅度较小。闩锁剂量率阈值与脉冲宽度的拟合关系为 $\dot{D}_{th} = 1.15 \times 10^8 + 1.60 \times 10^{10} / t_p$，其中，$\dot{D}_{th}$ 为闩锁剂量率阈值，单位 Gy(Si)/s；t_p 为脉冲宽度，单位 ns。

表 5.3　不同脉冲宽度下 CMOS 反相器的闩锁阈值

脉冲宽度/ns	闩锁剂量率阈值/[10^9Gy(Si)/s]	闩锁总剂量阈值/Gy(Si)
2	8.10	16.20
5	3.30	16.50
10	1.70	17.00
20	0.90	18.00
50	0.44	22.00
100	0.28	28.00
150	0.23	34.50
200	0.20	40.00

5.4　瞬时电离辐射效应电路级仿真方法

随着半导体制造工艺的发展，先进体硅 CMOS 工艺电路的设计、制造成本也逐渐增加。为了减少抗辐照电路的设计次数与辐照试验考核带来的时间及金钱消耗，在芯片的设计阶段，有必要根据应用需求评价其在瞬时辐射环境中的生存能力。相比于稳态辐射效应，瞬时剂量率效应在芯片内部节点引入的强扰动会导致底层器件之间的电学特性发生瞬时强耦合，仅仅修改集约模型(compact model)中敏感参数取值的仿真思路不再适用。需要从底层对瞬时剂量率效应进行建模，对体硅 CMOS 工艺电路开展电路级仿真评价，预测电路抗瞬时剂量率效应的能力。

5.4.1　基于 Cadence 版图提取电路网表

针对整个芯片或者芯片单元版图自动生成每只晶体管的源、漏端节点对应的版图坐标。同时实现版图全局 N 阱坐标、P 阱坐标、N 阱阱接触坐标和 P 阱阱接触坐标及整个待分析电路的电路网表提取。电路网表提取软件工具集成在 Cadence 6.1.6 对应的 Virtuoso 平台，安装并运行在 Linux 4.0 及以上系统上。软件的调用方法为在 Virtuoso cell layout 界面上添加一个菜单按钮,用户点击该按钮就自动调用软件工具，并对当前芯片单元版图的节点坐标进行分析、提取，最终将全局信息和所有晶体管源、漏端的轮廓坐标及整个芯片版图的电路网表以文本形式存储并输出。

电路网表提取软件的具体界面设计如图 5.7 所示，在 Help 选项前面添加一个菜单按钮，名字为 Radiation，点击 Radiation 会有 Parser 子菜单。点击 Parser 子菜单按钮后，软件会自动调用执行码，针对当前的待分析单元或者全芯片进行节点坐标及电路网表的提取。

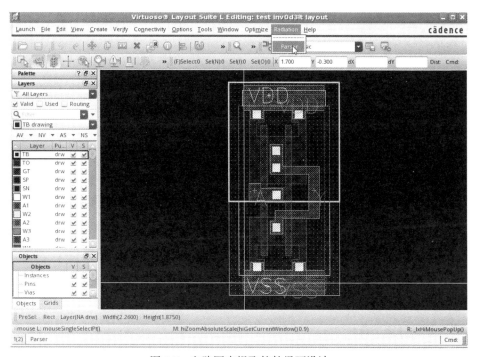

图 5.7　电路网表提取软件界面设计

5.4.2　瞬时剂量率效应仿真模型构建

1964 年，美国圣地亚国家实验室的 Wirth 和 Rogers[5]合作发表了瞬时剂量率效应研究的里程碑文章，分析计算了瞬时光电流的解析表达式：

$$
I(t)
$$

$$
=\begin{cases}
qg\gamma A\left[w+L_{\mathrm{p}}\operatorname{erf}\left(\dfrac{t}{\tau_{\mathrm{p}}}\right)^{\frac{1}{2}}+L_{\mathrm{n}}\operatorname{erf}\left(\dfrac{t}{\tau_{\mathrm{n}}}\right)^{\frac{1}{2}}\right], & 0<t<T \\[4mm]
qg\gamma A\left[w+L_{\mathrm{p}}\operatorname{erf}\left(\dfrac{t}{\tau_{\mathrm{p}}}\right)^{\frac{1}{2}}-L_{\mathrm{p}}\operatorname{erf}\left(\dfrac{t-T}{\tau_{\mathrm{p}}}\right)^{\frac{1}{2}}+L_{\mathrm{n}}\operatorname{erf}\left(\dfrac{t}{\tau_{\mathrm{n}}}\right)^{\frac{1}{2}}-L_{\mathrm{n}}\operatorname{erf}\left(\dfrac{t-T}{\tau_{\mathrm{n}}}\right)^{\frac{1}{2}}\right], & t>T
\end{cases}
$$

$$(5.12)$$

对式(5.12)进行了多项假设条件的限定，包括：①PN 结的 P 区和 N 区无限长；②辐射引起的电离不会显著改变少数载流子浓度；③材料均匀掺杂，除了结区，二极管的电场可以忽略；④结电压为常数。Wirth 和 Rogers 构建的瞬时光电流模型适用于瞬时剂量率较低的情况，随着瞬时剂量率逐渐增大，硅材料禁带中的陷阱逐渐趋于饱和，复合机制将从 SRH 复合改变为 Auger 复合，此时少数载流子的双极扩散系数及少数载流子寿命都会发生变化。基于以上两种少数载流子的复合机制，需要对经典瞬时光电流模型进行修正。

式(5.12)中，参数 q 为电子电量，g 为载流子产生率，A 为结面积，w 为耗尽区宽度，T 为辐射脉冲宽度，erf(x)为余误差函数，τ_{n} 为少数载流子电子的寿命，τ_{p} 为少数载流子空穴的寿命，L_{n} 为电子扩散长度，L_{p} 为空穴扩散长度。其中 $L_{\mathrm{n}}=\sqrt{D_{\mathrm{n}}\times\tau_{\mathrm{n}}}$。在较低的瞬时剂量率条件下，扩散系数 $D_{\mathrm{n}}(D_{\mathrm{p}})$ 及少数载流子寿命 $\tau_{\mathrm{n}}(\tau_{\mathrm{p}})$ 可以近似看作常数，但随着瞬时剂量率的不断增大，$D_{\mathrm{n}}(D_{\mathrm{p}})$ 与 $\tau_{\mathrm{n}}(\tau_{\mathrm{p}})$ 会发生改变，影响瞬时光电流的峰值大小与形状。因此，进行瞬时剂量率效应的电路级仿真，需要考虑扩散系数及少数载流子寿命在不同瞬时剂量率条件下的修正调制，以构建更加准确的瞬时光电流模型。在较高的瞬时剂量率条件下，利用式(5.13)～式(5.16)对少数载流子的双极扩散系数及少数载流子寿命进行修正[6]，以实现在不同瞬时剂量率条件下瞬时光电流的准确计算。

$$
D_{\mathrm{ap}}\approx\frac{(n_0+2G\tau_{\mathrm{p1}})D_{\mathrm{n}}D_{\mathrm{p}}}{n_0 D_{\mathrm{n}}+(D_{\mathrm{n}}+D_{\mathrm{p}})G\tau_{\mathrm{p1}}} \tag{5.13}
$$

$$
\tau_{\mathrm{p\_SRH}}=\frac{1}{2}\left(\tau_{\mathrm{p\infty}}-\frac{n_0}{G}\right)+\sqrt{\frac{n_0\tau_{\mathrm{p0}}}{G}+\frac{1}{4}\left(\tau_{\mathrm{p\infty}}-\frac{n_0}{G}\right)^2} \tag{5.14}
$$

$$\tau_{\text{p\_Auger}} = \frac{1}{\sqrt[3]{G^2 r_{\text{paug}}}} \tag{5.15}$$

$$\tau_{\text{p}} = \left(\frac{1}{\tau_{\text{p\_SRH}}} + \frac{1}{\tau_{\text{p\_Auger}}} \right)^{-1} \tag{5.16}$$

通过式(5.13)～式(5.16)的计算，可以得到双极扩散系数与少数载流子寿命随瞬时剂量率的变化关系分别如图 5.8 与图 5.9 所示。双极扩散系数在较低剂量率条件下近似为常数，随着剂量率的增大，双极扩散系数也不断增大，在较高剂量率条件下双极扩散系数又近似为一个常数。少数载流子寿命则是在较低剂量率的条件下近似为一个常数，随着剂量率的增大，少数载流子寿命不断增大，当 SRH 复合趋于饱和时，少数载流子寿命开始降低，此时 Auger 复合逐渐占据主导地位。

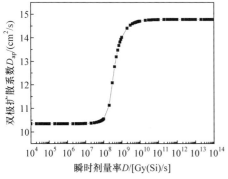 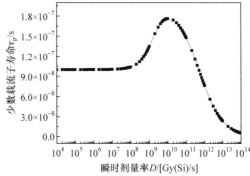

图 5.8　双极扩散系数随瞬时剂量率的变化　　　图 5.9　少数载流子寿命随瞬时剂量率的变化

5.4.3　结合版图布局评价瞬时剂量率效应仿真流程

基于 Cadence 版图提取电路电学参数与电路网表插件，针对给定待分析的整个芯片或者单元版图已经可以实现给定电路的常态特性网表提取。利用常态特性网表，可以分析给定电路的常态电学特性。若要对给定电路进行瞬时剂量率效应仿真，就需要针对待分析电路提取其相关的参数信息，并利用这些参数信息计算不同 MOS 管源、漏极及阱与衬底之间产生的瞬时光电流。将这些计算出来的瞬时光电流以电流激励的形式加入待分析电路的常态特性网表，可以实现瞬时剂量率效应的电路级仿真。瞬时光电流自动添加程序需要在 Linux 操作系统下运行。程序运行时的输入文件为 Circuit.spi 和 cfg。其中 Circuit.spi 文件为提取出来的待分析电路原始 spice 网表，而 cfg 文件则用来定义瞬时剂量率的相关参数和待分析电路的基本参数信息。

```
    .0.........10........20........30
1   nmos_model:     NL NN  mn12_iso
2   pmos_model:     PL PN  mp12_iso
3
4
5   Nmos_Wn:     0.1
6   Nmos_Wp:     0.1
7   Nmos_Con_N:      1e20
8   Nmos_Con_P:          1e20
9   Pmos_Wn:     0.1
10  Pmos_Wp:     0.1
11  Pmos_Con_N:      1e20
12  Pmos_Con_P:          1e20
13
14  Doserate:  1e11
15
16  #ni_square: 2.1025e20
17  #q: 1.602e-19
18  #Eps: 11.7*8.854e-14
19  #k:   1.381e-23
20  #T:    300
21  #g:     4.2e13
22  #Vpn:  0
23  #Miu_N: 1350
24  #Miu_P: 480
25  #r_paug: 3e-31
26  #taut0_P: 1e-8
27  #tauInf_P: 2e-8
28  #r_naug: 1.1e-30
29  #tau0_N:  1e-7
30  #tauInf_N: 2e-7
31
32  time_start: 0
33  time_step:    1e-8
34  pulse_width:   1e-7
35  step_number: 15
```

图 5.10 cfg 文件中需要定义的参数

cfg 文件中需要定义的参数如图 5.10 所示，首先需要定义 MOS 管的类型包括 nmos_model 与 pmos_model，此时需要分别指定 NMOS 管与 PMOS 管的类型。其次用户需要根据待分析的电路给定区分 NMOS 管与 PMOS 管的不同参数，包括 Nmos_Wn、Nmos_Wp、Nmos_Con_N、Nmos_Con_P、Pmos_Wn、Pmos_Wp、Pmos_Con_N、Pmos_Con_P。这 8 个参数分别定义了 NMOS 管与 PMOS 管的有源区深度、阱的深度、有源区掺杂浓度及阱掺杂浓度。定义完 MOS 管的类型、响应类型和 MOS 管的参数以后，则需要利用 Doserate 定义所需计算的瞬时剂量率的大小。随后需要定义一些常态参数，包括半导体本征掺杂浓度的平方 ni_square、电子电荷电量 q 等。值得注意的是，在默认的 cfg 文件定义中，给定的 Vpn 是所计算的寄生 PN 结偏置默认为 0，但在实际电路中，寄生 PN 结的偏置不全为 0，因此这里为理想情况，在计算中会给电路的响应带来误差。另外，Miu_N，Miu_P、r_paug、taut0_P、tauInf_P、r_naug、tau0_N、tauInf_N 等参数的给定均是本征半导体在常温情况下的取值。用户可以根据待分析的实际电路参数进行修改。在 cfg 文件的最后，则定义了开始计算的时间 time_start、计算步长 time_step、瞬时剂量率脉冲宽度 pulse_width 和计算步数 step_number。

使用 Cadence 版图提取电路网表插件，首先对 1 级 D 触发器(国产 180nm D 触发器版图如图 5.11 所示)的常态电学特性网表进行提取，如图 5.12 所示。针对常态电学特性网表，利用瞬时光电流自动添加软件，实现添加瞬时光电流的瞬时剂量率效应电路级仿真网表；利用如图 5.13 所示的加入瞬时光电流激励的电路网表，进行瞬时剂量率效应的电路级仿真。

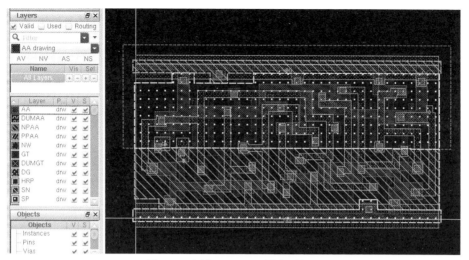

图 5.11 国产 180nm D 触发器版图

图 5.12 国产 180nm D 触发器电路网表提取插件

图 5.13　加入瞬时光电流激励的电路网表

5.5　小　　结

　　本章介绍了瞬时电离辐射效应的器件级和电路级仿真方法。在器件级仿真方法方面,首先介绍了瞬时电离辐射效应器件级仿真软件 Sentaurus TCAD 的仿真流程,并基于仿真流程给出了四种二极管和一种 CMOS 反相器仿真实例。在电路级仿真方法方面,首先介绍了基于 Cadence 版图提取待分析电路电学参数与电路网表的方法;其次介绍了一种适用于较宽剂量率范围的瞬时光电流模型、少数载流子双极扩散系数与少数载流子寿命的修正方法;最后介绍了结合版图布局评价瞬时电离辐射效应的仿真流程,并根据仿真流程给出了一款国产 180nm D 触发器仿真实例。

参 考 文 献

[1] 王桂珍. CMOS 电路 γ 剂量率脉冲宽度效应研究[D]. 西安: 西北核技术研究所, 2001.

[2] 赖祖武, 等. 抗辐射电子学——辐射效应及加固原理[M]. 北京: 国防工业出版社, 1998.

[3] Synopsys Corporation 2009 Sentaurus Device User Guide Version A-2009[EB/OL]. [2008-05-12]. http://synopsys/ TCAD/06-SP2.html.

[4] 张宪敏, 李惠军, 侯志刚, 等. 新一代纳米级器件物理特性仿真工具——Sentaurus Device[J]. 微纳电子技术, 2007(6): 299-304.

[5] WIRTH J L, ROGERS S C. The transient response of transistors and diodes to ionizing radiation[J]. IEEE Transactions on Nuclear Science, 1964, 11(6): 24-38.

[6] FJELDLY T A, DENG Y Q, MICHAEL S S, et al. Modeling of high-dose-rate transient ionizing radiation effects in bipolar devices [J]. IEEE Transactions on Nuclear Science, 2001, 48(5): 1721-1730.

第 6 章 瞬时辐射阻锁效应

6.1 引 言

在体硅 CMOS 集成电路中存在寄生 PNPN 结构,这种结构非常类似于可控硅整流器(silicon-controlled rectifier, SCR)结构,因此也称为寄生 SCR 结构。寄生 PNPN 结构在 CMOS 电路正常工作时处于阻塞态,对电路功能基本不产生影响。但有额外电流(如辐射感生光电流)注入该结构中时易触发闩锁效应,即寄生 PNPN 结构由阻塞态进入导通态,在电源和地之间形成低阻通道而产生大电流。闩锁效应是 CMOS 集成电路中非常严重的一种破坏性效应,长时间工作在闩锁状态轻者可使电路功能丧失,重者可使电路烧毁。因此,一些关键电子器件或系统在遭受瞬时电离辐射时,不希望出现闩锁现象。采用瞬时断电的方法对闩锁的形成有很好的抑制作用。瞬时断电后,光电流在电路内部快速衰减,使闩锁形成条件无法得到满足,进而避免闩锁的发生,这种机制称为阻锁效应。本章主要介绍闩锁形成的物理机制及判据条件,并分析能够成功阻锁的条件。

6.2 闩锁形成机制及判据条件

6.2.1 闩锁形成机制

体硅 CMOS 电路中的典型 PNPN 寄生结构如图 6.1 所示,该结构可以看成是两个背靠背的三极管组成的正反馈结构。电路中 PNPN 结构的数量取决于电路的

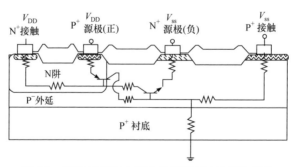

图 6.1 体硅 CMOS 电路中的典型 PNPN 寄生结构

复杂程度，一般情况下，寄生结构的闩锁形成阈值不尽相同，因此随着注入额外电流的增加，闩锁形成通道数量会增加，闩锁电流也会相应增大。

瞬时 γ 或 X 射线入射体硅 CMOS 集成电路时，电离形成的电子空穴对被 PN 结收集形成光电流。在图 6.1 中，处于反向偏置的 N 阱和衬底具有较大的光电流收集体积，因此此处形成的光电流组成了闩锁触发电流的主要成分。这部分电流流经衬底时，在衬底寄生电阻上产生的压降可能使横向的 NPN 晶体管的发射极-基极正向偏置，此时就有空穴注入衬底，部分空穴能被 N 阱收集形成光电流，该空穴电流就为垂直 PNP 晶体管提供了基极驱动电流，经 PNP 晶体管放大，再将放大了的 PNP 晶体管电流反馈到 NPN 晶体管的基极，这就形成了正反馈模式。这种正反馈模式如果可以维持，则闩锁形成，最终产生一个比较大的闩锁电流。该闩锁电流不受电路输入端影响，只要电源不断电，它将一直存在，直至电路被烧毁。

闩锁效应最早由 Dennehyw 和 Holmes-Siedle[1] 在对 CD4007 的测试中证实，并提出发生闩锁的条件是两个寄生三极管的电流增益积不小于 1($h_{\text{feNPN}} \times h_{\text{fePNP}} \geqslant 1$) 且有足够高的电压。其中条件 $h_{\text{feNPN}} \times h_{\text{fePNP}} \geqslant 1$ 被认为是闩锁判据，时至今日仍有不少研究者采用。但实际上，此判据适用于两端可控硅结构，对于四端 SCR 结构，由于存在旁路电流，且旁路电流在总电流中所占比例是影响闩锁的关键因素，所以条件 $h_{\text{feNPN}} \times h_{\text{fePNP}} \geqslant 1$ 用来判定闩锁存在较大误差。因此，需要对四端 SCR 结构进行深入讨论，寻找更为准确的判据条件。

6.2.2　闩锁形成判据条件

1. 微分判据条件

图 6.2 为 CMOS 电路中寄生 PNPN 结构的截面图及各寄生电流成分关系[2]。以 P 型外延工艺为例，典型 CMOS 电路结构中主要的闩锁路径是由 P+源极、N 阱、P 衬底和 N+源极构成的 PNPN 四层 SCR 结构，其中 N 阱接触和 P 衬底接触作为电极引出端对闩锁特性具有重要影响。

在阻塞态，J_2 结耗尽区衬底一侧的空穴电流可以表示为

$$I_p = \alpha_p I_{ep} + I_{pw} + I_{pd} \tag{6.1}$$

式中，α_p 和 I_{ep} 分别为寄生 PNP 管共基极电流增益和发射极电流；I_{pw} 为 N 阱内产生的空穴扩散至 J_2 形成的空穴电流；I_{pd} 为 J_2 空间电荷区内产生的空穴被电场扫出形成的空穴电流。流经 J_2 的电子电流由式(6.2)给出：

$$I_n = \alpha_n I_{en} + I_{ns} \tag{6.2}$$

式中，α_n 和 I_{en} 分别为寄生 LNPN 管共基极电流增益和发射极电流；I_{ns} 为在衬底中热产生的电子扩散至 J_2 空间电荷区并被 N 阱收集形成的电子流。在 J_2 结处形

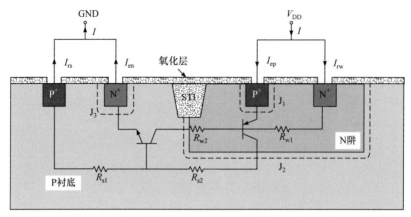

图 6.2　CMOS 电路中寄生 PNPN 结构的截面图及各寄生电流成分关系

成的总电流 I 为

$$I = I_{\mathrm{p}} + I_{\mathrm{n}} = \alpha_{\mathrm{p}} I_{\mathrm{ep}} + I_{\mathrm{pw}} + I_{\mathrm{pd}} + \alpha_{\mathrm{n}} I_{\mathrm{en}} + I_{\mathrm{ns}} = \alpha_{\mathrm{p}} I_{\mathrm{ep}} + \alpha_{\mathrm{n}} I_{\mathrm{en}} + I_{\mathrm{J}_2} \tag{6.3}$$

式中，令 $I_{\mathrm{J}_2} = I_{\mathrm{pw}} + I_{\mathrm{pd}} + I_{\mathrm{ns}}$，为 J_2 结反偏时的总漏电流。同时，可以得到式(6.4)：

$$I_{\mathrm{ep}} + I_{\mathrm{rw}} = I_{\mathrm{en}} + I_{\mathrm{rs}} = I \tag{6.4}$$

由于旁路电阻分流了相当一部分电流，因此寄生三极管的电流增益只反映一条支流电流关系，对于整个电路来说，需要对电流增益进行修正。定义

$$\gamma_{\mathrm{p}} = \frac{I_{\mathrm{ep}}}{I} = \frac{I_{\mathrm{ep}}}{I_{\mathrm{ep}} + I_{\mathrm{rw}}} \tag{6.5}$$

$$\gamma_{\mathrm{n}} = \frac{I_{\mathrm{en}}}{I} = \frac{I_{\mathrm{en}}}{I_{\mathrm{en}} + I_{\mathrm{rs}}} \tag{6.6}$$

分别为 PNP 管和 LNPN 管的有效注入因子，则式(6.3)可以改写为

$$I = \alpha_{\mathrm{p}} \gamma_{\mathrm{p}} I + \alpha_{\mathrm{n}} \gamma_{\mathrm{n}} I + I_{\mathrm{J}_2} \tag{6.7}$$

$$I = \frac{I_{\mathrm{J}_2}}{1 - (\alpha_{\mathrm{p}} \gamma_{\mathrm{p}} + \alpha_{\mathrm{n}} \gamma_{\mathrm{n}})} \tag{6.8}$$

从式(6.8)可以看出，当 $\alpha_{\mathrm{p}} \gamma_{\mathrm{p}} + \alpha_{\mathrm{n}} \gamma_{\mathrm{n}}$ 接近 1 时，总电流 I 将变得很大，但闩锁开启的时刻并不是 $\alpha_{\mathrm{p}} \gamma_{\mathrm{p}} + \alpha_{\mathrm{n}} \gamma_{\mathrm{n}}$ 接近 1 的时刻，而是在这之前就发生了。这就要考察 SCR 结构由阻塞态向导通态的转换点，即 SCR 结构在阻塞态不能保持稳定的时刻。对式(6.7)中的 I 求微分并整理可以得到：

$$\frac{\mathrm{d}I}{\mathrm{d}I_{\mathrm{J}_2}} = \frac{1}{1 - \dfrac{\mathrm{d}[I(\alpha_{\mathrm{p}}\gamma_{\mathrm{p}} + \alpha_{\mathrm{n}}\gamma_{\mathrm{n}})]}{\mathrm{d}I}} \tag{6.9}$$

由式(6.9)可以看出，当 $\dfrac{\mathrm{d}[I(\alpha_{\mathrm{p}}\gamma_{\mathrm{p}} + \alpha_{\mathrm{n}}\gamma_{\mathrm{n}})]}{\mathrm{d}I} < 1$ 时，SCR 结构在阻塞态下工作才是稳定的，否则是不稳定的，也就是说，当 $\dfrac{\mathrm{d}[I(\alpha_{\mathrm{p}}\gamma_{\mathrm{p}} + \alpha_{\mathrm{n}}\gamma_{\mathrm{n}})]}{\mathrm{d}I} \geqslant 1$ 时，闩锁就会发生。因此，可以得到发生闩锁的判据方程为

$$\frac{\mathrm{d}[I(\alpha_{\mathrm{p}}\gamma_{\mathrm{p}} + \alpha_{\mathrm{n}}\gamma_{\mathrm{n}})]}{\mathrm{d}I} = 1 \tag{6.10}$$

将式(6.10)进行变形，得到：

$$\frac{\mathrm{d}[I(\alpha_{\mathrm{p}}\gamma_{\mathrm{p}} + \alpha_{\mathrm{n}}\gamma_{\mathrm{n}})]}{\mathrm{d}I} = \alpha_{\mathrm{p}}\gamma_{\mathrm{p}} + \alpha_{\mathrm{n}}\gamma_{\mathrm{n}} + \frac{I\mathrm{d}(\alpha_{\mathrm{p}}\gamma_{\mathrm{p}} + \alpha_{\mathrm{n}}\gamma_{\mathrm{n}})}{\mathrm{d}I}$$
$$= \alpha_{\mathrm{p}}^{*} + \alpha_{\mathrm{n}}^{*} + \frac{I\mathrm{d}(\alpha_{\mathrm{p}}^{*} + \alpha_{\mathrm{n}}^{*})}{\mathrm{d}I} = 1 \tag{6.11}$$

式中，$\alpha_{\mathrm{n}}^{*} = \alpha_{\mathrm{n}}\gamma_{\mathrm{n}}$；$\alpha_{\mathrm{p}}^{*} = \alpha_{\mathrm{p}}\gamma_{\mathrm{p}}$。当式(6.11)成立时，闩锁就会发生，否则即便有短暂的电流扰动，闩锁仍不能发生。式(6.11)中的参数一般在实验中难以测量，但可以通过电路仿真的方法获取。

式(6.9)～式(6.11)说明，当 N 阱-P 衬底结(J_2)电流增加时，总电流突然增加，并满足一定条件时，闩锁就形成了。因此，J_2 的电流将是本章重点关注的电流成分，这对后面讨论阻锁效应是非常重要的。

根据以上分析，可以得到总剂量辐照后寄生 SCR 结构的等效电路，如图 6.3 所示。

前面已经分析了闩锁形成机制并得到了闩锁判据，由于两个寄生三极管间存在复杂的相互作用，式(6.11)的解析解很难获得，但可以借助仿真软件进行数值计算。例如，采用电路仿真软件 PSPICE，电路图如图 6.3 所示，电路仿真采用的器件参数如表 6.1 所示，这些参数是根据典型 CMOS 工艺估算得到的，尽管不十分准确，但仍可以反映基本问题。

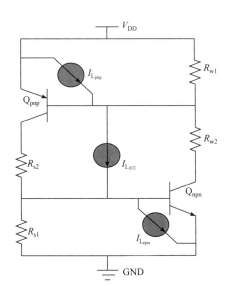

图 6.3　总剂量辐照后寄生
SCR 结构的等效电路

表 **6.1** 电路仿真采用的器件参数

参数	取值
R_{w1}	500Ω
R_{w2}	10Ω
R_{s1}	1000Ω
R_{s2}	10Ω
β_{npn}	10
β_{pnp}	50
V_{DD}	5V

激励电流采用分段线性电流源 I_{app}，跨接于两个三极管的基极之间，电流设置为 0～5mA 线性增加。

在不考虑累积剂量的情况下，计算辐射感生光电流。传统判据和微分判据与辐射光电流的关系如图 6.4 所示，其中各项参数是通过测量晶体管发射极电流、集电极电流和总电流，并经过式(6.1)～式(6.11)运算而得到。可以看出随着激励电流的增加，系数 $\alpha_p^* + \alpha_n^* + Id(\alpha_p^* + \alpha_n^*)/dI$ 比 $\alpha_p^* + \alpha_n^*$ 先达到 1，对应的总电流 I 开始迅速增加，表明寄生 SCR 结构由阻塞态进入导通态，这与理论分析结果一致。

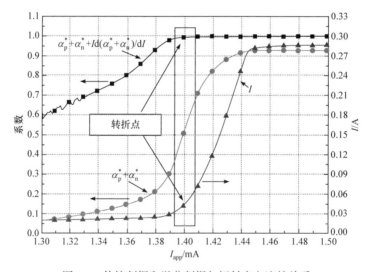

图 6.4 传统判据和微分判据与辐射光电流的关系

2. 闩锁动态判据条件

前面通过分析寄生 PNPN 结构的剖面，对每个寄生 PN 结进行了电流分析，得到了微分判据模型。这个模型从微观机理上阐释了闩锁形成所需的必要条件，但是在一些参数的获得上比较困难，下面采用闩锁动态模型进行分析，在宏观电路层面获取可以测量的关键参数，以预测闩锁的形成。

图 6.5 为典型体硅 CMOS 电路中寄生 PNPN 结构和等效电路[3]。在脉冲辐射环境中，产生的光电流最大的区域为 N 阱与 P 型外延的 PN 结处，此光电流是触发闩锁的主要部分。光电流流经 R_{sub} 和 Q_n 的基极，闩锁发生的条件是触发电流在回路中形成正反馈，也就是说经过循环后的电流要大于触发电流。

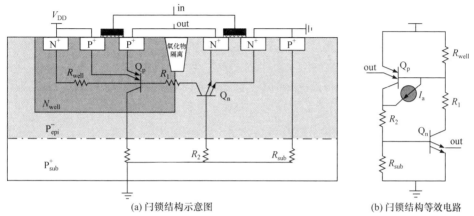

(a) 闩锁结构示意图   (b) 闩锁结构等效电路

图 6.5 典型体硅 CMOS 电路中寄生 PNPN 结构和等效电路

假设产生的光电流为 I_a，流经 R_{sub} 和 Q_n 的 B-E 结的电流分别为 I_{Rs} 和 I_{bn}，流过电阻 R_{well} 的电流为 I_{Rw}，则有下列关系：

$$I_{Rs} + I_{bn} = I_a \tag{6.12}$$

I_{bn} 经过 Q_n 管放大，在集电极形成放大电流：

$$I_{cn} = I_{bn} \cdot \beta_n \tag{6.13}$$

同理，有下列关系：

$$I_{Rw} + I_{bp} = I_{cn}, \quad I_{cp} = I_{bp} \cdot \beta_p \tag{6.14}$$

由于形成闩锁的必要条件是经过"一次循环"后，在正反馈网络中电流增益必须大于 1，即

$$\frac{I_{cp}}{I_a} = \frac{\left(I_{cn} - I_{Rw}\right) \cdot \beta_p}{I_{bn} + I_{Rs}} = \frac{\left(I_{bn} \cdot \beta_n - I_{Rw}\right) \cdot \beta_p}{I_{bn} + I_{Rs}} > 1 \tag{6.15}$$

由式(6.15)可以得到：

$$\beta_n \cdot \beta_p > 1 + \frac{I_{Rs}}{I_{bn}} + \frac{I_{Rw} \cdot \beta_p}{I_{bn}} \tag{6.16}$$

$$\beta_{\mathrm{n}} \cdot \beta_{\mathrm{p}} > \frac{V_{\mathrm{ben}}}{R_{\mathrm{well}}I_{\mathrm{bn}}} \cdot \beta_{\mathrm{p}} + \frac{\left|V_{\mathrm{bep}}\right|}{R_{\mathrm{sub}}I_{\mathrm{bn}}} + 1 \qquad (6.17)$$

由于 V_{ben} 和 V_{bep}(绝对值)很接近，可以认为都为 V_{be}，为便于分析，假设电阻 R_{well} 和 R_{sub} 的值都为 R，则可以得到：

$$\beta_{\mathrm{n}} \cdot \beta_{\mathrm{p}} > \frac{V_{\mathrm{be}}}{RI_{\mathrm{bn}}}(\beta_{\mathrm{p}} + 1) + 1 \qquad (6.18)$$

式(6.18)就是从等效电路的电流关系入手得到的闩锁动态判据的解析方程。式(6.18)成立时表明，闩锁等效电路中的正反馈机制正式形成，注入电路的触发电流经过循环放大，进而驱动两个寄生的三极管全部进入饱和区，形成闩锁。值得注意的是，闩锁发生时 $\beta_{\mathrm{n}} \cdot \beta_{\mathrm{p}}$ 的值已远大于 1，与有些文献中所指出的判据 $\beta_{\mathrm{n}} \cdot \beta_{\mathrm{p}} > 1$ 相比，式(6.18)所示的判据更准确。β_{n} 和 β_{p} 的值是随着 V_{be} 动态变化的，只有当式(6.18)成立时闩锁才能形成，否则正反馈机制无法形成，电路受到一定扰动后仍返回阻塞态。

但是从式(6.18)还很难判断何时发生闩锁，因为并没有获得电流增益的值。为此对 CD4007 电路中寄生三极管的电流增益进行扫描测量，得到图 6.6 所示的不同累积剂量下寄生 NPN 晶体管电流增益与 V_{be} 电流关系和图 6.7 所示的不同累积剂量下寄生 LPNP 晶体管电流增益与 V_{be} 电流关系。

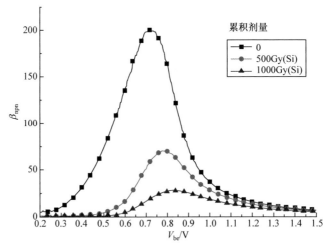

图 6.6　不同累积剂量下寄生 NPN 晶体管电流增益与 V_{be} 电流关系

可以看出，闩锁发生时并非 $\beta_{\mathrm{n}} \cdot \beta_{\mathrm{p}}$ 仅大于 1，而要远大于 1。同时在发生闩锁前，β_{n} 和 β_{p} 的值随着 V_{be} 动态变化。为了更直观地理解这一闩锁判据，假设 $R =$

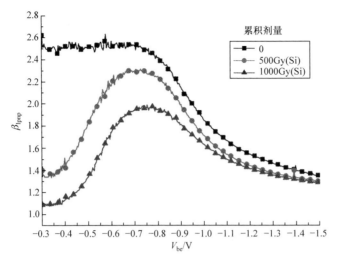

图 6.7　不同累积剂量下寄生 LPNP 晶体管电流增益与 V_{be} 电流关系

500Ω，利用图 6.4 中的数据可以获得式(6.18)右侧的值，令 $M = \dfrac{V_{be}}{RI_{bn}}(\beta_p + 1) + 1$ 可以得到图 6.8，其中横轴值是利用式(6.12)得到的。从图 6.8 可以看到，随着光电流的增加，$\beta_n \cdot \beta_p$ 增加而 M 减小，对于原始器件，当 I_a 达到约 1.45mA 时，$\beta_n \cdot \beta_p > M$，闩锁发生。结合前面讨论的微分判据，可以知道当器件受到瞬时电离辐射，在 J_2 结处产生的瞬时光电流达到约 1.45mA 时，闩锁就会被触发。

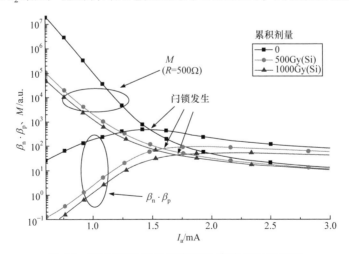

图 6.8　不同累积剂量下判据变化(仅考虑电流增益)

中子辐照引起的位移缺陷会使少子寿命急剧降低，导致 CMOS 电路中寄生晶体管电流增益严重下降，根据上面分析，这会导致器件的闩锁阈值升高。同时，中子辐照后，少子寿命的降低也对闩锁阈值升高有一定贡献。这是由于光电流幅度与少子的扩散长度紧密相关，若少子寿命降低，则少子扩散长度相应减小，进而使光电流幅度减小。

6.3　阻锁效应

6.3.1　阻锁效应机制

前面内容已经清楚地揭示了闩锁形成条件，即在 CMOS 器件受到瞬时辐照后，产生的光电流可以迫使寄生闩锁结构进入正反馈工作模式并维持。通过分析闩锁形成条件可以知道，在器件结构或参数设计上可以采取一定的措施来解除或减弱闩锁敏感性，如采用绝缘体上硅(SOI)结构隔断 SCR 正反馈结构来消除闩锁效应；通过掺杂和增加敏感区距离来抑制寄生三极管电流增益等来降低闩锁敏感性。但目前普遍采用的体硅 CMOS 集成电路，仍无法完全消除闩锁效应。闩锁问题仍是体硅 CMOS 器件备受关注的破坏效应之一，对于应用在瞬时电离辐射等恶劣环境中的器件更是如此。因此，本小节将从瞬时断电的角度来分析阻锁的机制和条件。

从图 6.4 中可以看出，当器件中产生的附加电流较低(如低于 1.40 mA)时，参数 $\alpha_p^* + \alpha_n^* + Id(\alpha_p^* + \alpha_n^*)/\mathrm{d}I$ 低于 1，也就是说闩锁判据条件无法达成，不会形成闩锁。从动态判据条件方面看，当附加电流较小时，寄生晶体管电流增益乘积无法达到特定条件，也就是说整个寄生回路无法进入 SCR 正反馈工作模式，也无法形成闩锁。因此，降低寄生回路中的寄生电流，破坏其形成闩锁的条件是关键。在受到瞬时辐照时对体硅 CMOS 电路进行瞬时断电，电路内部产生的寄生光电流会快速衰减，使闩锁微分判据和动态判据都不能达成，因此也就无法形成闩锁。在断电持续一定时间后恢复供电即可使电路重新正常工作。也就是说，阻止闩锁形成需要一个瞬时断电窗口。断电窗口的获得可以采用专门定制的辐射敏感电子开关[4]，也可以利用某些电源芯片的瞬时电离辐射效应来获得，这里仅介绍采用电源芯片 L7805CV 获得断电窗口的情况。

下面介绍观察阻锁现象的典型实验。为了明确获得闩锁现象和阻锁现象，这里采用 PNPN 寄生结构的等效电路来进行分析，如图 6.9 所示。

辐照实验中给 PNPN 结构等效电路供电采用两种方式，一种是外接恒压电源 +5V 供电；另一种是电源芯片 L7805CV 供电。两种供电方式的目的不同，第一种供电方式是为了得到闩锁等效电路的闩锁阈值，即电路形成闩锁的最小剂量率值；第二种供电方式是为了验证阻锁效应现象，并获得阻锁阈值时间与剂量率的变化关系。实验中，用示波器记录以下两个信号：

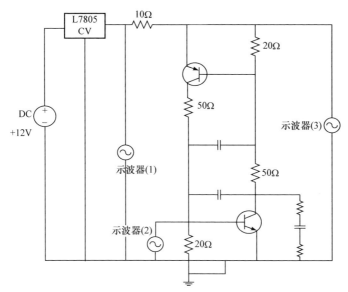

图 6.9　PNPN 等效电路实验偏置图

(1) L7805CV 输出端电压，获取 L7805CV 输出窗口时间与剂量率的关系；

(2) PNP 管发射极(E 极)电压。若电路进入闩锁状态，闩锁网络呈低阻，此时电压由+5V 降至约+4V(电压降低的大小是由网络中串联电阻决定的)。因此，此电压可作为判断闩锁电路进入闩锁状态的判据之一。

采用脉冲宽度约 25ns 的脉冲 X 射线辐照电路，剂量率范围为 $1×10^6 \sim 2×10^9$Gy(Si)/s。实验结果的 PNPN 等效电路闩锁波形如图 6.10 所示，L7805CV 输出瞬时断电窗口如图 6.11 所示，PNPN 等效电路采用外接恒压电源+5V 供电时，剂量率高于 $1×10^6$Gy(Si)/s 时进入闩锁状态，电路电流突然增加，监测的 PNP 管发射极电压由+5V 降为+4V 左右，并稳定维持，只有切断电源才能打破这种闩锁状态。当等效电路采用电源芯片 L7805CV 供电时，二者同时受到脉冲 X 射线辐照。

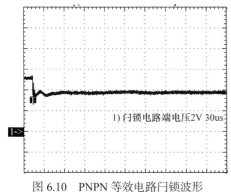

图 6.10　PNPN 等效电路闩锁波形

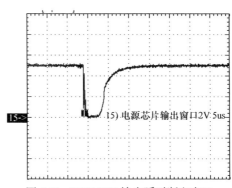

图 6.11　L7805CV 输出瞬时断电窗口

电源芯片 L7805CV 属于双极型三端稳压器，输出恒定+5V，在受到脉冲 X 射线辐照时，会输出一个持续数微秒的瞬时断电窗口。由于电源芯片内部产生的光电流幅度及持续时间取决于瞬时辐射剂量率，因此，断电窗口时间随剂量率的增大而增大。PNPN 等效电路的闩锁状态与断电窗口持续时间密切相关。在某一特定剂量率下，当电源芯片的断电窗口时间足够大时，等效电路端电压在零电平窗口过后会恢复至辐照前状态，即不发生闩锁；但电源芯片断电窗口时间偏小时，等效电路端电压在零电平窗口过后仍维持在+4V 左右，电源电流维持在几百毫安，并且只有断电重启后才能恢复，即能否阻锁与断电窗口时间存在密切关系。

　　由辐照产生的过剩载流子存在着一定寿命和空间分布，即便是在晶体管没有外加电场的情况下也不会马上复合消失，在耗尽区内产生的载流子会被内建电场快速扫出电场区而形成瞬时光电流，处于内建电场两边的过剩载流子由于浓度梯度的存在会不断扩散，形成扩散电流，直至过剩载流子趋于辐照前水平，浓度梯度消失。在 NPN 晶体管内，由集电极流向基极的光电流一部分流过基极电阻，另一部分通过 B-E 结流向发射极，而基极电压会被 B-E 结钳位在内建电势附近。从对等效电路中 NPN 管基极端电压的监测可以发现，在瞬时 γ 射线辐照结束后，基极电压仍会维持在约 0.65V 一段时间。这里把维持在 0.65V 附近的这段时间定义为"基极电压维持时间"。这是因为光电流在辐照结束后不会马上消失，它在具有正反馈功能的 PNPN 结构中泄放时在基极产生压降，需要一定时间才能完全泄放。这种现象可以用电荷控制模型来解释。

　　寄生晶体管受脉冲 γ 射线辐照后，发射极、基极和集电极都会电离出大量电子空穴对，位于空间电荷区内的载流子被电场快速扫出至电中性区，形成初始光电流的快光电流部分，然后位于 PN 结附近一个扩散长度内的少子发生扩散，形成初始光电流的慢光电流部分。通过前面的分析已经知道，在 B-C 结产生的光电流是寄生晶体管中初始光电流的主要成分。根据文献[5]，光电流幅度主要取决于 PN 结面积、空间电荷区宽度及扩散长度，可以表示为

$$I_{pp} = qAG(W_{dep} + L_{pd} + L_{nd}) \tag{6.19}$$

式中，q 为电子电量；A 为 PN 结面积；G 为电子空穴对产生率；W_{dep} 为空间电荷区宽度；L_{pd} 和 L_{nd} 分别为 P 区和 N 区少子的扩散长度。

　　初始光电流 I_{pp} 注入基区后，一部分通过基极电阻流出，另一部分流向发射极。从基极电阻流出的电流在基极电阻上产生的压降会降低 B-E 结内部势垒，从而促使发射极电子注入并越过基区到达收集区，形成次级光电流 I_{sp}。

　　当瞬时电离辐照完成后，初始光电流消失，次级光电流也随之衰减。若晶体管处于饱和模式，基区少子浓度减小，但浓度梯度基本保持不变，集电极电流也

基本不变；当晶体管由饱和模式转入正向有源模式后，基区少子浓度和浓度梯度都减小，集电极电流也随之减小。假设 Q_B 为器件在临界饱和时的基区存储电荷量，Q_{Bs} 为饱和时基区的额外存储电荷量，当 Q_{Bs} 接近 Q_B 时晶体管进入正向有源模式，集电极电流开始呈指数衰减，直至 Q_B 降为零[6]。基区电荷量由 Q_{Bs} 衰减至 Q_B 的时间 T_s 可由式(6.20)表示，基区电荷量由 Q_B 衰减至其 1/10 的时间可由式(6.21)表示。

$$T_s = \tau_B \ln \frac{Q_{Bs}}{Q_B} \tag{6.20}$$

$$T_d = \tau_B \ln(10/1) = 2.3\tau_B \tag{6.21}$$

式中，T_s 为受脉冲辐照后的存储时间；T_d 为集电极电流由临界饱和到降至 1/10 的延迟时间；τ_B 为基区平均少子寿命。基区少子平均寿命又可以表示为

$$\tau_B = \frac{n_B}{R_B} \tag{6.22}$$

式中，n_B 为基区少子浓度；R_B 为基区平均复合率。当器件受到脉冲辐照后，产生的过剩少子的衰减需要经过一个对数变化过程，也就是说光电流的消失过程需要一定延迟时间，这个延迟时间与基区产生的少子数量和少子寿命相关。这也揭示了为什么在阻锁过程中需要有一个持续断电的窗口。

分析比较实验测量的光电流持续时间与电源窗口时间发现，当电源输出低电平窗口时间大于光电流泄放时间时，等效电路没有发生闩锁；当电源输出低电平窗口时间不大于光电流泄放时间时，等效电路在经过电源输出窗口时间后仍然会进入闩锁状态。这说明了光电流在 PNPN 结构中的维持时间其实就是阻锁阈值时间。因为即便是在没有外加电场的情况下，辐射感生的载流子仍会由于分布梯度产生扩散形成扩散电流，当电流流经晶体管基极时就有使晶体管开启的趋势，如果此时给晶体管加电，则由于正反馈的作用电流会不断被放大，最终进入闩锁状态，只有当电流全部耗散掉以后再给电路上电，才能成功避免闩锁。所以，光电流在 PNPN 结构中的维持时间反映的就是阻锁阈值时间。这说明，阻锁成功与否与断电窗口持续时间有直接关系，当断电窗口时间大于阻锁阈值时间时，可以成功阻锁；反之，则不成功。

通过实验可以获得芯片 L7805CV 输出电压的断电窗口时间和 NPN 管基极电压维持时间随剂量率的变化关系，如图 6.12 所示。其中，若横坐标即剂量率采用对数坐标形式，图中离散点可以拟合成两条直线，由此可以得出，电源芯片 L7805CV 断电窗口时间和 NPN 管基极电压维持时间与剂量率成对数关系。从图中可以看出，两条直线斜率不同，相交点剂量率值约为 2×10^7Gy(Si)/s。由于 NPN 管基极电压反映的是晶体管内的电流，所以可以推测辐照过后晶体管内电流维持时间与剂量率成对数关系，数学表达式应该有以下形式。

$$T_a = A\ln\dot{D} + B \tag{6.23}$$

式中，T_a 为阻锁阈值时间；$\dot{D}$ 为瞬时 γ 射线剂量率；A、B 为常数。

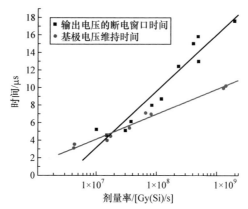

图 6.12　L7805CV 输出电压的断电窗口时间和 NPN 管基极电压维持时间随剂量率的变化关系

6.3.2　阻锁条件

通过前面的分析已经了解到，阻锁成功与否与瞬时断电窗口有直接关系，下面将通过分析寄生光电流来获得这一关系，进而获得阻锁条件，预测阻锁所需的断电窗口时间。

对于体硅 CMOS 电路中的闩锁结构寄生三极管来说，以 NPN 管为例，受到瞬时电离辐照前 B-E 结零偏，C-B 结反偏，晶体管处于截止态。晶体管截止态时少数载流子分布如图 6.13 所示。

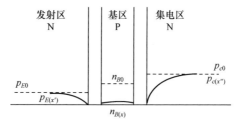

图 6.13　晶体管截止态时少数载流子分布

当高强度的瞬态 X 射线辐照晶体管后，在 B-E 结、C-B 结上都会形成光电流，电流方向都是从 N 区流向 P 区，因此，三极管内形成的光电流方向相反，在基区叠加并减弱。根据 Wirth-Rogers 模型[7]，光电流幅度与 PN 结收集体积成正比，对在闩锁电路里的寄生三极管来说，集电区、基区、发射区的掺杂浓度依次呈 100 倍递减，而耗尽区宽度 $W \propto (N_{a(d)})^{-1/2}$，C-B 结耗尽区宽度比 B-E 结大 10 余倍，并且 C-B 结面积比 B-E 结面积也大几倍甚至十几倍，所以 C-B 结耗尽区光电流收集体积比 B-E 结大将近 100 倍，且 B-E 结耗尽区外的扩散电流收集体积又被有限的基区限制，故在考虑光电流时可以忽略 B-E 结光电流，只考虑 C-B 结光电流。

器件受辐照后，C-B 结产生的光电流从集电区流入基区，在基区偏置电阻上产生压降，只要光电流足够大，偏置电阻上的压降就能达到或超过 B-E 结的正向导通开启电压，若此时集电极有正向电压供电，则晶体管便有进入放大工作模式的趋势，在闪锁电路中，由于有正反馈机制的存在，只要提供正向电源，整个电路便经过正向放大并最终自锁在一个稳定状态，即闪锁状态。这里讨论的是阻锁效应，即在光电流产生后，闪锁电路突然失去电源之后三极管内电流维持情况，所以以下就假定 X 射线结束的时刻为 $t = 0$ 时刻，研究三极管内电流维持情况，进而得出集电极电流维持时间与剂量率的关系。

当辐照结束后，C-B 结产生的快光电流会在基极偏置电阻上产生较大的压降，迫使 B-E 结进入开启导通状态，此时集电区、基区和发射区内少数载流子都存在着一定的梯度分布，所以即便是晶体管内快光电流消失，集电极电流仍会维持一段时间，直到集电区内少数载流子分布梯度消失。图 6.14 为辐照后晶体管内电流及集电区载流子分布，集电极电流流经基区时分为两部分，一部分经基极偏置电阻流出晶体管，另一部分通过 B-E 结流向负极。

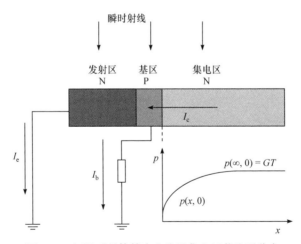

图 6.14 辐照后晶体管内电流及集电区载流子分布

辐照时射线脉冲宽度 T 约为 25ns，相对于集电区少子寿命(约 1μs)为极小量，可以认为在辐照结束时，少子浓度变化不大，所以集电区电中性区少数载流子浓度为

$$p(\infty,0) = GT \tag{6.24}$$

式中，$G = g\dot{D}$，$g = 4\times10^{15}\,\mathrm{cm^{-3}\cdot Gy(Si)^{-1}}$ 为硅材料载流子产生系数，$\dot{D}$ 为 γ 射线剂量率；T 为射线脉冲时间宽度。

图 6.14 中，由基尔霍夫定律，可以得到：

$$I_c = I_b + I_e \tag{6.25}$$

同时，令

$$\Delta p(x,0) = p(x,0) - p(\infty,0) \tag{6.26}$$

则 $\Delta p(x,0)$ 服从以下连续性方程：

$$D_p\frac{\partial^2(\Delta p(x,0))}{\partial x^2} - \frac{\Delta p(x,0)}{\tau_p} = 0 \tag{6.27}$$

式中，D_p 和 τ_p 分别是集电区中的少子扩散系数和少子寿命。式(6.27)的通解为

$$\Delta p(x,0) = M\exp\left(\frac{x}{L_p}\right) + N\exp\left(\frac{-x}{L_p}\right) \tag{6.28}$$

式中，$L_p = \sqrt{D_p\tau_p}$，为集电区少子扩散长度。第一个边界条件是假定集电区很长，那么系数 M 必为零，因为过剩少子浓度为有限值，所以：

$$\Delta p(x,0) = N\exp\left(\frac{-x}{L_p}\right) \tag{6.29}$$

第二个边界条件由 C-B 结处的肖克莱方程确定：

$$J_c = -qD_p\frac{\partial p(0,t)}{\partial x} = -\frac{I_c}{A} \tag{6.30}$$

式中，A 为 C-B 结面积，由此可得

$$p(x,0) = GT - (I_e + I_b)\frac{L_p}{qD_pA}\exp\left(-\frac{x}{L_p}\right) \tag{6.31}$$

集电区中载流子浓度的连续性方程为

$$D_p\frac{\partial^2 p(x,t)}{\partial x^2} - \frac{\partial p(x,t)}{\partial t} - \frac{p(x,t)}{\tau_p} = 0 \tag{6.32}$$

解方程(6.32)需用到拉普拉斯变换，首先对 t 进行拉普拉斯变换：

$$D_p\frac{\partial^2 P(x,s)}{\partial x^2} - \left(s + \frac{1}{\tau_p}\right)P(x,s) + p(x,0) = 0 \tag{6.33}$$

其次由式(6.33)对 x 进行拉普拉斯变换，得到：

$$\bar{P}(z,s) = \frac{D_{\mathrm{p}}zP(0,s) + D_{\mathrm{p}}P'(0,s)}{D_{\mathrm{p}}z^2 - \left(s + \dfrac{1}{\tau_{\mathrm{p}}}\right)} - \frac{\bar{P}(z,0)}{D_{\mathrm{p}}z^2 - \left(s + \dfrac{1}{\tau_{\mathrm{p}}}\right)} \tag{6.34}$$

由式(6.31)，可以得到：

$$\bar{P}(z,0) = \frac{GT}{z} - (I_{\mathrm{e}} + I_{\mathrm{b}})\frac{L_{\mathrm{p}}}{qD_{\mathrm{p}}A}\frac{1}{z + \dfrac{1}{L_{\mathrm{p}}}} \tag{6.35}$$

将式(6.35)代入式(6.34)，并对 z 进行拉普拉斯反变换到 x，得到：

$$
\begin{aligned}
P(x,s) = {} & \left[P(0,s) + \frac{L_{\mathrm{p}}}{qAD_{\mathrm{p}}s}(I_{\mathrm{e}} + I_{\mathrm{b}}) - \frac{GT}{D_{\mathrm{p}}\left(s + \dfrac{1}{\tau_{\mathrm{p}}}\right)} \right] \mathrm{ch}\left(\sqrt{\frac{1}{D_{\mathrm{p}}}\left(s + \frac{1}{\tau_{\mathrm{p}}}\right)}\, x \right) \\
& + \frac{1}{\sqrt{\dfrac{1}{D_{\mathrm{p}}}\left(s + \dfrac{1}{\tau_{\mathrm{p}}}\right)}}\left[P'(0,s) - \frac{1}{qAD_{\mathrm{p}}s}(I_{\mathrm{e}} + I_{\mathrm{b}}) \right] \mathrm{sh}\left(\sqrt{\frac{1}{D_{\mathrm{p}}}\left(s + \frac{1}{\tau_{\mathrm{p}}}\right)}\, x \right) \\
& - \frac{L_{\mathrm{p}}}{qAD_{\mathrm{p}}s}(I_{\mathrm{e}} + I_{\mathrm{b}})\exp\left(-\frac{x}{L_{\mathrm{p}}} \right)
\end{aligned}
\tag{6.36}
$$

在这里，因为当 $x \to \infty$ 时，$p(x,t)$ 仍是有限值，所以式(6.36)中 $\mathrm{ch}\left(\sqrt{\dfrac{1}{D_{\mathrm{p}}}\left(s + \dfrac{1}{\tau_{\mathrm{p}}}\right)}\, x \right)$

和 $\mathrm{sh}\left(\sqrt{\dfrac{1}{D_{\mathrm{p}}}\left(s + \dfrac{1}{\tau_{\mathrm{p}}}\right)}\, x \right)$ 的系数之和应为零。因此可以得到：

$$
\begin{aligned}
P(0,s) = {} & -\frac{L_{\mathrm{p}}}{qAD_{\mathrm{p}}s}(I_{\mathrm{e}} + I_{\mathrm{b}}) + \frac{GT}{D_{\mathrm{p}}\left(s + \dfrac{1}{\tau_{\mathrm{p}}}\right)} \\
& - \frac{1}{\sqrt{\dfrac{1}{D_{\mathrm{p}}}\left(s + \dfrac{1}{\tau_{\mathrm{p}}}\right)}}\left[P'(0,s) - \frac{1}{qAD_{\mathrm{p}}s}(I_{\mathrm{e}} + I_{\mathrm{b}}) \right]
\end{aligned}
\tag{6.37}
$$

由式(6.30)可以得到 $P'(0,s)$ 的值，代入式(6.37)，并对 s 进行拉普拉斯反变换到 t，得到：

$$p(0,t) = \frac{GT}{D_{\mathrm{p}}}\exp\left(-\frac{t}{\tau_{\mathrm{p}}} \right) - \frac{L_{\mathrm{p}}}{qAD_{\mathrm{p}}}(I_{\mathrm{e}} + I_{\mathrm{b}}) \tag{6.38}$$

当集电极电流消失时，有 $p(0,t) = 0$，此时的时间 t 便为 T_{a}：

$$T_a = \tau_p \ln \frac{GTqA}{L_p(I_e + I_b)} \tag{6.39}$$

将 $G = g\dot{D}$ 和 $L_p = \sqrt{D_p \tau_p}$ 代入式(6.39)，并整理，得到：

$$T_a = \tau_p \ln \dot{D} + \tau_p \ln \frac{gTqA}{\sqrt{D_p \tau_p}(I_e + I_b)} \tag{6.40}$$

由式(6.40)可以看出，阻锁阈值时间与瞬时 γ 射线辐射剂量率成对数关系，与集电区少子寿命成正比。注意式(6.40)中隐含着一个假设，即 $I_c = I_e + I_b$ 基本为一个定值，但事实上，I_c 维持一段时间后会呈指数衰减，衰减仍会持续一段时间，所以由式(6.40)计算得到的时间比真实时间要略小。同时，这个规律也表明，要降低阻锁阈值时间，可以采取如下几种措施。

(1) 降低少子寿命。过剩载流子浓度以少子寿命为系数呈指数衰减，所以少子寿命的大小决定了过剩载流子的衰减速度；从式(6.40)也可以看到，阻锁阈值时间与少子寿命成正比，所以降低少子寿命可以有效降低阻锁阈值时间。具体方法：可以通过增大掺杂浓度或掺入深能级复合中心来增大复合率，降低少子寿命，从而有效降低阻锁阈值时间。

(2) 减小结面积。结面积和光电流幅度成正比关系，和光电流持续时间成对数关系，结面积的减小不但可以减小光电流幅度，使电路更难进入闩锁状态，而且可以减小阻锁阈值时间，使电路避免进入闩锁状态变得相对容易。

除此之外，从电路产生闩锁的条件考虑，器件工艺上的其他措施，如降低基极偏置电阻阻值、减小寄生晶体管放大倍数等，都有减弱电路进入闩锁状态的趋势。

6.3.3　电注入法验证及阻锁应用

1. 电注入法实验验证

在 6.3.2 小节中推导出了阻锁阈值时间与剂量率的关系，可以用电注入法实验进行进一步验证和理解。采用电注入法实验来模拟瞬时电离辐射实验，首先需要知道电注入与瞬时电离辐射作用机理的相似性。前文已经对瞬时电离辐射阻锁效应进行了详尽的解释，器件的闩锁是瞬时辐照射线在寄生晶体管中产生光电流并经过 PNPN 结构放大的结果，而阻锁效应就是在光电流消失前采用供电中断的方法避免闩锁的发生。电注入法实验是在 PNPN 结构中将电流源产生的脉冲电流注入晶体管节点，来模拟瞬时实验产生的光电流。由于光电流流经晶体管会使晶体管基极少数载流子形成一定的分布，当注入光电流消失后，基极中电流因为少子分布梯度的存在不会马上消失，而是会一直持续到少子分布梯度消失，这和瞬时射线辐照后晶体管内光电流的持续情况十分相似。

　　为了使电注入法实验与瞬时电离辐射实验更为接近,要求注入的瞬时电流与辐射光电流尽量地相似。光电流波形具有脉宽小、指数形状等特点,只有通过特殊设计才能获得。这里采用三极管来产生瞬时电流,三极管发射极电流遵循式(6.41):

$$I_e \approx I_c = I_s \exp\left(\frac{qV_{be}}{kT} - 1\right) \tag{6.41}$$

式中,I_e 为晶体管发射极电流;I_c 为晶体管集电极电流;I_s 为晶体管饱和电流;V_{be} 为晶体管基极扫描电压。晶体管可以采用 2N2222A 型三极管,基极扫描电压采用信号发生器编辑一个分段线性电压信号。

　　在寄生的 PNPN 结构等效电路中,最佳的注入节点是寄生 NPN 管的基极和寄生 PNP 管的基极。以 NPN 管为例,因为辐射感生的光电流从集电极流入基极,在基极偏置电阻上产生压降,从而导致晶体管开启。电注入法选择在基极注入电流,电流流入基区也产生压降迫使晶体管开启,且造成的晶体管基区少子分布与辐照法相似,所以根据两种不同方法的作用机理,选择 NPN 管的基极作为注入节点是较为合适的。同理,PNP 管的光电流流向是从基极流入集电极,所以选择基极作为注入节点,与 NPN 管相比只是造成基区一定分布的少子类型不同而已。

　　电源输出窗口是研究阻锁效应时必不可少的一个参数,要求在光电流输出的同时,电源输出一个零电平窗口,窗口宽度可调,待零电平持续一段时间后能返回初始电压。采用快速双极晶体管作为短路器来产生零电平窗口。具体方法是,晶体管与 PNPN 结构等效电路并联接在电源端与地之间,用正脉冲信号作为控制源加在晶体管基极,当正脉冲信号到来时,晶体管开启,形成低阻通道,使 PNPN 结构等效电路电源供给被切断;当正脉冲信号过后,晶体管重新回到截止状态,PNPN 结构等效电路重新上电。这样就可以通过调节正脉冲信号的脉宽来研究阻锁效应。

　　通过上面的分析,可以设计实验电路,电注入法实验电路如图 6.15 所示。

　　实验电路可以分成三部分,第一部分为电源输出零电平窗口模块,第二部分为 PNPN 结构等效电路,第三部分为注入电流产生部分。将分段线性源和脉冲信号源调至单次触发模式,由同一台触发器触发并同时输出信号,分段线性源输出的分段线性电压信号施加至模拟光电流产生电路,产生模拟光电流信号。模拟光电流分别注入 PNPN 结构等效电路的寄生 PNP 管和 NPN 管的基极,迫使晶体管开启,并驱使等效电路有进入闩锁状态的趋势,此时脉冲信号源同时输出一个正脉冲信号到电源零电平输出窗口电路,开关管在正脉冲到来时开启,使 PNPN 结构电路电源供给中断。此时,PNPN 结构等效电路闩锁与否,与模拟光电流的幅度和零电平窗口宽度有关,当零电平窗口足够大,电路形成阻锁,否则电路闩锁。

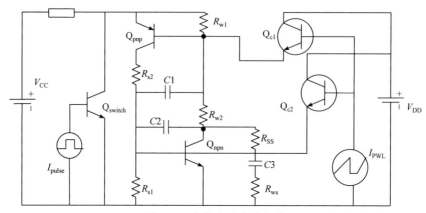

图 6.15　电注入法实验电路

示波器记录电源输出窗口波形和寄生 NPN 管基极电压，前文介绍了 NPN 管基极电压维持时间等于光电流在 PNPN 结构中的维持时间，也等于阻锁阈值时间，而模拟光电流的幅度与辐照射线剂量率成正比，所以可以通过观察 NPN 管基极电压维持时间和光电流幅度的关系来等效阻锁阈值时间与剂量率的关系。

等效剂量率是利用瞬时光电流估算公式 $J_{app} = qg_0 V \dot{D}$ 得到，其中 J_{app} 为瞬时光电流，q 为电子电量，g_0 为硅材料载流子产生系数，V 为 NPN 管 C-B 结体积，$\dot{D}$ 为剂量率。假设 NPN 管 C-B 结面积为 $1mm^2$，耗尽区宽度为 $1\mu m$，则可以估算出当剂量率为 $3.0 \times 10^6 Gy(Si)/s$ 时，光电流约为 20mA。根据光电流模型，在器件结构一定的情况下，光电流幅度与剂量率成正比关系，所以通过推算可以得到每个光电流值对应的等效剂量率。

采用电注入法获得的阻锁窗口时间和剂量率的关系如图 6.16 所示，可以看到，阻锁窗口时间与剂量率成对数关系，其中拟合曲线的斜率与器件寄生晶体管基区少子寿命相关。

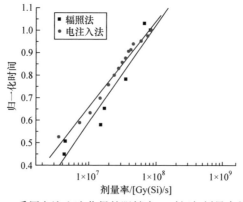

图 6.16　采用电注入法获得的阻锁窗口时间与剂量率的关系

2. 阻锁应用

利用阻锁窗口时间与剂量率的对数关系可以预测阻锁阈值时间，采取必要措施阻止闪锁效应的发生。下面就用例子来加以说明。

在某实验中，采用 IDT6116 型静态随机存储器和电源芯片 L7805CV 组成阻锁验证电路，如图 6.17 所示。

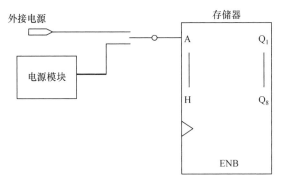

图 6.17　阻锁验证电路

存储器电源端连接的开关可以切换到两个通道，一个是外接恒压+5V，另一个是三端稳压电源芯片 L7805CV。双模式供电的目的与 PNPN 等效电路一样，也是当用恒压源供电时通过实验得到 SRAM 的闪锁阈值；当用 L7805CV 供电时，得到不同剂量率、不同电源输出窗口下 SRAM 芯片的闪锁状态。当开关切换到外接恒压+5V 时，SRAM 芯片经过瞬态射线辐照，在特定的剂量率下会发生闪锁，电源电流从几毫安跳变到几百毫安，并且可以稳定维持，直到切断电源。经过多次实验发现，存储器芯片发生闪锁的最小剂量率约为 $1.0 \times 10^7 \mathrm{Gy(Si)/s}$。当开关切换到三端稳压芯片 L7805CV 输出端时，SRAM 芯片由 L7805CV 供电，在遭受瞬时辐照时，L7805CV 芯片中的晶体管会产生瞬时光电流，电路结构对瞬时光电流的响应是输出一个维持数微秒的低电平窗口。L7805CV 芯片和 SRAM 芯片分别位于两块不同辐照电路板上，目的是可以通过调节距辐射源的距离来调节接受的射线剂量率，进而可以调节 L7805CV 的输出窗口时间，因为电源的输出窗口时间随射线剂量率的大小而变化。经过近 20 次的辐照实验，得到的 L7805CV 和 SRAM 联合辐照实验数据如表 6.2 所示。

表 6.2　L7805CV 和 SRAM 联合辐照实验数据

实验序号	SRAM 接受的 剂量率/[Gy(Si)/s]	供电方式	L7805CV 输出窗口 时间/μs	闪锁与否
1	4.3×10^6	L7805CV	9.9	否
		恒压+5V	—	否

续表

实验序号	SRAM 接受的 剂量率/[Gy(Si)/s]	供电方式	L7805CV 输出窗口 时间/μs	闩锁与否
2	$4.4×10^6$	L7805CV	5.3	否
		恒压+5V	—	否
3	$1.0×10^7$	L7805CV	5.5	是
		恒压+5V	—	是
4	$1.7×10^7$	L7805CV	6.3	否
		恒压+5V	—	是
5	$3.1×10^7$	L7805CV	5.2	是
		恒压+5V	—	是
6	$3.5×10^7$	L7805CV	6.0	否
		恒压+5V	—	是
7	$4.5×10^7$	L7805CV	6.8	否
		恒压+5V	—	是
8	$5.1×10^7$	L7805CV	7.5 3.1	否 是
9	$6.5×10^7$	L7805CV	8.3	否
10	$6.6×10^7$	L7805CV	8.7	否
11	$8.2×10^7$	L7805CV	8.7	否
12	$9.7×10^7$	L7805CV	6.7	是
13	$1.9×10^8$	L7805CV	7.0	是
14	$1.3×10^9$	L7805CV	18.1	否
15	$2.3×10^9$	L7805CV	19.8	否
16	$2.5×10^9$	L7805CV	19.5	否

　　实验中的体硅 CMOS 集成电路芯片 SRAM IDT6116 属较早生产工艺产品,特征尺寸约为 1μm。外延掺杂浓度较低,约为 $10^{14}cm^{-3}$ 或更低,外延层也比较薄,通常为几微米。对于特征尺寸较大的器件,工作电压一般较高(+5V),所以一般阱区掺杂浓度相对较高,在 $10^{17}cm^{-3}$ 量级,阱深一般不会太深,不同器件从几百纳米到一微米不等。MOS 管源、漏区为了提高电子(空穴)发射系数和减小欧姆接触电阻,一般掺杂浓度都很高,约 $10^{19}cm^{-3}$ 或更高。通过上述对 CMOS 集成电路芯片工艺参数的分析,大致可以得到寄生 PNPN 结构中晶体管的参数。这里仍以

NPN 管为例，概括介绍寄生晶体管参数的获取。C-B 结面积约为 $4\times10^{-12}m^2$，外延区少子寿命为 $1\times10^{-6}s$，扩散系数为 $12.4cm^2/s$，B-E 结内建电势为 $0.65V$，可计算出 $I_e \approx 1.0\times10^{-6}A$，$I_b \approx 4.0\times10^{-6}A$，将上述参数代入式(6.40)，可以得到：

$$T_a = \ln\dot{D} - 15.1(\mu s) \tag{6.42}$$

将表 6.2 中的实验数据和式(6.42)进行作图比较，L7805CV 供电时不同剂量率下 SRAM 闩锁情况如图 6.18 所示。图中的 ★ 号和 × 号表示 SRAM 芯片用 L7805CV 供电时，在对应的剂量率和 L7805CV 输出窗口时间下的闩锁状态，★ 号表示 SRAM 闩锁，× 号表示 SRAM 未闩锁。从图中可以看到，电源输出窗口时间在理论曲线以上的基本未发生闩锁，窗口时间在理论曲线以下的均发生闩锁。理论曲线刚好位于闩锁和未闩锁状态的分界线上，说明 SRAM 的阻锁阈值时间基本在理论曲线附近。

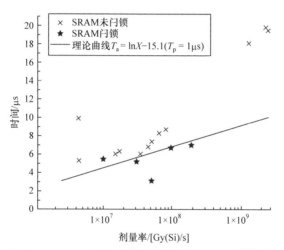

图 6.18　L7805CV 供电时不同剂量率下 SRAM 闩锁情况

6.3.4　断电窗口的获得

前面已经讨论了阻锁效应的概念和条件，其中获得一个足够的断电窗口是关键。本小节将着重介绍两种获得断电窗口的方法及产生机制，一种是采用辐射敏感电子开关方式，另一种是采用特定电源芯片的方式。

1. 辐射敏感电子开关方式

瞬时电离辐射敏感电子开关是用于电源模块和核心器件及系统之间的控制隔离器件，其性能满足以下几点基本要求：①开关本身抗瞬时电离辐射，即受电离辐照后不发生闩锁，且性能保持不变；②抗干扰能力强，即不能在电磁干扰下出现误触发；③灵敏度高，即在较低剂量率下($10^6Gy(Si)/s$)就可以触发电子开关；

④驱动能力强，即开关可承受大电流且内阻要小。基于以上要求，开关电路须包括三个基本单元：探测单元、延时单元和驱动单元。

图6.19是典型辐射敏感电子开关原理图，其中探测单元由探测器和电阻组成；延时单元利用 RC 延时原理进行关断时间的控制，其中 R、C 为串联结构，其值由设计者根据开关的关断时间定义，如开关关断时间设计值为 T，N_1 的低电平识别电压为 V_t，则 RC 根据公式 $V_t = V_0 \cdot \exp(-T/RC)$ 可以确定。需要注意的是，虽然 C、R 的值可以有多种搭配，但为了减小其他器件对电容的影响，电容值不宜过小。缓冲单元为或门结构，其作用有两个：首先是为了避免电容直接驱动功率 MOS 管而造成驱动不足；其次是或门输出作为延时单元的输入，电路状态可以被锁定，从而输出固定的电压关断窗口。驱动单元的下拉 N 管和上拉 P 管为有大电流驱动能力的功率 MOS 管。需要注意的是，电路中的芯片设计或制造过程中需要避免产生 PNPN 寄生通道，以防止自身发生闩锁效应。

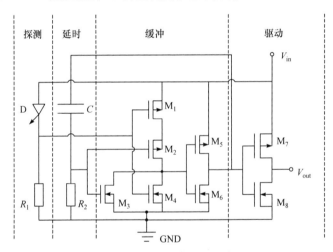

图 6.19 典型辐射敏感电子开关原理图

瞬时电离辐射敏感电子开关的工作过程如下：无瞬时辐射时，缓冲单元中或门的两个输入都为低电平，则输出宜为低电平，驱动单元的 M_7 导通，M_8 截止，电压由 V_{in} 经 M_7 输出至 V_{out}。当开关受瞬时电离辐照时，探测器产生光电流并输出脉冲电压至或门输入端，则或门输出由低电平变为高电平，此时电容 C 被充电，下极板感应变为高电平，并输入至或门的另一个输入端，使或门的高电平输出得以维持，驱动单元的 M_7 截止，M_8 导通，开关处于关断状态。电容由于通过 R_2 缓慢充电，下极板电压指数下降，当小于 M_3 管的阈值电压时，或门输出由高电平变为低电平，驱动单元恢复电压输出。辐射敏感电子开关典型输出如图 6.20 所示。

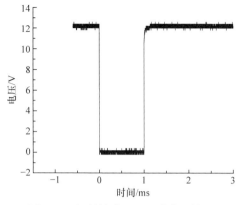

图 6.20　辐射敏感电子开关典型输出

经过以上分析可知，通过调整延时单元中电容或电阻值可以调整电压关断窗口时间，也就是断电窗口时间。辐射敏感电子开关不需要手动输入信号，其自身可以探测瞬时辐射以产生输入信号，于是电压关断时刻几乎和器件受到瞬时辐照同步，这样可以很好地阻止闩锁的发生，最大程度地保护核心电路。

2. 特定电源芯片方式

通过研究发现，含有三管能隙基准源的电源芯片受到瞬时辐照后可以产生断电窗口[8]。三管能隙基准源作为电源芯片的电压基准，决定电源芯片的输出电压，由于其电路结构中含有直接共地的三极管，因此其输出电压受瞬时辐射影响向下跳变，双极三管能隙基准源如图 6.21 所示。

正如前面所讨论过的，当器件受到瞬时辐照后，三极管内 PN 结处都会产生光电流，这些光电流由辐射产生的电子或空穴在电场扫描下形成，称为初始光电流；初始光电流经晶体管放大形成次级光电流，由于集成晶体管增益设计得都较大，所以次级光电流比初始光电流大约 2 个数量级。三极管 C-B 结产生的初始光电流会在基极偏置电阻上产生较大的压降，迫使 B-E 结进入导通状态，此时，集电区、基区和发射区内少数载流子都存在着一定的梯度分布，所以即便是晶体管内初始光电流消失，集电极电流仍会维持一

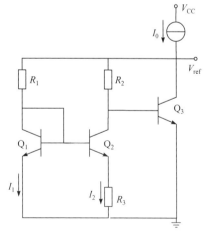

图 6.21　双极三管能隙基准源

段时间，直到集电区、基区内少数载流子分布梯度消失。集成电路中的三极管，由于其光电流收集体积的不同，形成的初始光电流幅度也不同，一般在剂量率为

10^9Gy(Si)/s 时，光电流为几微安至几十微安，而次级光电流在几百微安至几十毫安，剂量率更大时可达到几百毫安。因此，在图 6.21 所示的三管能隙基准源中，当 Q_3 管受到辐照后会进入强导通状态，导致输出电压被拉低，且最低可以达到零电平。

含有三管能隙基准源的电源芯片在受到瞬时辐照时，输出电压会跟随基准源电压出现掉电现象，下面就以 L7805CV 为例进行讨论，分析其断电窗口的产生原理。

L7805CV 内部电路如图 6.22 所示，其中 Q_1、Q_2、Q_3、Q_4、Q_5、Q_6、R_1、R_2、R_3、R_{10}、R_{14} 组成了基准源电路，此基准源电路是在三管能隙基准源的输出基准电压上叠加 V_{be} 和增加电阻比值实现的，其输出电压接近 5V。分析此电路不难发现，晶体管 Q_4 在受到瞬时辐照时，产生的光电流可以使其工作在强导通状态，使调整管 Q_{16} 的基极电压拉低至低电平，将 Q_8、Q_9 组成的电流源中的电流抽取并泄放至地端，造成基准源电路中的部分三极管缺少偏置电流而无法工作，导致基准源输出电压降低至零电平附近。通过分析还可以看出，晶体管 Q_{14}、Q_{11} 与 Q_4 具有类似的功能，因此只有当晶体管 Q_4、Q_{11} 和 Q_{14} 受辐照后恢复至正常工作状态后，并且电路内部节点都恢复正常工作点后，基准源电压才能恢复，输出电压也继而恢复。

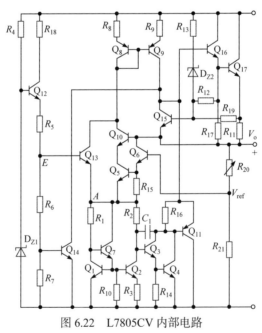

图 6.22　L7805CV 内部电路

通过前面分析可知，晶体管光电流持续时间与剂量率成对数关系，这种对数关系在电源芯片的断电窗口时间下依然成立。图 6.23 为 L7805CV 断电窗口时间与剂量率关系。

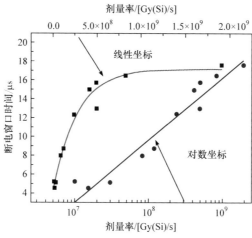

图 6.23　L7805CV 断电窗口时间与剂量率关系

　　通过特定电源芯片获得的断电窗口与辐射敏感电子开关类似，均为瞬时辐射导致的电源供给暂时中断，几乎与瞬时辐射同步，导致闩锁条件难以形成，进而达到保护核心电路的目的。

6.4　小　　结

　　本章主要介绍了体硅 CMOS 电路在瞬时电离辐射环境中的两种现象：闩锁效应和阻锁效应。闩锁效应是体硅 CMOS 电路中寄生 PNPN 结构导通产生的破坏性效应，本章阐述了其产生机理，并推论获得形成闩锁的微分判据条件和动态判据条件，通过对判据参数的测量可以预测触发闩锁的光电流阈值。

　　阻锁效应是快速阻止闩锁发生的有效手段，它通过探测辐射并产生一个瞬时的断电窗口来破坏闩锁形成条件，进而阻止闩锁的发生。断电窗口时间与剂量率和器件参数相关。通过对晶体管内部少子浓度分布进行分析，可以知道所需最小断电窗口时间与剂量率成对数关系，即随着剂量率的升高，最小断电窗口时间也相应呈对数增加。断电窗口可以通过在电源线上设置辐射敏感电子开关获取，也可以采用特定的电源芯片获得，两种方式均可以通过获取的解析关系来预测最小断电窗口时间，以对电子开关或电源芯片进行针对性设计，确保核心电路在恶劣瞬时辐射环境中不发生闩锁。

参 考 文 献

[1] DENNEHYW J, HOLMES-SIEDLE A G. Transient radiation response of complementary-symmetry MOS integrated

circuits[J]. IEEE Transactions on Nuclear Science, 1969, 16(6): 114-119.

[2] LI R B, HE C H, CHEN W, et al. Impact of TID on latch up induced by pulsed irradiation in CMOS circuits[J]. Nuclear Instruments and Methods in Physics Research B, 2019(440): 95-100.

[3] LI R B, HE C H, CHEN W, et al. Contrast of latch-up induced by pulsed gamma rays in CMOS circuits after neutron irradiation and TID accumulation[J]. Microelectronics Reliability, 2019(98): 42-48.

[4] KIM T H, LEE H C, WOO D H. P-MOSFET latch-based monolithic signal-processing circuit for nuclear event detector[J]. Nuclear Instruments and Methods in Physics Research A, 2018(904): 93-99.

[5] FJELDLY T A, DENG Y Q, SHUR M S, et al. Modeling of high-dose-rate transient ionizing radiation effects in bipolar devices[J]. IEEE Transactions on Nuclear Science, 2001, 48(5): 1721-1730.

[6] HU C C. Modern Semiconductor Devices for Integrated Circuits[M]. New Jersey: Pearson, 2010.

[7] WIRTH J L, ROGERS S C. The transient response of transistors and diodes to ionizing radiation[J]. IEEE Transactions on Nuclear Science, 1964, 11(6): 24-38.

[8] 李瑞宾, 林东生, 陈伟, 等. 典型双极能隙基准源的瞬时电离辐射效应分析[J]. 微电子学, 2014, 44(5): 701-704.

第7章　瞬时电离辐射效应试验技术

7.1　引　　言

研究瞬时电离辐射效应机理、获取电子器件及电路抗辐射性能、检验加固措施有效性等最方便直接的方法是开展辐照试验。目前辐照试验只能在实验室开展，利用实验室辐射模拟装置，开展效应模拟试验。辐射效应试验技术包括辐射环境模拟技术、辐射环境测试技术、辐射效应测量系统、辐射效应测量方法、辐射性能评估技术和辐射效应试验标准规范等。

本章主要介绍瞬时电离辐射效应试验模拟源、脉冲 X 射线辐射场测量技术、瞬时电离辐射效应测量系统及测量方法、瞬时电离辐射效应脉冲激光辐照试验技术、瞬时电离辐射效应试验标准及规范等。

7.2　瞬时电离辐射效应试验模拟源

瞬时电离辐射效应试验模拟源包括线性加速器(linear accelerator，LINAC)和闪光 X 射线机(flash X-ray simulator，FXR)，可以提供不同脉冲宽度、不同剂量率的辐射环境，模拟核爆炸瞬时 γ 射线环境。利用 LINAC 和 FXR 可进行各种半导体器件、电路及系统的瞬时电离辐射效应试验，研究效应规律及机理，对抗瞬时辐射性能进行试验鉴定。

试验时，根据需要的数据类型、待测物件的体积及试验样本量来选择瞬时电离辐射效应试验模拟源。通常单台 LINAC 就可以提供不同脉冲宽度的辐射环境，而 FXR 一般只能提供单一脉冲宽度辐射环境，LINAC 的脉冲宽度一般大于 FXR 的脉冲宽度。如果需要获取平衡光电流数据进行电路分析，模拟源的辐射脉冲宽度必须为器件少数载流子寿命的几倍，这种情况下就需要利用 LINAC 开展辐照试验。

如果 LINAC 和 FXR 都可提供需要的脉冲宽度，就需要考虑样品的尺寸。LINAC 的辐照空间一般较小，只能用于器件级及小电路级试验。小规模 FXR 模拟源的辐照空间有限，一般用于器件级及电路级试验；当开展大的功能部件的剂量率试验时，需要采用大规模的 FXR 模拟源。

FXR 可工作于光子模式和电子模式。在电子模式下 FXR 产生的辐射环境剂量率比在光子模式下高很多，一台小规模的 FXR 在电子模式下的剂量率可与一台中等规模，甚至大规模 FXR 在光子模式下的剂量率相比拟。小规模 FXR 在电子模式下的辐照试验费用低，并且试验效率比大规模 FXR 高。在电子模式下开展试验有一些事项需要注意，电子模式下会产生强的电磁场，在测量中引入干扰，也会在电缆中引入干扰，所以必须采取一些措施，保证试验数据的可信度。

7.2.1　我国模拟源介绍

1. "强光一号"加速器

"强光一号"加速器是一台组合式多功能高功率脉冲电子束加速器，通过调整加速器脉冲功率源的结构和类型及相应的电子束二极管的工作方式，可以产生不同脉冲宽度、不同辐射剂量和不同作用面积的韧致辐射，用于进行瞬时电离辐射效应模拟试验。

瞬时电离辐射效应试验在"强光一号"长 γ 射线脉冲状态和短 γ 射线脉冲状态下进行，表 7.1 为"强光一号"长 γ 射线脉冲和短 γ 射线脉冲状态下的辐射环境参数。

表 7.1　"强光一号"长 γ 射线脉冲和短 γ 射线脉冲状态下的辐射环境参数

状态	辐射场参数	数值
短 γ 射线脉冲状态	剂量率及对应的光斑	剂量率为 1.0×10^9Gy(Si)/s，对应的光斑直径为 100mm
	γ 射线脉冲有效宽度	25ns ± 5ns
	平均光子能量	0.7～0.9MeV
长 γ 射线脉冲状态	靶面峰值剂量	200Gy(Si)
	γ 射线脉冲有效宽度	约 150ns

2. "晨光号"加速器

"晨光号"加速器可产生强流脉冲电子束、高能 X 射线等。加速器可分别连接油介质和水介质传输线，驱动不同的负载，得到两种输出辐射参数。"晨光号"加速器主要用于开展脉冲功率技术试验研究、辐射测量系统标定和瞬时电离辐射效应研究。瞬时电离辐射效应试验在"晨光号"加速器油介质下进行。表 7.2 为"晨光号"加速器辐射环境参数。

表 7.2　"晨光号"加速器辐射环境参数

辐射场参数	数值
靶面剂量率	2×10^7Gy(Si)/s
距靶面 1m 处剂量率	2.4×10^6Gy(Si)/s
γ 射线脉冲有效宽度	25ns ± 5ns
平均光子能量	约 0.3MeV
光斑直径	50mm

7.2.2　美国模拟源介绍

1. 高能辐射兆伏电子源

高能辐射兆伏电子源Ⅲ(high energy radiation megavolt electron source Ⅲ, HERMES Ⅲ)位于美国白沙导弹靶场, 是世界上最大的 γ 射线模拟器, 它提供相对大面积的近核爆环境的高保真模拟。HERMES Ⅲ产生能量接近 20MeV 的强电子束, 电子束打靶, 产生强 X 射线。HERMES Ⅲ可以在不破坏真空的情况下进行多次打靶。

HERMES Ⅲ具有室内和室外辐照室, 可开展从电子器件到电子设备, 乃至完整军用系统辐照试验。HERMES Ⅲ加速器集成了先进的性能测量及评估系统, 在每发次试验时可获取并保存加速器的五百多个电压、电流及时间信号; 还集成有计算机控制及监视系统, 用于监测加速器的状态, 最大程度地降低操作员出错导致加速器损坏的可能性。HERMES Ⅲ拥有大型数据采集系统, 系统由近百个数字化通道组成, 采集系统可溯源至美国国家标准与技术研究院, 保证了测试数据的准确性。HERMES Ⅲ相关参数及可开展的试验类别见表 7.3。

表 7.3　HERMES Ⅲ相关参数及可开展的试验类别

辐射场参数及可开展的试验类别	数值
脉冲宽度	20~30ns
剂量率及光斑	剂量率为$(5 \pm 0.5)\times10^{10}$Gy(Si)/s 的光斑面积为 1000cm^2 剂量率为 1×10^8Gy(Si)/s 的光斑直径大于 1.5m
试验类别	(1) 剂量率效应和系统电磁脉冲效应 (2) 武器系统级辐照试验

2. 白沙导弹靶场的相对论电子加速器

白沙导弹靶场的相对论电子加速器(white sands missile ranges relativistic

electron beam accelerator，WSMR REBA)位于美国白沙导弹靶场，是一台高能脉冲电子束加速器或韧致辐射 X 射线发生器，可产生短脉冲电子束，开展材料辐射效应试验。WSMR REBA 还可以产生脉冲 X 射线环境，开展瞬时电离辐射效应试验。WSMR REBA 相关参数及可开展的试验类别见表 7.4。

表 7.4　WSMR REBA 相关参数及可开展的试验类别

辐射场参数及可开展的试验类别	数值
脉冲宽度	50ns ± 10ns
剂量率及光斑	2×10^9Gy(Si)/s 的光斑直径为 0.3m
试验类别	(1) 剂量率效应 (2) 子系统/小系统级试验

3. 白沙导弹靶场的线性电子加速器

白沙导弹靶场的线性电子加速器(white sands missile ranges linear electron accelerator，WSMR LINAC)位于美国白沙导弹靶场，可产生高强度、短脉冲的高能电子辐射环境，用于开展器件级、部件级和组件级 γ 射线瞬时电离辐射效应试验。WSMR LINAC 相关参数及可开展的试验类别见表 7.5。

表 7.5　WSMR LINAC 相关参数及可开展的试验类别

辐射场参数及可开展的试验类别	数值
最高电子能量	25MeV
脉冲宽度	短脉冲：7～200ns 长脉冲：200ns～10μs
脉冲 γ 射线波形上升时间	≤2ns(短脉冲)
剂量率	1×10^3～2.5×10^{10}Gy(Si)/s(与脉冲宽度有关)
重频率	单脉冲约重频 50 脉冲/秒
重复率	≤1.5%
试验类别	(1) 剂量率效应 (2) 开展小部件的窄脉冲、高剂量率辐照试验及宽脉冲γ辐照试验

4. 物理国际

物理国际-538(physics international-538，PI-538)位于美国白沙导弹靶场，是一台 γ 射线辐射模拟器，开展 γ 射线瞬时电离辐射效应试验。PI-538 相关参数及可开展的试验类别见表 7.6。

表 7.6　PI-538 相关参数及可开展的试验类别

辐射场参数及可开展的试验类别	数值
剂量率	距靶面 50cm 处，剂量率为 1×10^8Gy(Si)/s
脉冲总剂量	距靶面 50cm 处，总剂量为 12Gy(Si)
脉冲宽度	约 85ns
上升时间	约 20ns
重频率	4 个脉冲/小时
辐照间尺寸	10m×4m×4m
试验类别	(1) 剂量率效应 (2) γ 射线、中子协和效应试验

7.3　脉冲 X 射线辐射场测量技术

瞬时电离辐射效应与吸收剂量率(可简称剂量率)、吸收总剂量(可简称总剂量)、脉冲有效宽度等参数有关。剂量率与总剂量、脉冲有效宽度的关系如下：

$$\dot{D} = D / t_{\text{eff}} \tag{7.1}$$

式中，t_{eff} 为脉冲有效宽度，单位 s；$\dot{D}$ 为剂量率，单位 Gy(Si)/s；D 为总剂量，单位 Gy(Si)。

在瞬时电离辐射效应试验中，效应测试的同时进行脉冲 X 射线时间谱和器件吸收总剂量的测量，从脉冲 X 射线时间谱中提取脉冲有效宽度，利用式(7.1)计算器件的吸收剂量率。

7.3.1　时间谱测量技术

1. 时间谱测量系统

脉冲 X 射线时间谱为 X 射线强度随时间的变化关系曲线。依据我国军用标准 GJB 7350—2011《军用电子器件脉冲γ射线效应试验方法》中的规定，瞬时电离辐射效应试验所需的脉冲 X 射线时间谱测量系统需满足以下两个条件：

(1) 测量系统的响应时间应小于待测辐射脉冲上升沿的 1/3；

(2) 探测器的剂量率响应的线性度偏差小于 10%。

PIN 探测器、闪烁探测器、康普顿二极管等都可用于脉冲 X 射线时间谱测量。

1) PIN 探测器

PIN 探测器可以看成一个固体电离室。给 PN 结加反向偏置，产生一个耗尽区，即 PIN 的本征区。瞬时电离辐射作用于 PIN 探测器，在本征区沉积能量，产生电子空穴对，在反向电压作用下，产生一个反向电流，此电流与射线沉积能量成正比，若不考虑探测器的时间响应，则可认为 PIN 光电流形状与脉冲 X 射线的时间谱一致。

PIN 探测器一般包括 PIN 二极管探头、电子学系统、信号传输系统和信号记录系统，典型 PIN 探测器系统如图 7.1 所示。PIN 二极管探头包含电源电容，电容靠近二极管，以便在辐照瞬间维持二极管的反偏电压；有时需要两个电容，一个大容值的电容在辐照时为 PIN 提供电荷，一个小容值的低电感电容对 PIN 二极管电压瞬时变化做快速响应。因为 PIN 二极管探头的大部分元器件处于辐射场中，除 PIN 外其他元器件的辐射响应也包含在整个系统的响应之中，在使用之前应测量系统噪声。噪声测量方法：撤掉 PIN 二极管探头，其他元器件不变，辐照时系统加电，测量到的信号即为噪声。只有当 PIN 探测器的噪声小于响应信号的 10% 时，才可用于瞬时电离辐射效应试验中的脉冲 X 射线时间谱测量。

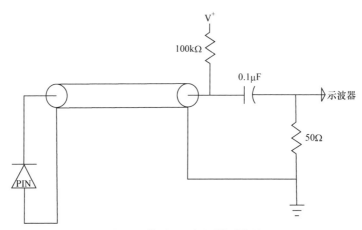

图 7.1 典型 PIN 探测器系统[1]

PIN 二极管辐射感生光电流大小与 PIN 本征区大小有关，而 PIN 本征区的大小与 PIN 二极管结构有关，与反向偏压的关系不大，所以 PIN 探测器的输出受反向偏压的影响不大。这点是 PIN 探测器用于脉冲 X 射线时间谱测量的优势所在，因为在辐照瞬间，反向偏压一般有下降的趋势。PIN 二极管材料中电子和空穴的迁移率一般很高，使 PIN 探头的时间响应不会成为探测器时间响应的主要影响因素。

PIN 探测器具有小尺寸、小成本、高灵敏度、结构简单等优点，放置在辐射场离靶面较远的地方即可产生较大的响应信号，适合在电磁干扰较强的脉冲 X 射线辐射场中使用。其最大的问题就是当剂量率较高时容易饱和，所以在进行辐照时需要把探测器放置在合适的位置，以防止探测器出现饱和。但这又会带来另一个问题，即 PIN 探测器处的 γ 射线能谱与效应物处的 γ 射线能谱有可能存在差异，在时间谱的测量中引入一定的不确定度，可采取措施，尽量保证 PIN 探测器处和效应物处的 γ 射线能谱一致，以降低测量不确定度。

PIN 二极管的包裹材料不能影响其辐射响应，并且要保证 PIN 二极管在辐照时处于电子平衡状态。

2) 闪烁探测器

闪烁探测器一般包括探头、高压源、信号传输系统和信号记录系统[1]。探头包括闪烁体、光电探测器和电子学线路。闪烁体吸收瞬时电离辐射，产生次级电子，次级电子使闪烁体分子电离和激发，在退激时发出光子，光强与吸收剂量率成比例。光脉冲耦合至光电探测器，被光电探测器转换为电流信号，电流信号经电子学线路转换为一个电压信号，通过线缆传输至记录系统。有多种闪烁材料可用于探测器。在进行脉冲 X 射线时间谱测量时，主要考虑闪烁体的时间响应、闪烁体发光光谱与后续光电探测器的光谱匹配等问题。通常选择耐辐照、辐射响应快的塑料闪烁体。光电探测器一般选光电管或光电倍增管。

典型闪烁探测器结构见图 7.2。闪烁体、光电管和电子学线路被置于不透光的外壳内，外壳上有信号和高压的连接头；探头内还有一个低电感的偏压网络，用以存储电荷，在脉冲辐照期间为二极管电流提供足够的电荷。辐照试验时，置于屏蔽间的高压源和信号记录仪器(如示波器)通过同轴电缆分别为探测器供电和记录探测器的输出信号。

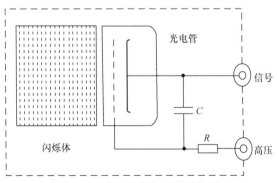

图 7.2　典型闪烁探测器结构[1]

在选择闪烁体及光电管时，应考虑波长匹配、探测器时间响应及能量响应等问题。闪烁体受辐射激发后所发射的光并不是单色的，而是一个连续光谱，但总有一到两个波长的光发射概率最大，称之为"最强发射波长"。光电管对不同波长的光响应也不同，存在光谱响应范围。在选择闪烁体及光电管时，确保闪烁体的最强发射波长与光电管光谱响应范围的中心响应波长匹配，提高探测效率。例如，可选择塑料闪烁体 ST401 和光电管 GD40 的组合，构成闪烁探测器探头。ST401 的最强发射波长为 423nm，GD40 的光谱响应波长范围为 300～650nm，中心响应波长约 440nm，与 ST401 的最强发射波长 423nm 匹配较好。

在进行脉冲 X 射线测量时，一定要选择发光衰减时间短的闪烁体。闪烁探测器的时间响应受闪烁体的发光衰减时间常数和光电管的时间响应影响。在阻抗 50Ω、偏压 5kV 下，典型光电管的响应时间大约为 0.3ns，所以闪烁探测器的时间响应主要取决于闪烁体。大多数普通快响应塑料闪烁体的发光衰减时间常数为 2ns。闪烁探测器的时间响应可进行标定，基于标定结果对提取的脉冲有效宽度进行修正，或把标定结果计入测量不确定度中。

闪烁体对不同能量光子的响应不同。图 7.3 为 ST401 的能量响应曲线[2]，ST401 对低于 300keV 光子的响应较低。对于 FXR 的脉冲 X 射线，不同时刻的光子能谱稍有不同，而闪烁体的能谱响应可能会导致获取的脉冲波形畸变，给脉冲宽度的测量引入不确定度。

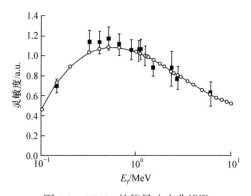

图 7.3   ST401 的能量响应曲线[2]

闪烁探测器有以下优点：①灵敏度范围宽(10^{-10}～10^{-5}A/[Gy(Si)/s])；②动态范围大(1000∶1)；③输出信号大，抗干扰能力强，特别适用于脉冲 X 射线源辐射场的测量。闪烁探测器可探测的剂量率范围为 10^4～10^9Gy(Si)/s。

3) 康普顿二极管

康普顿二极管包括介质康普顿二极管和真空康普顿二极管，图 7.4 和图 7.5 分别为介质康普顿二极管示意图和真空康普顿二极管示意图。

康普顿二极管设计较为简单，包括一个内外导电筒，中间绝缘或者真空隔离。介质康普顿二极管前面有一个很薄的低 Z 油介质或固体电介质窗，产生前向康普顿电子；后面有一个高 Z 材料电子收集极，收集发射过来的电子，并引导它们进

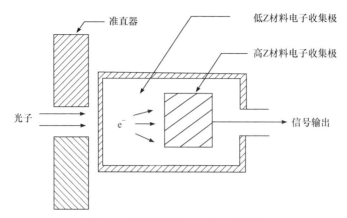

图 7.4　介质康普顿二极管示意图[1]

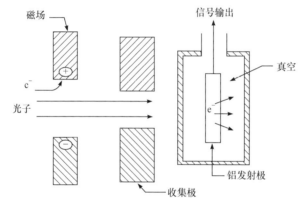

图 7.5　真空康普顿二极管示意图[1]

入电缆,产生一个与剂量率成比例的负信号。与介质康普顿二极管不同,真空康普顿二极管前面有一个薄窗,薄窗夹在真空和中等厚度的铝发射极之间,薄窗吸收部分入射辐射能量,感生康普顿电子,康普顿电子逃离发射极,产生一个与剂量率成比例的负信号。

　　对于能量小于 0.1MeV 的低能段中子来说,康普顿二极管的灵敏度与能谱密切相关,有时二极管信号还会出现相反的极性,所以康普顿二极管不适宜测量低电压闪光 X 射线机的辐射环境。如果康普顿二极管设计得好,对于能量为 0.5~5MeV 的入射光子有相对平坦的响应,在这个能量范围内,光子与半导体材料的作用主要是康普顿效应。对于低 Z 材料,在较宽的能量范围内,光子与材料的作用主要是康普顿效应,所以相对真空康普顿二极管,介质康普顿二极管的灵敏度与能谱的关系弱一些。为降低二极管辐射响应的能谱相关性,在介质康普顿二极管中,介质的厚度应不小于最高能量光子产生的二次电子的射程,但又不能太厚,否则会引起低能光子的衰减，一般介质厚度以 2~3cm 为宜。介质康普顿二极管的收集极应能完全吸收最高能量光子。

康普顿二极管的频率响应由其物理尺寸及电学参数决定[3]。电子的渡越时间由收集极的尺寸决定，一般在 0.1~0.3ns。康普顿二极管的时间响应由渡越时间、二极管阻抗特性和信号电缆共同决定。如果二极管测量系统的阻抗和电缆的阻抗(一般为 50Ω)匹配，二极管探测器的时间响应一般为亚纳秒级。不论是介质康普顿二极管还是真空康普顿二极管，在脉冲宽度为 50ns 的辐射环境测量中，频率响应都要大于 1GHz[4]。如果阻抗不匹配，二极管探测器的上升时间一般会达几纳秒，甚至更长。

康普顿二极管有低成本、无须施加偏压、机械强度高等优点，可测量的剂量率范围为 10^{10}Gy(Si)/s 以上[4]。

2. 脉冲有效宽度提取

在脉冲剂量率的计算中，引入脉冲有效宽度的概念。图 7.6 为典型脉冲 X 射线时间谱，设定计算时间谱波形面积为 S，提取峰值为 V，则峰值剂量率 $\dot{D}$ 和总剂量 D 的关系如下：

$$\dot{D} = \frac{D}{S/V} = \frac{D}{t_{\text{eff}}} \tag{7.2}$$

定义有效脉冲宽度 t_{eff} 为

$$t_{\text{eff}} = S/V \tag{7.3}$$

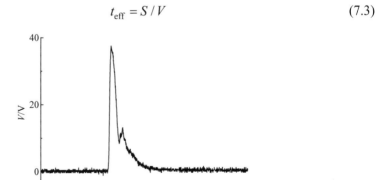

图 7.6　典型脉冲 X 射线时间谱
横坐标：时间；纵坐标：探测器输出信号

7.3.2　总剂量测量技术

在瞬时电离辐射效应试验中，通常采用热释光剂量测量系统进行总剂量测量。

热释光剂量测量系统包括热释光剂量计(thermoluminescent dosimeter，TLD)、热释光剂量仪(也称为热释光读出仪)、热释光退火炉等。

1) 测量原理

TLD 由热释光材料制作而成。热释光材料是一种结晶绝缘体，在材料中掺入杂质，在禁带中形成稳定的电子陷阱。在电离辐射下，材料感生出来的电子被这些电子陷阱所捕获，被填充的陷阱的密度与材料吸收的剂量成正比。随后加热剂量材料，使电子离开陷阱与荧光中心中的自由空穴结合，进而发出荧光。发出的总光子数正比于热释光材料的吸收剂量。通过对辐照后 TLD 发射光子数的测量，获取材料的吸收总剂量[2]。

2) 系统组成及要求

热释光剂量测量系统包括 TLD 及其包裹材料、热释光剂量仪、热释光退火炉。热释光剂量仪是一种可加热 TLD，并测量 TLD 释放的荧光光子数的仪器。针对不同类型的 TLD，设置特定的加热程序，以准确测量由辐射沉积能量而产生的光子数。在辐照前，需要对 TLD 进行退火，即对 TLD 施加一定时间的高温，以清空电子陷阱，退火程序由热释光退火炉完成。

TLD 应存储在干燥、避光的环境中，并且在该环境中 TLD 吸收的剂量应不超过正常使用时吸收剂量的 0.2%。应尽量保持剂量计的清洁，以避免不必要的清洗；确有必要清洗时，需使用无水甲醇和超声波清洗仪进行清洗并晾干，不能用水清洗。需使用真空吸取工具或镊子对 TLD 进行夹持操作，不可用手直接接触TLD；操作时应轻拿轻放，以降低其机械损伤、刮擦、掉屑等。TLD 从退火到辐照、从辐照到读出之间的存储及运输时间应尽量短，从退火到辐照的时间建议不超过 2 天，从辐照到读出之间的时间建议不超过 2h。TLD 应在辐照后相同的时间间隔进行读出。TLD 可以单次使用，也可以重复使用。单次使用时 TLD 只辐照一次并读出，然后弃用。重复使用时 TLD 重复进行退火、辐照和读出的过程。

目前普遍采用的 TLD 为 LiF(Mg, Ti)、LiF(Mg, Cu, P)或 CaF$_2$(Mn)，这些TLD 的线性响应范围大，辐射响应与剂量率的关系不密切，适用于高剂量率环境下总吸收剂量的测量。

在 TLD 的标定和测试过程中，需要把 TLD 包裹在一定厚度的材料中进行辐照，以使其在热释光材料中达到电子平衡条件，并避免可见光对剂量计的照射。TLD 包裹材料应满足以下要求：①TLD 包裹材料的厚度应大于入射光子在包裹材料中产生的最大能量次级电子的实际射程；②TLD 四周的包裹材料厚度应相同；③包裹材料的吸收特性应与热释光材料相似。以 LiF 热释光材料为例，一般选用的包裹材料为 LiF、Al、Si。

TLD 的标定和测试应使用同一台热释光剂量仪及相同的读出程序，并且热释光剂量仪的参数设置应保持不变。应采用相同的退火程序对 TLD 进行退火，退火程序包括热释光退火炉的温度控制、退火时间控制、退火后的冷却率等。退火时，需把 TLD 先放入由高温下性能不变、升温速度快的材料(推荐使用铝材料)做成的容器中，再放入热释光退火炉。退火完成后，应把 TLD 立即从热释光退火炉中取出，采取吹风、放入低温容器中等措施进行快速降温，TLD 及其容器降至室温的时间应控制在 10min 之内。

3) 测量系统标定

热释光剂量测量系统是一种相对测量系统，使用前必须进行辐射响应灵敏度的标定。标定时 TLD 的类型和形状、TLD 包裹材料的类型和厚度、热释光剂量仪的型号和读出程序、热释光退火炉的型号和退火程序均保持固定，只要上述条件中有一条发生变化，则必须重新对热释光剂量测量系统进行标定。

对于同一批 TLD，应首先对其线性响应范围、批一致性、重复性等进行测量，选择出性能满足要求的 TLD，再进行辐射响应系数的标定。最方便的标定源为 Co60 或 Cs137 源。标定前对辐射场进行测量，获取 TLD 拟辐照位置处的照射量率 C/kg，再转换为硅吸收剂量率 Gy(Si)/s。把 TLD 置于包裹材料中进行辐照，辐照后先采用热释光剂量仪进行测量，再计算 TLD 的辐射响应系数。

TLD 的标定方法与其测量的辐射环境有关[5-6]。如果 TLD 在其线性响应范围内使用，一般对 TLD 进行逐片标定，获取每片 TLD 的辐射响应系数。但在辐照试验中，TLD 吸收的总剂量有时会超过其线性响应范围，所以如果 TLD 拟测量的总剂量超过其线性响应范围，则应选择一批一致性较好的 TLD，取其中一部分 TLD，进行从其线性响应区到非线性响应区，乃至饱和区的辐射响应系数的标定，获取 TLD 完整辐射响应曲线；采用该批中其他 TLD 进行辐射总剂量的测量。辐照时，TLD 先放在包裹材料中，再置于待测器件表面，进行器件吸收剂量的伴随测量。辐照后利用热释光读出仪测量光子数，并根据标定系数或标定曲线计算吸收总剂量。

7.3.3　剂量率测量不确定度分析

剂量率由式(7.1)计算得到，由于采用了两种独立的测量方法测量吸收剂量与脉冲有效宽度，所以在不确定度分析中，脉冲总剂量与脉冲有效宽度两个参数不相关。这样，剂量率的相对测量不确定度可表述为

$$u(\dot{D})_{\mathrm{rel}} = \sqrt{\left[u(D)_{\mathrm{rel}}\right]^2 + \left[u(t_{\mathrm{eff}})_{\mathrm{rel}}\right]^2} \tag{7.4}$$

式中，$u(D)_{\mathrm{rel}}$、$u(t_{\mathrm{eff}})_{\mathrm{rel}}$ 分别为总剂量和脉冲有效宽度的相对测量不确定度。

评定总剂量测量不确定度和脉冲有效宽度测量不确定度，合成得到剂量率测量不确定度。根据参数分布及置信区间，对不确定度进行扩展。按正态分布及 95% 置信区间，取扩展因子 $k = 2$，则扩展不确定度可表示为

$$U(\dot{D}) = ku(\dot{D}) = 2u(\dot{D}) \tag{7.5}$$

下文中不确定度通指相对不确定度。

1. 脉冲有效宽度测量的不确定度评定

以闪烁探测器测量为例进行分析。

ST401 塑料闪烁体和 GD40 光电管组成探头，探头内置有电容，在辐照瞬间为光电管供电。输出信号经过一定长度的同轴电缆传输至测量间，由示波器进行信号记录。效应试验时，探头置于离靶面较远的位置，以避免探头输出饱和。辐照时，探头位置与效应物位置不同。

不确定度主要来源于信号产生、信号传输、信号记录、数据处理等过程中的影响因素，信号产生和传输过程中还需要考虑电磁干扰的影响。表 7.7 为脉冲有效宽度测量不确定度主要来源及影响分析。试验中应采取各种措施降低各因素引入的不确定度，并对各个因素引入的不确定度进行分析及评定。

表 7.7　脉冲有效宽度测量不确定度主要来源及影响分析

测量不确定度主要来源		影响分析
信号产生	探测系统时间响应	时间谱展宽
	能谱响应	不同时刻能谱可能不一致，导致测量得到的时间谱与真实形状有差异
	探头摆放位置	探头位置处与待测器件处能谱可能存在不同，导致探头响应的差异
	辐照瞬间电源电压涨落	辐照瞬间电源电压会下降，影响探头的辐射响应
信号传输	长线传输	信号的长线传输会引起信号形状的畸变
信号记录	示波器的时间分辨力	引入时间测量及幅度测量方面的不确定度
	示波器的幅度分辨力	影响幅度测量精度
数据处理	波形截取时人为判读	在时间谱波形面积、幅度测量中，由人为因素引入的误差
电磁干扰	电磁干扰的影响	在效应信号上叠加电磁脉冲干扰

1) 探测系统时间响应引入的测量不确定度

利用快速脉冲源对脉冲 X 射线时间谱探测器进行时间响应的标定，假定探测器时间响应为 t_d，T 为待测辐射场测量结果，则探测系统时间响应引入的不确定度 u_{d1} 为

$$u_{d1} = \frac{T}{\sqrt{T^2 - t_d^2}} - 1 \tag{7.6}$$

2) 探测器能谱响应引入的测量不确定度

对于脉冲 X 射线辐射场，其能谱是随时间变化的，故探测器的能谱响应也将对波形造成一定的畸变，进而影响辐射信号脉冲宽度的测量。可建立探测器结构模型，采用 MCNP、Geant4 等程序模拟得到其能谱响应曲线，再根据辐射场能谱的时间变化来估算这一部分的测量不确定度。

还可通过测量探头位置处和待测样品位置处的能谱，对探头摆放位置引入的不确定度进行评定。

3) 辐照瞬间电源电压涨落引入的不确定度

脉冲 X 射线时间谱探测器的探头部分都有电容，在辐照瞬间为探头供电，要求在辐照瞬间电源电压的下降不超过额定电压的 10%。对于 PIN 探测器，其电源电压对输出信号的影响不大，康普顿二极管不加电。对于 PIN 探测器和康普顿二极管，这部分不确定度可以忽略。

4) 信号传输系统引入的测量不确定度

瞬时电离辐射效应试验中，效应信号及探测器输出信号一般采用同轴电缆进行传输，并且在信号传输过程中，还需要同轴连接器，有时还用到衰减器。因此这部分测量不确定度主要包含两方面，一是同轴传输电缆的带宽影响；二是同轴连接器、衰减器的带宽影响。其中，同轴连接器、衰减器的带宽往往可以达到脉冲波形上限频率的 10 倍以上，其带来的影响通常小于 0.5%。同轴传输电缆的带宽有限，并且电缆越长，带宽越窄。系统构建时要求电缆带宽 f_1 大于待测信号上限频率 f_s 的 5 倍以上，此时可将这部分测量不确定度控制在 5%以内。若不满足带宽要求，则应采取频带补偿技术，使补偿后的带宽满足要求。这部分的相对测量不确定度为

$$u_t = \sqrt{f_1^2 + f_s^2}\,/\,f_1 - 1 \tag{7.7}$$

5) 信号记录系统引入的测量不确定度

通常采用数字示波器记录信号。目前常用的数字示波器采集到的数据是离散的，假设示波器的采样率为 S(单位：GS/s)，则示波器时间分辨率将为 $1/S$(单位：ns)，设脉冲宽度为 T(单位：ns)，又考虑到信号两侧均需测量，故这部分相对不确定度 u_{o1} 为

$$u_{o1} = \sqrt{2}\,/\,(S\cdot T) \tag{7.8}$$

由于脉冲有效宽度计算方法为波形积分面积除以幅值，故幅值测量精度直接影响脉冲有效宽度测量精度。以 8 位示波器为例，示波器幅度测量计数器为 8 位，共计 $2^8 = 256$ 格。基线测量引入计数误差 1 格，峰值点确认引入计数误差 1 格，设脉冲幅值总计 V_N 格，则这部分相对不确定度为

$$u_{o2} = \sqrt{2} / V_N \tag{7.9}$$

信号记录系统带来的相对不确定度 u_o 为

$$u_o = \sqrt{u_{o1}^2 + u_{o2}^2} \tag{7.10}$$

6) 数据处理引入的测量不确定度

对脉冲 X 射线波形进行处理，提取脉冲有效宽度。这部分测量不确定度主要来源于在时间谱波形面积、幅度测量中由人为因素引入的误差。可对时间谱进行多次面积及峰值的测量，取其 A 类不确定度。

7) 电磁干扰引入的测量不确定度

可采用以下方法降低这部分测量不确定度。首先，探测系统采用完全双屏蔽系统；其次，探测器置于合适位置，使其在线性响应范围内，但输出信号足够大，以降低电磁干扰的影响。对于闪烁探测器、PIN 探测器和康普顿二极管，其辐射灵敏度都比较大，电磁干扰引入的测量不确定度可忽略。

2. 总剂量测量不确定度评定

采用热释光剂量测量系统测量脉冲总剂量。首先利用钴源对 TLD 进行筛选，选取重复性在一定范围内的 TLD 进行响应系数标定；其次使用时将 TLD 置于包裹材料内，再置于效应物表面，与效应物同时辐照，辐照后进行热释光的测量；最后根据标定的响应系数计算吸收剂量。

在 TLD 标定及测量过程中，都会引入测量不确定度，并且 TLD 响应的非线性度、TLD 对 X 射线能谱的响应等也可引入测量不确定度。总剂量测量中的不确定度主要来源及影响分析见表 7.8。

表 7.8　总剂量测量中的不确定度主要来源及影响分析

不确定度主要来源		影响分析
标定	辐射场测量	钴源辐射场标定仪器为 UNIDOS，该仪器由国家一级计量站检定，给出的测量不确定度为 1.7%($k=2$)，标准不确定度为 1.7%/2 = 0.85%
	钴源升降引入的不确定度	钴源在升降过程中，会有一定的能量沉积于 TLD。有两种方法可以减弱这个影响，一是测量升降源过程中的剂量，把它计量到标定场总剂量中；二是选择合适的剂量率，使辐照时间远长于钴源升降时间，降低由此带来的不确定度
	标定时辐照量到硅吸收剂量的转换	与空气和采用的硅材料吸收系数的不确定度有关
剂量片响应	线性响应	在标定时可根据要求筛选剂量片。例如，如果要求剂量片的线性响应不确定度不超过 5%，则根据钴源标定结果，选取线性响应在 5%之内的剂量片用于 X 射线环境测量
	剂量率依赖性	不同剂量率下，剂量片响应的差异会给总剂量测量带来一定的不确定度。在选择剂量片时，一定要注意其剂量率响应范围，尽量降低由此带来的不确定度

续表

不确定度主要来源		影响分析
剂量片响应	X 射线能量响应	剂量片材料和硅材料的吸收系数随 X 射线能量的变化关系不同，需要进行不同材料剂量转换计算。这部分差异也可以算作不确定度。在分析不确定度时，还需要考虑能谱测量不确定度的影响
仪器	热释光读出仪工作稳定性	由热释光读出仪温度、高压等的不稳定引起光强测量的不确定度
辐照	辐照位置	剂量片位置与效应物位置不完全一致，尤其当效应物较大时，剂量片的位置与效应物敏感区域的位置不同，总剂量也会有差别
	辐照后到测量的时间间隔差别	辐照后剂量片响应会随着时间而衰退，可在标定和测量中选择相同的时间间隔，降低由此引入的不确定度；或选择由衰退小的材料制作成的剂量片，如 LiF 材料，以降低间隔时间不同引入的不确定度

7.4 瞬时电离辐射效应测量系统

瞬时电离辐射效应测量系统包括屏蔽及抗干扰系统、信号传输系统、同步触发系统、信号记录系统等。

7.4.1 屏蔽及抗干扰系统

进行瞬时电离辐射效应试验必须解决一系列抗干扰技术，这是正确取得测量数据的关键。瞬时电离辐射效应试验通常是在原位及器件加偏置的工作条件下进行，不可避免地要受到电磁脉冲、地扰动等的干扰。测试系统主要的干扰来源及采用的降低干扰的技术有以下几个方面。

1) 环境电磁脉冲引入的噪声

环境电磁脉冲干扰来源有两个，一是在进行瞬时 X 射线辐照效应试验时，高强度的脉冲辐射源在放电时释放大量的电磁脉冲能量，形成电磁脉冲干扰噪声源；二是强 γ 射线脉冲与空气介质相互作用产生电磁脉冲。环境电磁脉冲会在试验线路板及信号传输线上感应出噪声信号，影响效应信号的测量。

完整的金属屏蔽层可有效地屏蔽电磁脉冲，降低其对效应信号测量的影响。对于试验线路板，采用金属屏蔽盒，把线路板置于屏蔽盒中，以减弱电磁脉冲对试验线路板辐射响应的影响；对于信号传输线，采用屏蔽传输线可降低电磁脉冲干扰在传输线上的感应信号，提高效应信号测量的信噪比。

2) 模拟源放电时地电位的变化对信号测量的影响

脉冲 X 射线模拟源为高电压设备，瞬间放电会使地电位发生大的瞬间扰动，处理不当会影响效应信号的测量精度。设备地和测试地的分离及完整双屏蔽系统的建立，可有效地降低放电瞬间地电位扰动对效应信号测量的影响。试验电路的外屏蔽盒、同轴电缆的外屏蔽层及屏蔽测量间的屏蔽层组成外屏蔽层，接设备地；试验线路板的内屏蔽盒、同轴电缆的内屏蔽层及屏蔽测量间内各设备的外壳组成内屏蔽层，接测试地。设备地和测试地分开，这样能有效降低设备地电位瞬间扰动对测量信号的影响。

3) 市电电压扰动给信号测量带来误差

辐照瞬间，切断不间断电源(uninterruptible power supply，UPS)与市电的物理连接，测量间所有测试设备使用 UPS 供电，可有效降低市电电压扰动在效应信号测量中引入的不确定度。

4) γ 射线在试验线路板上的二次发射

γ 射线脉冲照射于试验线路板上的引线、元器件或其他金属材料，都能引起净电荷，电荷进入或离开受辐照的物体表面而产生噪声电流信号，这个噪声电流信号可以在测量信号中叠加一个分量，带来效应数据测量的误差。

减少试验线路板上受辐照的元器件及引线，只把待测电路暴露于 γ 射线脉冲的辐照下，其他辅助器件和连线进行充分的辐射屏蔽。

5) 金属屏蔽盒内电磁脉冲干扰

γ 射线照射于金属屏蔽盒的金属壳上产生康普顿电子，在金属壳体背面一定厚度内产生的电子可以逃脱壳体而进入屏蔽盒内，同时 γ 射线照射在屏蔽盒内的空气分子上也可产生康普顿电子，这些电子带着一定的能量，按一定的角度飞行，形成康普顿电子流，同时康普顿电子在飞行途中与空气分子碰撞，产生大量的次级电子，这些电子的运动就会在屏蔽盒内产生内电磁脉冲，对电路产生影响，显然这种电磁脉冲是不能依靠外壳的屏蔽来消除的。

屏蔽盒内电磁脉冲的强度与屏蔽盒的大小有关，试验时应尽量减小屏蔽盒的厚度，减弱内电磁脉冲的强度。

6) γ 射线直接照射电缆产生的干扰信号

利用铅砖对位于辐射场中的传输线缆进行辐射屏蔽，可有效降低 γ 射线直接照射电缆产生的干扰信号。

7) 空气电离

辐射脉冲能电离试验电路周围的空气并提供附加的传导通道，会在信号上叠加干扰，影响信号的测量精度。减少试验电路受照射的元件数量，用厚的绝缘材料包覆受辐照的引线，可把空气电离的影响降低至最小。

7.4.2　信号传输系统

在瞬时电离辐射效应试验中，效应信号一般由双屏蔽同轴电缆(在同轴电缆外再加一层金属屏蔽层，如蛇皮套)、屏蔽多芯线、屏蔽排线等传输。采用铅砖对处于辐射场中的电缆进行屏蔽，降低射线照射电缆引入的干扰。对于大规模集成电路的多路信号传输，如存储器全地址扫描、80C196 效应测量系统等，通常采用屏蔽多芯线进行信号传输。

实验室一般采用 50Ω 同轴电缆。在信号测量时，应注意阻抗匹配问题。

7.4.3　同步触发系统

同步触发系统用来保证所有的记录设备相对于辐射脉冲按规定的时间启动，通常用同步机即可实现。同步机的触发信号一般采用模拟装置信号和脉冲 X 射线时间谱探测器测量到的 γ 射线响应信号，在同步机中相或，由同步机输出同步信号，控制记录系统同步触发。若试验系统需要辐照前的触发信号，可利用模拟设备相关信号进行系统触发。例如，"强光一号"模拟装置就可提供辐照前 200μs 的触发信号，通过适当的延迟，满足试验系统不同时刻的触发需要。

7.4.4　信号记录系统

信号记录系统用于记录效应信号及环境测量系统输出信号。电压电流信号一般采用示波器进行记录。瞬时电离辐射效应试验中，记录系统一置于电磁屏蔽室中，效应信号需要经过长电缆传输至记录系统。记录系统应注意与前端采集系统信号输出端的阻抗匹配，以免记录的信号变形。

7.5　瞬时电离辐射效应测量方法

瞬时电离辐射效应包括光电流的产生、剂量率扰动、剂量率翻转、剂量率功能中断、剂量率烧毁等，不同效应的测量方法不同。

7.5.1　稳态初始光电流测量方法

当辐射脉冲宽度远大于器件少子寿命时，PN 结的辐射感生光电流为稳态初始光电流。可以使用电阻取样电路或电流变换器取样电路进行光电流的测量[7]。图 7.7 为电阻取样电路，当所测光电流较小时，可采用电路 A，光电流较大时，可采用电路 B，电路图中元件的参数按要求选取。

图 7.8 为电流变换器取样电路，电路图中元件的参数按要求选取。电流变换器要有足够的带宽，脉冲响应时间应小于辐射脉冲宽度的 10%，测量的光电流大小不得超过电流变换器的线性范围。

对于电阻取样电路，电路 A 和电路 B 的初始光电流分别按式(7.11)和式(7.12)计算：

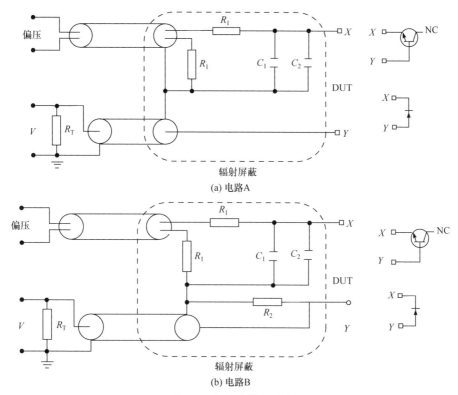

(a) 电路A

(b) 电路B

图 7.7　电阻取样电路[7]

$R_1 = 1000\Omega, \pm5\%$ ；　$R_2 = 5\Omega, \pm1\%$ ；　$C_1 = 15\mu F, \pm5\%$ ；　$C_2 = 0.01\mu F, \pm5\%$ ；　R_T 为同轴电缆的特征阻抗，单位为Ω

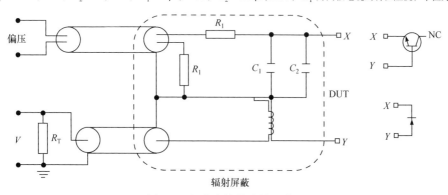

图 7.8　电流变换器取样电路[7]

$R_1 = 1000\Omega, \pm5\%$ ；　$C_1 = 15\mu F, \pm5\%$ ；　$C_2 = 0.01\mu F, \pm5\%$ ；　R_T 为同轴电缆的特征阻抗，单位为Ω

$$I_{PH} = \frac{V}{R_T} \tag{7.11}$$

$$I_{PH} = V\frac{R_T + R_2}{R_T R_2} \tag{7.12}$$

式中，I_{PH} 为初始光电流，单位 A；V 为取样电路输出的电压信号峰值，单位 V；R_T 为同轴电缆的特征阻抗，单位 Ω。

对于电流变换器取样电路，初始光电流按式(7.13)计算：

$$I_{PH} = \frac{V}{S} \tag{7.13}$$

式中，I_{PH} 为初始光电流，单位 A；V 为电压信号峰值，单位 V；S 为电流变换器的灵敏系数，单位 Ω。

7.5.2　剂量率闩锁测量方法

在含有寄生 PNPN 结构的 MOS 管或双极集成电路中，闩锁效应是瞬时辐照下比较严重的问题。闩锁一般在集成电路中引起，在瞬时辐照下，寄生晶体管可能会处于低阻导通状态，引起电源电流的快速增加，只有通过断电，才可消除闩锁，否则，有可能引起电路的烧毁。

在进行剂量率闩锁测量时，测量系统必须满足以下条件，否则，难以测量到电路真实的闩锁敏感度。

(1) 辐照试验用的直流电源能为试验样品提供足够的电流，并在发生闩锁时保持维持电压和维持电流。

(2) 如果单次试验辐照多个电路，试验电路的偏置必须分开供给。如果试验不适合分开供电，使用的直流电源必须能在所有电路发生闩锁时提供足够的电流，并能保持维持电压和维持电流。

(3) 闩锁试验时，电路的偏压应为其额定电压的最高值。

(4) 除非有特殊要求，否则在进行闩锁试验时，一般不能使用限流电阻。若使用限流电阻，阻值要小于或等于器件在系统中应用时的数值。

(5) 对于有多种工作状态的试验器件，除非可以确定闩锁的最敏感状态(最恶劣工作状态)，否则一般应在各种工作状态下进行辐照试验，确定闩锁在各种工作状态下的敏感度。

不同电路发生剂量率闩锁的现象不同。对于组合逻辑电路，如果在规定的恢复时间之后，器件的输出仍不能处于正常状态，不能通过辐照后的现场功能测试，或电源电流在辐照后的规定时间之内不能恢复到规定的范围以内，则表示该组合逻辑电路发生了闩锁。对于时序逻辑电路，辐射脉冲能引起输出端及内部存储寄存器的逻辑状态发生变化，因此，必须由器件电源电流及辐照后功能测试的综合结果确定是否发生了闩锁。如果在规定的恢复时间内器件的电源电流尚未恢复到规定的范围内，并且器件没有通过功能测试的要求，则表示该时序逻辑电路发生了闩锁。

　　线性电路的类别多且应用条件不同，这就决定了线性电路的闩锁试验与器件的种类及器件应用情况有关。要通过监测器件的电源电流和输出波形，以及现场功能测试几方面综合结果，判断线性电路是否发生闩锁。在试验计划中应规定需监测最小输出端数。对每一个输出端都要进行功能测试。采用示波器监测器件输出的瞬态响应。如果电源电流或输出信号(或电压)不能在试验计划规定的恢复时间内恢复，或者输出对输入信号的响应不正常，则表示该线性器件未能通过闩锁试验。

　　对其他类型的微电路，如 LSI/VLSI 及更复杂的混合微电路，应通过抗辐射加固性能研究试验的综合分析结果，确定最坏情况偏置条件、辐照时的电路工作状态、需监测的输出、必须进行的辐照后测试及失效判据。这些要求应在器件的试验计划中予以规定。

　　在集成电路闩锁效应中，可能有闩锁窗口的存在。试验中，若需要获取闩锁窗口，辐照前必须基于前期的效应数据、模拟计算结果、物理分析结果等，制订详细的试验计划，规定样本需要辐照的剂量率范围。试验时从低剂量率开始，每发次增加剂量率，直至规定的最高剂量率。每发次需要增加的剂量率的量，与样品可能的闩锁窗口、试验费用、试验测量不确定度、样品的累积辐射损伤阈值等有关，需要综合考虑。

　　若判定受试样品发生了剂量率闩锁，在保存试验数据的基础上，需要对样品快速断电，以免烧毁样品。

7.5.3　数字微电路的剂量率翻转测量方法

　　数字微电路的剂量率翻转表现为电路瞬态输出状态翻转、数据存储或逻辑状态发生变化、动态翻转等。

　　电路瞬态输出状态翻转：处于工作状态的数字集成电路，在脉冲期间，输出电压发生变化，输出电压高于或低于规定的逻辑电平，在脉冲辐射停止作用后规定的时间内输出电压不能恢复至辐照前的状态。电路输出电压在脉冲辐射期间翻转持续的时间为恢复时间。

　　数据存储或逻辑状态发生变化：有一个或多个内部存储或逻辑单元的状态发生变化，而且在脉冲辐射停止作用后规定的时间内不能得到恢复。如果在输入端重新施加一个与原先用来建立辐照前状态相同的逻辑信号序列，即可使电路恢复至辐照前的状态。

　　动态翻转：处于工作状态的器件受到辐照时，其输出波形或存储内容发生变化，在脉冲辐射停止作用后规定的时间内不能恢复，但在足够长的时间后恢复原有的工作状态。

　　数字微电路的工作状态通常不止一个，如果不了解其对辐射最敏感的状态，一般应在所有工作状态下进行辐照试验。但考虑到试验费用、试验时间及电路的累积辐射损伤效应，不可能对电路的所有工作状态都进行试验，所以必须选取能反映器件辐射性能的工作状态进行试验。为了避免得出不正确的结果，在进行辐照试验时，选取的器件工作状态必须包括对瞬态辐射最为敏感的工作状态，并且必须包括互补的工作状态。

在进行剂量率翻转试验前，要求预先进行效应分析或性能试验，以确保选取的用于辐照试验的工作状态已考虑了已知的影响翻转的所有因素。对可编程电路，编程中应尽量不出现空操作指令，如果程序中需要等待时间，应尽可能采用循环执行考核指令集的方式。

7.6　瞬时电离辐射效应脉冲激光辐照试验技术

与 X 射线一样，激光可以使半导体材料电离，这是利用脉冲激光开展瞬时电离辐射效应试验的基础。只要光子能量大于半导体材料的禁带宽度，就可以在材料中产生电子空穴对，并且选择合适波长的激光，可以在半导体器件和电路中不发生永久损伤，这样就可以对同一个器件重复进行辐照试验，避免由器件的个体差异引入的辐射效应测量结果的不确定度。

1965 年，Habing[8]在他的文章 *the use of laser to simulate radiation-induced transients in semiconductors and circuits* 中第一次报道了用激光辐照来模拟瞬时电离辐射效应的试验研究工作，他主要采用 Q-Switched Nd:YAG 激光器进行集成电路的瞬时电离辐射效应试验研究。之后，直到 20 世纪 80 年代，一直有科研人员从事激光模拟瞬时电离辐射效应的试验方法及效应机理研究[9-15]。20 世纪 90 年代，Nikiforov 等[16-20]对利用激光进行瞬时电离辐射效应试验做了比较充分的研究，从脉冲激光器的改造、电路的金属布线对激光的反射、激光在半导体材料中的能量沉积、脉冲激光功率与剂量率的关系、利用激光进行瞬时电离辐射效应研究的试验方法等方面进行了全面的研究，利用脉冲激光研究了如 SRAM 等集成电路的效应机理及效应规律，以及瞬时辐照中的脉冲宽度效应，集成电路瞬态辐照中的路轨塌陷效应也是利用激光辐照发现的。

瞬时电离辐射效应脉冲激光辐照系统主要包括脉冲激光源、光路调整系统、激光能量及激光时间谱测量系统、效应参数测量系统等。比较脉冲 X 射线辐照试验，激光辐照不需要考虑辐射屏蔽和电磁脉冲屏蔽，效应参数测量系统无须放置在屏蔽间。

7.6.1　辐射源的选取

根据能带理论，激光在半导体中的吸收依赖于光子的能量，当光子能量小于半导体的禁带宽度时，除部分激光被半导体表面反射外，激光将无衰减地透过半导体；当光子能量大于半导体的禁带宽度时，根据量子光学理论，光子将被半导体材料吸收，将载流子从价带激发到导带，从而发生电离。在激光穿过半导体材料的过程中，激光光强随入射深度呈指数规律衰变，即光强 I 随着入射深度 x 的衰减满足 Beer 定律：

$$I = I_0 \mathrm{e}^{-\alpha \cdot x} \tag{7.14}$$

式中，I_0 为入射在器件表面的光强；I 为距器件表面 x 深度的光强；α 为吸收系数，吸收系数与激光的波长有关。

　　在脉冲激光源的选择上，主要考虑的参数有激光波长、脉冲宽度和脉冲功率。首先考虑不同波长的激光在半导体材料中的穿透深度，应选择可在半导体器件灵敏区均匀沉积能量的激光。图 7.9 是不同波长的激光在 Si 和 GaAs 两种材料中的吸收系数[15]，吸收系数随着波长的增加而减小，硅对短波长激光的吸收系数比较大，短波长激光在硅中穿透深度较浅，激光的作用深度达不到器件的灵敏区，所以在进行激光瞬时辐照效应试验时，一般选用波长较长的激光。由图 7.9 可以看出，硅材料对波长为 1.06μm 的激光吸收系数为 20cm⁻¹，此波长的激光有良好的穿透性，在硅中的穿透深度可达 500μm；1.06μm 的激光光子能量为 1.17eV，该能量既大于 Si 的禁带宽度(约 1.1eV)，又小于 SiO₂ 的禁带宽度(约 8eV)。辐照硅器件不会引起器件的总剂量损伤，可以对硅器件进行重复实验，是比较理想的瞬时辐照效应试验用模拟源。

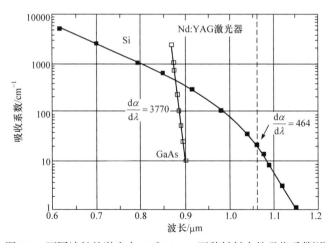

图 7.9　不同波长的激光在 Si 和 GaAs 两种材料中的吸收系数[15]

　　脉冲激光的宽度也是一个很重要的参数，如果宽度太窄，辐射效应为单粒子效应，而非剂量率效应。不同激光器产生的激光脉冲宽度不同，在半导体器件辐射加固技术应用中，飞秒和皮秒级脉冲激光源用于开展单粒子效应研究，纳秒级脉冲激光源用于开展瞬时电离辐射效应研究。

　　脉冲激光源的激光功率一般在一个很大的范围内可调，再辅以不同倍数的衰减片，即可模拟比较宽的剂量率范围，开展器件瞬时剂量率效应试验。在一定激光功率范围内，吸收电离剂量率与激光功率成线性关系，但随着激光功率的增加，会出现饱和现象。这是因为在较高功率激光束辐照下，大量的电子空穴对会与激光束发生作用，使得激光束吸收能量增加。但是吸收的激光束能量并不会用于电离更多的电子空穴对，而是产生更多的热量使样品温度升高，此外还会增加材料对激光的散射。通过 LDR 软件的模拟，对于波长为 1064nm 的激光束，可模拟的最高剂量率不超过 10^{12}Gy(Si)/s[21-22]。

7.6.2　激光辐照系统

　　激光辐照系统一般包括激光器、衰减片、聚焦透镜、光能量计、反射透镜、光电管等，图 7.10 为典型激光辐照系统框图。从激光器发射的激光经过全反射透镜，改变激光方向，再经过两个反射透镜，第一个反射透镜反射部分激光至光能量计上，第二个反射透镜反射部分激光至光电管上。穿过两个反射透镜的激光直接或经过一定倍数的衰减后，照射到一个用于聚焦的透镜上，使照射到试验线路板上的光斑面积略大于实验器件灵敏区面积。

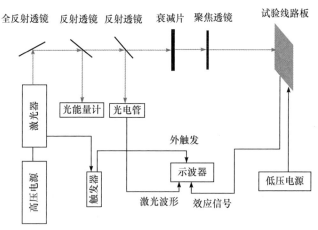

图 7.10　典型激光辐照系统框图

　　用光电管测量激光的脉冲时间波形，得到脉冲激光的有效宽度 t；用光能量计测量第一个反射透镜反射的激光能量，通过两个反射透镜的透射率及辐照试验时所用的衰减片的衰减倍数，可计算每次辐照到效应物上的激光能量 E；用激光的烧蚀作用测量激光光斑的面积 S。通过激光脉冲宽度、激光能量及光斑面积的测量，确定激光功率密度($E/(S\cdot t)$)，在激光辐照试验中，激光功率密度相当于γ射线辐照试验中的剂量率，试验中通过调节高压电源的电压值及衰减片的衰减倍数，就可以改变照射到器件灵敏区的激光功率密度，模拟不同剂量率的辐照环境。

在激光辐照试验中，由于激光无法穿透器件的封装材料，在进行辐照时需要去掉待测器件的封装层，或在器件封装时用透明的薄塑料片对其进行封装，使激光可作用于器件的灵敏区；或去掉器件底部基座及一定厚度的衬底，使激光从底部照射至灵敏区。

效应信号记录系统的触发信号采用激光器的同步触发信号或光电管的输出信号。在脉冲激光辐照试验中，电磁干扰远低于脉冲 X 射线辐射环境，但也要注意测量系统的接地。

7.6.3　激光辐照模拟瞬时电离辐射效应的特点

在电路瞬时电离辐射效应试验研究中，与脉冲 X 射线相比，激光模拟有如下优越性：①选择合适波长的激光，可以对效应物进行无损辐照，这样节约了受辐照电路的成本；②激光辐照试验费用低，并且方便易行，节约试验成本；③相比脉冲 X 射线源的辐射环境，激光辐射环境干扰很低，有利于获取准确的效应规律曲线；④在激光上进行辐照试验，很短的时间内就可以获取大量的测试结果，在工程设计中可以大大缩短设计周期，在效应机理研究中可以很快地获取规律曲线。

激光辐照模拟瞬时电离辐射效应也存在其不足之处：①激光不能穿透集成电路的金属布线，大规模集成电路的多层布线使激光难以在器件的灵敏区产生均匀的电子空穴对，或使激光根本无法作用于器件的灵敏区，不能发生电离效应；②因为激光的穿透深度有限，在进行激光辐照试验时，电路或器件必须开盖辐照，不利于对定型产品进行试验；③激光功率密度和剂量率的对应关系与被辐照的器件结构有关，不同的器件有不同的对应关系，难以利用激光开展电路的抗辐射性能考核；④激光容易烧蚀样品。

鉴于激光模拟的特点，利用激光辐照在半导体器件效应研究中可以开展两方面的工作，一是效应机理及效应规律的研究；二是试验电路的设计。由于脉冲射线源本身存在试验周期、辐照面积、试验经费等客观因素，以及器件在大剂量率下的累积效应等，要完全通过 X 射线辐照试验研究效应测量系统是不现实的，可以通过激光辐照开展电路辐照效应测量系统的研究，为用脉冲 X 射线辐射模拟装置开展性能考核提供指导方向。

7.6.4　激光辐照系统的应用

1. 激光辐照系统开展半导体器件瞬时电离辐射效应的测量

利用 Nd:YAG 激光器作为模拟源，开展 CMOS 反相器、CMOS 随机静态存储器的瞬时电离辐射效应测量。图 7.11 为 Nd:YAG 激光器典型脉冲波形, 脉冲有效宽度约 10ns。

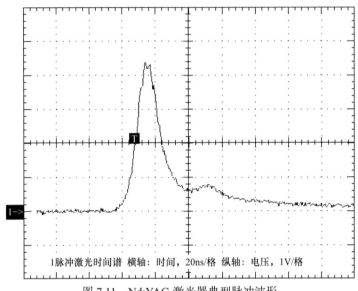

图 7.11　Nd:YAG 激光器典型脉冲波形

1) CMOS 反相器瞬时辐照效应的激光辐照试验

对某款 CMOS 反相器 4069 进行了不同激光功率密度下的辐照试验, 得到其效应波形, 如图 7.12 所示。辐照时, 4069 输入端施加低电平, 测量输出端在脉冲激光下的变化曲线。在 $6 \times 10^3 \, W/cm^2$ 激光功率密度下, 反相器发生瞬间扰动, 扰动时间大约 200ns; 在 $8 \times 10^3 \, W/cm^2$ 激光功率密度下, 反相器发生翻转, 翻转持续大约 5μs 后恢复正常; 在 $2 \times 10^4 \, W/cm^2$ 激光功率密度下, 反相器发生闩锁, 电源电流增加, 重新加电后, 反相器状态恢复正常。从激光辐照试验结果来看, 与 X 射线辐照引起的反相器瞬时辐照效应规律完全一致。

2) CMOS 随机静态存储器瞬时辐照效应的激光辐照试验

对某款超深亚微米级存储器(32k SRAM)进行了激光辐照试验, 在辐照前对 SRAM 全地址写入 55H, 辐照时 SRAM 处于片选无效状态, 辐照后对存储器进行存储内容的全地址扫描, 同时监测电源电流的变化。

图 7.13 为 SRAM 翻转数随激光功率的变化关系。当激光功率较低时, 随着激光功率的增加, 翻转数迅速增加, 在激光功率大约为 $2.0 \times 10^4 \, W$ 时, 翻转数达到最大值(约 2.6×10^4); 之后, 随着激光功率的进一步增加, 翻转数开始减少, 直到激光功率增加至约 $5.0 \times 10^5 \, W$ 时, 翻转数约为 9000, 之后, 随着激光功率的增加, SRAM 翻转数变化很小。由于没有测量光斑面积, 图中没有给出激光功率

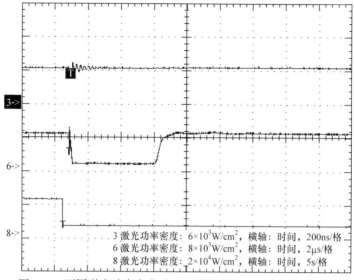

图 7.12　不同激光功率密度下 CMOS 反相器的输出端效应波形

密度，只给出了激光功率。

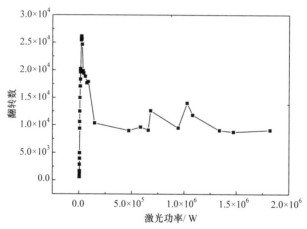

图 7.13　SRAM 翻转数随激光功率的变化关系

2. 激光辐照系统开展存储器瞬时电离辐射效应测量方法的研究

对于存储器瞬时电离辐射效应，可以通过单地址和全地址两种方法进行测量。单地址测量方法是辐照前在存储器的某一地址内写入设定的数据，在辐照瞬间使存储器处于读状态，用示波器记录该地址内存储内容的变化，辐照结束后对存储器的读写功能进行测量。全地址测量方法是辐照前对存储器全地址写入设定的数据，在辐照瞬间存储器处于片选无效状态，辐照后对存储器进行全地址的数据测量，记录数据变化情况。

利用脉冲激光开展 SRAM 辐照试验，比较单地址测量与全地址测量结果，试验研究辐照瞬间 SRAM 的状态对其效应测量的影响。

1) 利用激光辐照研究辐照时存储器状态对其效应的影响

选择了两种状态，一是辐照瞬间存储器处于读状态，二是辐照瞬间存储器处于片选无效状态，用不同能量的脉冲激光进行辐照试验，得到不同状态下存储器的效应曲线。试验测量结果表明，辐照时存储器无论是处于读状态还是处于片选无效状态，其辐射响应基本一致。

2) 利用激光辐照研究存储器单地址测量结果与全地址测量结果的一致性

对同一只 SRAM 同时进行全地址测量和单地址测量，研究 SRAM 某单元的存储内容在辐照瞬间及辐照后的变化，并与全地址扫描中该单元存储内容的测量结果进行比较。

辐照前利用全地址测量系统给存储器全地址写入 55H，把地址线固定在某一地址，如 AAAH，把存储器设置为读状态，用示波器记录该地址内的存储内容在辐照时的变化；辐照结束后对全地址进行存储内容的扫描，比较两种测量方式得到的 AAAH 单元的存储内容。试验发现，只要 SRAM 不发生闩锁效应，辐照结束后电源电流没有增加，全地址测量结果和单地址测量结果完全一致。

利用激光辐照试验，可在很短的时间内对测量系统进行检验。

7.7　瞬时电离辐射效应试验标准及规范

国内外都制定了一些用于瞬时电离辐射效应试验的标准和规范。表 7.9 为与瞬时电离辐射效应试验有关的中华人民共和国国家军用标准及其内容简介，表 7.10 为与瞬时电离辐射效应试验有关的美国标准及其内容简介。

表 7.9　与瞬时电离辐射效应试验有关的中华人民共和国国家军用标准及其内容简介

标准号		标准名称及内容简介
GJB 7350—2011		《军用电子器件脉冲 γ 射线效应试验方法》，规定了军用电子器件在脉冲 γ 射线、X 射线辐照下，瞬时电离辐射效应的测量方法。标准适用于脉冲电离辐射引起的剂量率闩锁试验、剂量率翻转试验、剂量率响应试验、初始光电流的测量试验
GJB 548C—2021	方法 1020.2	《剂量率感应锁定》，规定了进行数字微电路锁定试验以确定其对剂量率感应锁定是否敏感的详细要求
	方法 1021.1	《数字微电路的剂量率翻转》，规定了已封装的数字集成电路对受脉冲作用的电离辐射响应的试验要求。电离辐射脉冲源采用闪光 X 射线机或线性加速器

续表

标准号		标准名称及内容简介
GJB 548C—2021	方法 1023.1	《线性微电路的剂量率响应和翻转阈值》，规定了在闪光 X 射线机或电子线性加速器的辐射作用下，对已封装的线性微电路剂量率响应和翻转阈值的测试要求
GJB 762.3A—2018		《半导体器件辐射加固试验方法　第 3 部分：γ 瞬时辐照试验》，规定了半导体器件在规定条件下进行 γ 瞬时辐照的试验方法
静态随机存储器瞬时剂量率效应试验方法(报批稿)		《静态随机存储器瞬时剂量率效应试验方法》，规定了在脉冲 γ/X 射线辐照下，静态随机存储器(SRAM)瞬时剂量率效应试验的基本要求和方法。标准适用于在脉冲 γ/X 射线辐照下，SRAM 的剂量率扰动、剂量率翻转、剂量率闩锁及剂量率烧毁的测量
GJB 2165—1994		《应用热释光剂量测量系统确定电子器件吸收剂量的方法》，规定了应用热释光剂量测量系统确定电子器件材料中吸收剂量的方法和程序。标准适用于确定电子器件材料在 γ 射线、X 射线和电子束辐照试验中的吸收剂量。吸收剂量范围为 $1\times10^2\sim1\times10^4$Gy(Si)
脉冲 X 射线辐射场参数测量方法(送审稿)	第 1 部分：硬 X 射线能谱测量	标准规定了利用吸收法测量脉冲硬 X 射线能谱的方法和程序，适用于在脉冲 X 射线源辐照试验中脉冲 X 射线的能谱测量。射线能量范围为 0.01～1MeV
	第 2 部分：X 射线时间谱测量	标准规定了脉冲 X 射线时间谱波形特征量的测量方法和步骤，适用于相对论电子加速器所产生的脉冲 X 射线时间谱的测量，射线能量范围为 0.1～20MeV。其他情况可参照本标准执行
	第 3 部分：X 射线总剂量测量	标准规定了在脉冲 X 射线源辐照试验中，采用热释光剂量测量系统测量脉冲 X 射线总剂量的方法，适用于由相对论电子轰击靶材产生的轫致辐射形成的脉冲 X 射线辐射场的总剂量测量。吸收剂量范围为 $10^{-4}\sim10^3$Gy(Si)，吸收剂量率范围为 $10^4\sim10^{10}$Gy(Si)/s，光子能量范围为 0.01～16MeV
	第 4 部分：软 X 射线总产额测量	标准规定了脉冲软 X 射线总产额的测量方法，适用于热力学实验中软 X 射线辐射总产额的测量。辐射总产额范围为 10kJ～5MJ，光子能量范围为 120eV～10keV
	第 5 部分：软 X 射线能谱测量(拟编制)	规定了软 X 射线能谱测量方法，给出了测量要求、测量原理、测量系统要求、测量流程、数据处理、结果评定等内容，适用于脉冲 X 射线源辐射环境中软 X 射线能谱的测量

表 7.10　与瞬时电离辐射效应试验有关的美国标准及其内容简介

标准号	标准名称及内容简介
MIL-HDBK-815	*Dose Rate Hardness Assurance Guidelines*，适用于半导体器件的剂量率辐射效应，用于器件级抗辐射加固保证。对于剂量率效应而言，系统级加固保证与器件级加固保证有紧密关系，所以文中也提到了系统级的加固保证要求
MIL-HDBK-817	*System Development Radiation Hardness Assurance*，手册介绍了系统层面需要的计划、加固及管理方法，以确保系统满足生存能力要求；手册为确定加固保证活动提供指南，这些指南主要针对系统开发部门、项目经理及其他承包商

标准号		标准名称及内容简介
DNA-H-95-61		*Transient Radiation Effects on Electronics (TREE) Handbook*，内容： (1) 提供半导体器件及材料辐射效应相关知识； (2) 提供微电路辐射加固技术相关知识； (3) 提供微电路辐射加固保证及辐射效应试验相关知识
MIL-STD-883L	Method 1020.1	*Dose Rate Induced Latchup Test Procedure*，规定了微电路剂量率闩锁试验的详细要求，试验目的是评价微电路剂量率闩锁的敏感度
	Method 1021.3	*Dose Rate Upset Testing of Digital Microcircuits*，规定了封装的数字集成电路在瞬时电离辐射环境下，辐射响应试验要求。模拟源为闪光 X 射线机 FXR 或线性加速器 LINAC，测量数字集成电路的剂量率闩锁阈值
	Method 1023.3	*Dose Rate Response of Linear Microcircuits*，规定了包含模拟功能的封装集成电路在瞬时电离辐射环境下，辐射响应试验要求。模拟源为闪光 X 射线机 FXR 或线性加速器 LINAC，试验测量线性电路的剂量率响应特征
	Method 5005.17	*Qualification and Quality Conformance Procedures*，规定了鉴定和质量一致性检验程序。其中 E 组实验规定了中子辐照、稳态总剂量辐照、瞬时电离辐照、单粒子效应试验依据的标准样本量、实验条件等
MIL-STD-750	Method 1015	*Steady-State Primary Photocurrent Irradiation Procedure (Electron Beam)*，规定了瞬时电离辐射下半导体器件的稳态初始光电流的测量方法。模拟源为 LINAC，工作于电子模式下
	Method 3478	*Power Transistor Electrical Dose Rate Test Method*，规定了测量高压晶体管在高剂量率辐射环境下辐射响应的试验方法，以及主要参数评价准则。在高剂量率辐射环境下，功率晶体管易发生烧毁/损伤，本试验为破坏性试验。对于绝缘栅双极晶体管，试验中其收集极和发射极分别代替 MOSFET 的漏极和源极
ASTM E1894		*Standard Guide for Selecting Dosimetry Systems for Application in Pulsed X-Ray Sources*，指南为在闪光 X 射线机上进行试验时，进行剂量测量系统的选择和使用提供帮助，给出剂量和剂量率的测量方法
ASTM E668		*Standard Practice for Application of Thermoluminescence-Dosimetry(TLD) Systems for Determining Absorbed Dose in Radiation-Hardness Testing of Electronic Devices*，规定了利用热释光剂量测量系统确定电离辐射环境下材料吸收剂量的方法。涉及的一些方法尽管在剂量测量领域具有通用性，但本标准关注的领域是电子学器件抗辐射加固试验领域。标准适用于在 γ 射线、X 射线、能量为 12～60MeV 的电子辐照下材料的吸收剂量测量。本标准所给方法适用的吸收剂量范围为 $10^{-2}\sim10^{4}$Gy(Si)，剂量率范围为 $10^{-2}\sim10^{10}$Gy(Si)/s。该方法不适用于中子辐照下材料吸收剂量及吸收剂量率的测量。与电子辐照有关的吸收剂量的测量也只适用于器件级辐照试验中涉及的剂量测量。该方法不适用于组件或系统辐照中器件的吸收剂量的测量
ASTM F448		*Standard Test Method for Measuring Steady-State Primary Photocurrent*，本标准规定了电离辐射环境下半导体器件稳态初始光电流测量方法，本测量方法适用的光电流大于 10^{-9}A.s/Gy(Si 或 Ge)，器件的弛豫时间小于辐射脉冲宽度的 25%

标准号	标准名称及内容简介
ASTM F448	适用的剂量率可高达 10^8Gy(Si 或 Ge)/s。采用本标准也可以测量剂量率高达 10^{10}Gy(Si 或 Ge)/s 下的光电流，但应注意，当剂量率高于 10^8Gy(Si 或 Ge)/s 时，器件辐射响应中主要为封装的响应；并且，当测量的光电流不大于 10^{-9}A·s/Gy(Si 或 Ge)时，也可采用本标准，但需要加以注意。本标准还给出了试验设置、标定、试验线路板测评等程序。器件种类多种多样，应用要求不同，本标准中没有给出特定的试验剂量率，在具体开展辐照试验时，应规定剂量率
ASTM F744	*Standard Test Method for Measuring Dose Rate Threshold for Upset of Digital Integrated Circuits(Metric)*，标准规定了数字集成电路在静态工作条件下剂量率翻转阈值测量的试验方法。模拟源为闪光 X 射线机(FXR)或电子线性加速器(LINAC)
ASTM F773	*Practice for Measuring Dose Rate Response of Linear Integrated Circuit*，标准规定了在给定工作条件下，线性集成电路剂量率响应的测量方法。线性集成电路的剂量率响应或者是瞬时响应，或者是闩锁响应。模拟源为闪光 X 射线机或电子线性加速器
ASTM F1262	*Standard Guide for Transient Radiation Upset Threshold Testing of Digital Integrated Circuits(Metric)*，指南给出了在剂量率高于 10^3Gy(Si)/s 的瞬时辐射环境下，硅基数字集成电路翻转阈值测量的试验方法
ASTM F526	*Standard Test Method for Using Calorimeters for Total Dose Measurements in Pulsed Lineal Accelerator or Flash X-ray Machines*，规定了利用量热计测量电离辐射效应试验中电子线性加速器产生的脉冲电子剂量的方法。适用的脉冲电子能量范围为 10～50MeV，采用的量热计和待测的测试样品厚度要小于电子射程。方法适用于以下情况：①单次脉冲剂量不小于 5Gy(Si)；②重复脉冲时，脉冲间隔时间短于量热计的热响应时间
ASTM F1893	*Guide for the Measurement of Ionizing Dose-Rate Survivability and Burnout of Semiconductor Devices*，指南规定了半导体器件在短脉冲、高剂量率辐照下的生存能力评估及烧毁失效试验方法。模拟源应能提供需要的剂量率水平。一般情况下，大的闪光 X 射线机装置的光子模式，或 FXR 装置的电子模式可提供高的剂量率环境；如果电子线性加速器的剂量率足够，也可用作模拟源。本指南表述了两种试验：①生存能力测量试验；②烧毁阈值测量试验
ASTM F1263	*Standard Guide for Analysis of Overtest Data in Radiation Testing of Electronic Parts*，标准为超量试验指南。超量试验是在比指标高的应力作用下进行试验。指南给出了辐照试验中为满足一定的电子器件生存概率，应该什么时候及如何开展超量试验。在超量试验中，需要了解器件失效概率分布情况

在开展瞬时电离辐射效应试验时，可参照这些标准。

7.8　小　　结

本章首先介绍了可用于瞬时电离辐射效应试验的模拟源及其辐射环境测量方

法，给出了几个典型模拟源辐射场环境参数，介绍了脉冲 X 射线时间谱、脉冲总剂量的测量方法及其不确定度评定方法。

其次描述了瞬时电离辐射效应测量系统中屏蔽及抗干扰系统、信号传输系统、同步触发系统、信号记录系统等组成部分，介绍了稳态初始光电流、剂量率闩锁、数字微电路的剂量率翻转等瞬时电离辐射效应的测量方法。此外，对瞬时电离辐射效应脉冲激光辐照试验技术进行了详细的介绍。

最后简单介绍了与瞬时电离辐射效应试验有关的中华人民共和国国家军用标准及美国标准。

参 考 文 献

[1] ASTM International. Standard guide for selecting dosimetry systems for application in pulsed X-ray sources: ASTM E1894-18A[S]. ASTM International, 2018.

[2] 王群书, 康克军, 宋朝晖. ST401 闪烁探测器能量响应的实验研究[J]. 原子能科学技术, 2008, 42(9): 856-860.

[3] CARLSON G A, SANFORD T W L, DAVIS B A. A solid dielectric compton diode for measuring short radiation pulse widths[J]. Review of Scientific Instrument, 1990, 61(11): 3447-3451.

[4] 复旦大学, 清华大学, 北京大学. 原子核物理实验方法[M]. 北京: 原子能出版社, 1985.

[5] 白小燕, 齐超, 金晓明, 等. 热释光剂量片γ射线响应的线性上限和重复性研究[J]. 原子能科学技术, 2014, 48(29): 368-371.

[6] 王晨辉, 杨善潮, 陈伟. 敏化 LiF(Mg, Ti))热释光剂量片高剂量响应特性研究[J]. 中国核科学技术进展报告, 2017, 5: 44-51.

[7] 中国人民解放军总装备部. 军用电子器件脉冲γ射线效应试验方法: GJB 7350—2011[S]. 北京: 总装备部军标出版发行部, 2011.

[8] HABING D H. The use of laser to simulate radiation-induced transients in semiconductors and circuits[J]. IEEE Transactions on Nuclear Science, 1965, 12(6): 91-100.

[9] ELLIS T D, KIM Y D. Use of a pulsed laser as an aid to transient upset testing of I～LLSI microcircuits[J]. IEEE Transactions on Nuclear Science, 1978, 25(6): 1489-1493.

[10] STULTZ T J, CROWLEY J L, JUNDA F A. An investigation of the transient ionizing radiation response of diffused resistors using a pulsed laser[J]. IEEE Transactions on Nuclear Science, 1980, 27(5): 1362-1367.

[11] KING E E, AHLPORT B, TETTEMER G, et al. Transient radiation screening of silicon devices using backside laser irradiation[J]. IEEE Transactions on Nuclear Science, 1982, 29(6): 1809-1815.

[12] HARDMAN M A, EDWARDS A R. Exploitation of a pulsed laser to explore transient effects on semiconductor devices[J]. IEEE Transactions on Nuclear Science, 1984, 31(6): 1406-1410.

[13] BAZE M P, JOHNSTON A H. Latchup paths In bipolar integrated circuits[J]. IEEE Transactions on Nuclear Science, 1986, 33(6): 1499-1504.

[14] RABURN W D, BUCHNER S P, KANG K, et al. Comparison of threshold transient upset levels induced by flash X-rays and pulsed lasers[J]. IEEE Transactions on Nuclear Science, 1988, 35(6): 1512-1516.

[15] JOHNSTON A H. Charge generation and collection in p-n juncttons excited with pulsed infrared lasers[J]. IEEE Transactions on Nuclear Science, 1993, 40(6): 1694-1702.

[16] NIKIFOROV A Y, CHUMAKOV A I, SKOROBOGATOV P K. CMOS IC Transient radiation effects investigations,

model verification and parameter extraction with the test structures laser simulation tests[C]. 1996 IEEE International Conference on Microelectronic Test Structures, Trento, Italy, 1996: 253.

[17] NIKIFOROV A Y, BAYKOV V V, FIGUROV V S, et al. Latch-up windows tests in high temperature range[C]. Proceedings of the 4th European Conference on "Radiations and Their Effects on Devices and Systems", Cannes, France, 1997: 118-320.

[18] NIKIFOROV A Y, SKOROBOGATOV P K. Dose rate laser simulation tests adequacy: Shadowing and high intensity effects analysis[J]. IEEE Transactions on Nuclear Science, 1996, 43(6): 3115-3121.

[19] NIKIFOROV A Y, MAVRITSKY O B, EGOROV A N, et al. "RADON-SE" Portable pulsed laser simulator: Description, qualification technique and results, dosimetry procedure[C]. IEEE Radiation Effects Data Workshop Record, Indian Wells, USA, 1996: 49-54.

[20] NIKIFOROV A Y, MAVRITSKY O B, EGOROV A N, et al. Upgrade design versions of <RADON-SEM>laser simulator[C]. Proceedings of the 4th European Conference on "Radiations and Their Effects on Devices and Systems", Cannes, France, 1997: 15-19.

[21] 岳龙, 张战刚, 何玉娟. 激光束模拟剂量率效应关键技术分析[J]. 太赫兹科学与电子信息学报, 2017, 15(1): 139-144.

[22] 李沐, 孙鹏, 宋宇. 半导体器件辐射电离效应的激光模拟方法[J]. 太赫兹科学与电子信息学报, 2015, 13(1): 160-168.

第8章 电子器件抗瞬时电离辐射性能评估方法

8.1 引 言

利用地面辐射模拟设备开展辐射损伤研究以提高电子器件的抗辐射能力是目前最为经济的手段之一。实际的辐射环境一般为综合辐射环境，会在电子器件中产生各种效应，包括瞬时电离辐射效应、位移损伤效应、电离总剂量效应、单粒子效应等。地面辐射模拟设备一般只能提供单一辐射环境，针对某一种效应开展研究。例如，钴源主要用于电离总剂量效应的研究、中子反应堆主要用于位移损伤效应研究、闪光X射线机或电子线性加速器主要用于瞬时电离辐射效应研究[1-3]。

辐射对电子器件的损伤通常是破坏性的，因此抽样考核成为检验电子器件抗辐射能力的常用方法[3]。计数抽样检验是目前最常用的一种抽样考核方法，依据的统计理论是经典非参数法，这种方法操作简单，通用性强，不区分稳态辐射和瞬态辐射。例如，对于11(0)的抽样方案，取11只样品，在规定的辐射指标下进行试验，若无一失效，则通过验收。该抽样方案以90%的置信度保证接受批的生存概率不低于80%。

然而，计数抽样检验在瞬时电离辐射效应考核中，存在评价结果过于保守、对信息利用率不高的问题。瞬时电离辐射模拟源工作在脉冲状态，稳定性和重复性比稳态源差很多，加上靶面有限，因此不同样本接受的吸收剂量率差别很大。某些样本接受的吸收剂量率可能低于考核指标，而某些样本接受的吸收剂量率又可能远高于指标。如果根据现有的计数抽样考核方案对器件进行性能考核，则完全忽略了高于指标部分的试验信息。

本章介绍样本空间排序法在电子器件抗瞬时电离辐射性能评估中的应用。从瞬时电离辐射效应数据特征入手，说明样本空间排序法的可行性，基于试验数据从理论分析、实例计算两方面说明样本空间排序法较经典参数法的优异性，建立了基于区间删失数据获取失效分布模型的试验方法，采用蒙特卡罗模拟方法再抽样说明样本空间排序法具有保守性。

8.2 生存分析相关基础知识

从数学角度来看，各种各样与寿命、存活时间或者失效时间等有关的数据统计分析，都是对一个或多个非负随机变量进行统计分析与推断。广义上可以将这种非负随机变量称为"寿命"，对寿命数据的统计分析与推断被称为生存分析。显然，电子器件抗瞬时电离辐射性能评估亦属于生存分析领域。本节简要介绍生存分析领域的一些基本概念和方法[4-5]。

8.2.1　基本概念

假设 T 表示一个总体中的个体寿命，它是一个非负随机变量。假设它是连续型的，即在区间 $[0,\infty)$ 上连续取值，则 T 的分布函数 $F(t)$ 定义为

$$F(t) = P(T \leqslant t) \tag{8.1}$$

假设存在非负函数 $f(x)$，其对于任意非负实数 x 有

$$F(t) = \int_0^t f(x)\mathrm{d}x \tag{8.2}$$

则称函数 $f(x)$ 为 T 的概率密度函数。

个体在时间 t 仍存活的概率定义为生存函数 $S(t)$，在某些情形下，也叫可靠度函数。显然 $S(t)$ 和 $F(t)$ 有如下关系：

$$S(t) = 1 - F(t) \tag{8.3}$$

另外一个与寿命分布相关的重要概念是危险函数 $h(t)$，也称为失效率、故障率，它表示个体已存活到时刻 t 时，在时刻 t 的瞬时死亡率或失效率，定义如下：

$$h(t) = \lim_{\Delta t \to 0^+} \frac{P(t \leqslant T \leqslant t + \Delta t | T \geqslant t)}{\Delta t} \tag{8.4}$$

函数 $f(t)$、$F(t)$、$S(t)$、$h(t)$ 具有如下的数学关系：

$$h(t) = \frac{f(t)}{1 - F(t)} = \frac{f(t)}{S(t)} \tag{8.5}$$

$$S(t) = \exp\left[-\int_0^t h(u)\mathrm{d}u\right] \tag{8.6}$$

危险函数描述了个体瞬时死亡率随时间变化的情况，具有直接的物理意义。例如，对于处于早期失效期的产品，$h(t)$ 为减函数；对于老化产品，$h(t)$ 为增函数；对于处于随机失效期的产品，$h(t)$ 为常数。核辐射效应对电子产品具有破坏性。一般情况下，辐射剂量越高，电子产品的损伤越严重，电子产品的抗辐射寿命分布的危险函数应该是非减的。

均值和方差常用来刻画随机变量的特征，非负随机变量 T 的均值 $E(T)$ 和方差

$D(T)$分别表示为

$$E(T) = \int_0^\infty f(x)\mathrm{d}x \tag{8.7}$$

$$D(T) = \int_0^\infty \left[x - E(T)\right]^2 f(x)\mathrm{d}x \tag{8.8}$$

8.2.2 数据类型

生存分析领域的数据具有删失或不精密的特点。

删失分为"左删失"和"右删失"。对 n 个个体的寿命 $t_i(i=1,2,3,\cdots,n)$ 进行观测，如果某个个体的确切寿命知道，则称其为寿终数据或完全样本数据；若只知道寿命大于 L，则称个体的寿命在 L 是右删失的；若只知道寿命小于 L，则称个体的寿命在 L 是左删失的。右删失的情形在寿命观测中极为常见，左删失的情形出现较少。

如果个体的确切寿命不知道，只知道寿命在 t_1 和 t_2 之间，这时寿命数据为区间型数据。实际工作中凡是不能连续监测的情况，通常只能得到这种类型的数据。例如，在钴源试验中，假若采用移位测试的方法测量电子器件敏感参数随总剂量的变化，则得到的电子器件失效阈值即为区间型数据。

寿终数据(或叫完全样本数据)、右删失数据、左删失数据、区间型数据等四类数据基本可以覆盖生存分析领域的全部数据类型。

区间型数据中有一类特殊的数据,被称为Ⅰ型区间删失数据或当前状态数据,定义如下。

若对寿命 T 的观测时刻是 U，观测结果是

$$\delta = I(T \leqslant U) \doteq \begin{cases} 1, & T \leqslant U \\ 0, & T > U \end{cases} \tag{8.9}$$

则 (U, δ) 称为 T 的Ⅰ型区间删失数据。

相对完全样本数据，删失数据存在信息缺失、不精密的特点，而Ⅰ型区间删失数据又是其中信息缺失最严重的。当对个体"寿命"不能连续监测，只能在某个时刻进行监测时，监测的结果只能判别"寿命"是否已经终结，就会遇到Ⅰ型区间删失数据。

8.2.3 常用分布

在生存分析领域，指数分布、威布尔分布、极值分布、对数正态分布等函数应用非常广泛，具有重要地位，本小节对这几种分布函数的性质进行简要介绍。

指数分布是研究最早的寿命模型，从产品的寿命到慢性病患者的存活时间都可以用指数分布描述。它的危险函数为常数，即

$$h(t) = \lambda, \quad t \geqslant 0 \tag{8.10}$$

式中，$\lambda > 0$。

根据式(8.5)和式(8.6)可以得到指数分布的生存函数和概率密度函数分别为

$$S(t) = \mathrm{e}^{-\lambda t} \tag{8.11}$$

$$f(t) = \lambda \mathrm{e}^{-\lambda t} \tag{8.12}$$

指数分布的均值和方差分别为 λ^{-1} 和 λ^{-2}。

威布尔分布的危险函数为

$$h(t) = \lambda \beta (\lambda t)^{\beta - 1}, \quad t \geqslant 0 \tag{8.13}$$

式中，$\lambda > 0$ 被称为刻度参数；$\beta > 0$ 被称为形状参数。

威布尔分布危险函数的增减性与 β 相关，在 $\beta > 1$ 时为增函数，在 $\beta < 1$ 时为减函数，在 $\beta = 1$ 时为常数。$\beta = 1$ 时，威布尔分布退变为指数分布。因为具有这样的灵活性，威布尔分布被广泛应用于描述许多类型产品的寿命分布，如真空管、滚动轴承和电器的绝缘材料。

根据式(8.5)和式(8.6)可以得到威布尔分布的生存函数和概率密度函数分别为

$$S(t) = \exp\left[-(\lambda t)^{\beta} \right] \tag{8.14}$$

$$f(t) = \lambda \beta (\lambda t)^{\beta - 1} \exp\left[-(\lambda t)^{\beta} \right] \tag{8.15}$$

威布尔分布的均值和方差分别为 $\lambda^{-1}\Gamma(1 + 1/\beta)$ 和 $\lambda^{-2}\{\Gamma(1 + 2/\beta) - [\Gamma(1 + 1/\beta)]^2\}$。

图 8.1 给出了 $\lambda = 1$，$\beta = 0.5$、1.0、1.5、3.0 时威布尔分布的危险函数和概率密度函数。形状参数决定了威布尔分布的形状，当 $\beta > 1$ 时概率密度函数有一个峰。

威布尔分布与极值分布有密切关系。若 T 服从威布尔分布，则 $X = \ln T$ 服从极值分布，极值分布函数为

$$F(x) = 1 - \exp(-\mathrm{e}^{\frac{x - \mu}{\sigma}}) \tag{8.16}$$

式中，$\mu = -\ln \lambda$ 为位置参数；$\sigma = \beta^{-1}$ 为尺度参数。

极值分布属于位置—尺度分布族，研究起来更方便，因此很多威布尔分布的统计推断问题转化到极值分布上进行考虑。

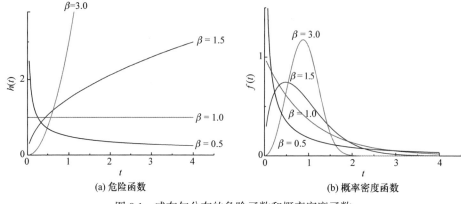

(a) 危险函数　　　　　　　　　　　　　　　　　(b) 概率密度函数

图 8.1　威布尔分布的危险函数和概率密度函数

当寿命 T 取对数后 $X = \ln T$ 服从正态分布时，就称 T 服从对数正态分布。正态分布的概率密度函数表示为

$$f(x) = \frac{1}{\sqrt{2\pi}\sigma} \exp\left[-\frac{1}{2}\left(\frac{x-\mu}{\sigma} \right)^2 \right], \quad -\infty < x < \infty \tag{8.17}$$

式中，μ 为正态分布的均值；σ^2 为正态分布的方差。

$\mu = 0$，$\sigma = 1$ 的正态分布被称为标准正态分布。

对数正态分布的概率密度函数：

$$f(t) = \frac{1}{\sqrt{2\pi}\sigma t} \exp\left[-\frac{1}{2}\left(\frac{\ln t - \mu}{\sigma} \right)^2 \right], \quad t > 0 \tag{8.18}$$

对数正态分布的均值和方差分别为

$$E(t) = \exp\left(\mu + \frac{1}{2}\sigma^2 \right) \tag{8.19}$$

$$\text{Var}(t) = \left(e^{\sigma^2} - 1 \right) \exp\left(2\mu + \sigma^2 \right) \tag{8.20}$$

对数正态分布的生存函数和危险函数可表示为

$$S(t) = 1 - \Phi\left(\frac{\ln t - \mu}{\sigma} \right) \tag{8.21}$$

$$h(t) = \frac{f(t)}{S(t)} \tag{8.22}$$

式中，$\Phi(\cdot)$ 为标准正态分布的分布函数。

图 8.2 给出了 $\mu = 0$，$\sigma = 1$ 时对数正态分布的危险函数，当 $t \to 0$ 时，$h(t) \to 0$，

随着 t 的增大，$h(t)$ 先增大后减少，在 $t \to \infty$ 时 $h(t) \to 0$。在 t 较大时，对数正态分布的危险函数是递减函数，这表面看来不符合很多实际场合对寿命分布模型的要求。然而实际应用中发现，当不考虑 t 取很大值的时候，它可以描述很多产品的寿命分布，如电器绝缘体的失效时间、吸烟者中肺癌的出现时间等。

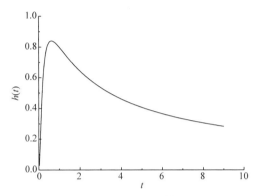

图 8.2　对数正态分布的危险函数（$\mu = 0$，$\sigma = 1$）

8.3　样本空间排序法

8.3.1　瞬时电离辐射效应数据特征

瞬时电离辐射模拟源工作在脉冲状态，一发次试验只能获取器件在某个剂量率下失效与否的试验结果，无法获取器件确切的失效剂量率值。将电子器件的失效剂量率与生存分析中的"寿命"对应，电子器件接受的吸收剂量率与"监测时刻"对应，根据式(8.9)，显然瞬时电离辐射效应试验中遇到的数据属于 I 型区间删失数据。

同时，瞬时电离辐射效应试验考核中的数据还存在小样本量和无失效的特点。导致样本量小的原因有两方面：一是抗辐射加固电子器件具有定制、批量小的特点；二是瞬时辐射模拟源的靶面和机时有限。电子系统在核辐射环境中的生存和突防要求对电子器件提出了很高的生存概率需求，因此抽样样本的试验结果多为无失效或失效数很少。

国内外发展了许多统计理论和方法[4,6-8]来处理 I 型区间删失数据。样本空间排序法是我国北京大学陈家鼎教授发展起来的一种方法[4]，它将置信区间和置信限的计算问题转化为最优计算问题，适合不完全数据情形下参数置信限的计算，而且对样本数和失效数没有限制，非常符合瞬时电离辐射效应数据的特点。

8.3.2　样本空间排序法介绍

1. 原理

样本空间排序法构造的置信限称为 Buehler 置信限,它起源于 1955 年 Buehler 的思想,最初用于构造二项分布等离散分布中参数函数的置信限,Jobe 等和陈家鼎分别把这种方法推广到了其他分布模型中。陈家鼎把这种方法命名为“样本空间排序法”,并利用该方法给出了 I 型区间删失数据的生存概率置信限理论表达式,在武器装备的存储可靠性评估中得到了应用。关于样本空间排序法的详细介绍可参考陈家鼎编著的《生存分析与可靠性》[4]。

给定 n 个正数 $t_1, t_2, \cdots, t_n$,设:

$$Y = (Y_1, \cdots, Y_n)$$

其中, $Y_i = I(X_i > t_i)$, $i = 1, \cdots, n$ 。 $I(\cdot)$ 定义同式(8.9)。

样本空间排序法的目标是根据 Y 的观测结果给出函数 $g(\theta)$ 的置信下限, $F(t, \theta)$ 代表随机变量 t 所服从的分布函数,其中 θ 为分布函数中的未知参数。

样本空间排序法求解 I 型区间删失数据生存概率置信下限主要包括以下三步。

第一步:在样本空间 $E = \{(y_1, y_2, \cdots, y_n) : y_i = 0 \text{ or } 1\}$ 中定义一个序。若满足下列①或②,则称 $(y_1, \cdots, y_n) \geq (\bar{y}_1, \cdots, \bar{y}_n)$: ① $\sum_{i=1}^{n} y_i > \sum_{i=1}^{n} \bar{y}_i$; ② $\sum_{i=1}^{n} y_i = \sum_{i=1}^{n} \bar{y}_i$ 而且 $\sum_{i=1}^{n} y_i t_i \geq \sum_{i=1}^{n} \bar{y}_i t_i$ 。

第二步:建立似然函数 $P_\theta(y) = \prod_{i=1}^{n} (F(t_i, \theta))^{1-y_i} \cdot (1 - F(t_i, \theta))^{y_i}$ 。

第三步:根据似然函数计算函数 $G_n(y, \theta) = \sum_{\bar{y} \geq y} P_\theta(\bar{y}) = P_\theta(Y \geq y)$,则函数 $g(\theta)$ 的置信下限可表示为 $g_L(Y) = \inf\{g(\theta) : G_n(y, \theta) > \alpha\}$ 。

这个理论表达式普适性高,但使用复杂。当取 $g(\theta)$ 为生存概率时,即可根据上面的三步计算生存概率的置信下限。

2. 无失效数据下生存概率置信下限的计算

显然,样本空间排序法属于参数性方法,因此已知失效分布模型是其应用的前提。在无失效情况下,针对对数正态分布和威布尔分布两种情形,生存概率置信下限有解析表达式[9-10]。

无失效情况下,对数正态分布生存概率置信下限可表示为

$$R_{\mathrm{L}}(t) = \begin{cases} 0, & t > t_{(n)} \\ \alpha^{1/p}, & t = t_{(n)}, p = \#(i, t_i = t_{(n)}) \\ \varPhi(u_1), & \left(\prod_{i=1}^{n} t_i\right)^{1/n} < t < t_{(n)} \\ \alpha^{1/n}, & 0 < t \leqslant \left(\prod_{i=1}^{n} t_i\right)^{1/n} \end{cases} \tag{8.23}$$

式中，$1-\alpha$ 为置信度；$t_{(n)} = \max(t_1, t_2, \cdots, t_n)$；$\#A$ 为集合 A 的元素个数；u_1、σ_1 为下列方程组的唯一解：

$$\begin{cases} \displaystyle\sum_{i=1}^{n} \frac{\varPhi'\left(u + \dfrac{1}{\sigma}\ln\dfrac{t}{t_i}\right)}{\varPhi\left(u + \dfrac{1}{\sigma}\ln\dfrac{t}{t_i}\right)} \ln\dfrac{t}{t_i} = 0 \\[4mm] \displaystyle\prod_{i=1}^{n} \varPhi\left(u + \dfrac{1}{\sigma}\ln\dfrac{t}{t_i}\right) = \alpha \end{cases} \qquad -\infty < u < \infty, 0 < \sigma < \infty$$

式中，$\varPhi(x)$ 为标准正态分布函数。

无失效情况下，威布尔分布生存概率置信下限 $R_{\mathrm{L}}(t)$ 解析表达式为

$$R_{\mathrm{L}}(t) = \begin{cases} 0, & t > t_{(n)} \\ \alpha^{1/p}, & t = t_{(n)}, p = \#(i, t_i = t_{(n)}) \\ \alpha^{1/f(m^*)}, & \left(\prod_{i=1}^{n} t_i\right)^{1/n} < t < t_{(n)} \\ \alpha^{1/n}, & 0 < t \leqslant \left(\prod_{i=1}^{n} t_i\right)^{1/n} \end{cases} \tag{8.24}$$

式中，$t_{(n)} = \max(t_1, t_2, \cdots, t_n)$；$\#A$ 为集合 A 的元素个数；$f(m) = \sum_{i=1}^{n}(t_i/t)^m$；$m^*$ 为下列方程的根：

$$\sum_{i=1}^{n}(t_i/t)^m \ln(t_i/t) = 0, \quad m > 0$$

若已知形状参数 $\beta \in [\beta_1, \beta_2]$（$0 < \beta_1 < \beta_2 < \infty$），可以得到更大的置信下限 $\tilde{R}_{\mathrm{L}}(t)$：

$$\tilde{R}_{\mathrm{L}}(t) = \alpha^{1/f(m_0)} \tag{8.25}$$

式中，$f(m) = \sum_{i=1}^{n} (t_i / t)^m$ ；

$$m_0 = \begin{cases} \beta_1, & 0 < t \leqslant \left(\prod_{i=1}^{n} t_i\right)^{1/n} \\ \beta_2, & t \geqslant t_{(n)} \\ \max(\beta_1, \min(m^*, \beta_2)), & \left(\prod_{i=1}^{n} t_i\right)^{1/n} < t < t_{(n)} \end{cases} \tag{8.26}$$

3. 有失效数据下生存概率置信下限的计算

在有失效情况下，无解析表达式，需要编程计算。编程计算的关键是计算 $G_n(y, \theta)$ 。引入函数 $\varphi(y_1, \cdots, y_n) = \sum_{i=1}^{n} a_{ni} y_i$ ，其中 $a_{ni} = \sum_{k=1}^{n} t_k + t_i$ ，则 $G_n(y, \theta) = \tilde{G}_n(\varphi(y), \theta) = P_\theta(\varphi(y) \geqslant u)$ 。

定义 $\psi_n(a_1, \cdots, a_n, u, \theta) = P_\theta\left(\sum_{i=1}^{n} a_i y_i \geqslant u\right)$ ，则

$$\tilde{G}_n(u, \theta) = \psi_n(a_{n1}, \cdots, a_{nn}, u, \theta)$$

式中，

$$\psi_1(a_{11}, \theta) = \begin{cases} 0, & u > a_1 \\ 1 - F(t_1, \theta), & 0 < u \leqslant a_1 \\ 1, & u \leqslant 0 \end{cases}$$

对一切 $n \geqslant 2$ ，有

$$\psi_n(a_{n1}, \cdots, a_{nn}, u, \theta) = \psi_{n-1}(a_{n1}, \cdots, a_{nn-1}, u - a_{nn}, \theta)(1 - F(t, \theta))$$
$$+ \psi_{n-1}(a_{n1}, \cdots, a_{nn-1}, u, \theta) F(t, \theta)$$

根据这个递推关系式就可以进行计算 $R_L(t)$ 的程序编制，程序源代码见附录 A。

8.3.3　样本空间排序法应用

以瞬时电离辐射效应试验考核中最常遇到的无失效数据为例，从理论分析和实例计算两方面将样本空间排序法的统计推断结果与原有的经典非参数法的结果进行比较，说明样本空间排序法的优异性。

1. 理论分析

假设抽样检验的样本数目为 n ，样本接受的吸收剂量率分别为 $\dot{D}_i(i = 1, \cdots, n)$ ，

无一只样本失效。

利用经典的非参数法得到的生存概率置信下限为

$$R_{\mathrm{L}}(X) = \alpha^{1/n}, \quad X \le \min\left(\dot{D}_1, \cdots, \dot{D}_n\right) \tag{8.27}$$

式中，$1-\alpha$ 为置信度；$R_{\mathrm{L}}(X)$ 为吸收剂量率 X 下电子器件的生存概率置信下限。

样本空间排序法属于参数性方法，需要失效分布模型的假设。在无失效数据下样本空间排序法对失效分布的依赖性不强，在常见的威布尔分布和对数正态分布的假设下，给出同样的生存概率置信下限推断结果：

$$R_{\mathrm{L}}(X) = \alpha^{1/n}, \quad X \le \left(\prod_{i=1}^{n} \dot{D}_i\right)^{1/n} \tag{8.28}$$

对比式(8.27)和式(8.28)可知，与经典非参数法相比，样本空间排序法给出了同样的生存概率置信下限，但将置信下限所对应的吸收剂量率上限从最小值增加到几何平均值。如果将这一结果应用到实际的瞬时电离辐射效应考核中，无疑可以减少试验次数，降低对辐射模拟源的要求。

上述结果是在对分布参数范围不加以限定的情况下的统计推断结果。实际工作中常对分布中某个参数的范围有所了解，此时样本空间排序法的推断结果可以进一步优化。以威布尔分布为例，假若已知形状参数 $\beta \in [\beta_1, \beta_2]$，则用样本空间排序法计算得到的生存概率置信下限为

$$R_{\mathrm{L}}(X) = \alpha^{1/f(\beta_1)}, \quad X \le \left(\prod_{i=1}^{n} \dot{D}_i\right)^{1/n} \tag{8.29}$$

式中，

$$f(\beta_1 = 1) = \sum_{i=1}^{n} \left(\frac{\dot{D}_i}{X}\right)^{\beta_1} \tag{8.30}$$

对比式(8.28)和式(8.29)可知，$f(\beta_1)$ 等价于虚拟样本量。在对威布尔分布形状参数没有限制的情况下 $\beta_1 = 0$，$f(\beta_1) = n$，此时式(8.29)退变为式(8.28)。在 $\beta_1 > 0$ 的情况下，$f(\beta_1)$ 是器件吸收剂量率 $\dot{D}_i (i=1,\cdots,n)$ 的增函数，因此过量辐照可以增大虚拟样本量，增大生存概率置信下限。假若考核要求不变，过量辐照则可降低试验样本数。同时在 $X \le \left(\prod_{i=1}^{n} \dot{D}_i\right)^{1/n}$ 的范围内，$f(\beta_1)$ 为 β_1 的增函数，因此增大形状参数取值下限也可以起到增大虚拟样本量，从而增大生存概率置信下限的作用。

通过失效机理分析可知，威布尔分布用于描述电子器件辐射损伤失效分布时，

要求其形状参数 $\beta \geqslant 1$，因此可知 $\beta_1 = 1$。此时式(8.30)变为

$$f(\beta_1 = 1) = \sum_{i=1}^{n} \frac{\dot{D}_i}{X} \tag{8.31}$$

从式(8.31)可以看出，在保持生存概率置信下限要求不变的情况下，2 倍的过量辐照可将抽样样本数减少一半。由于试验样本数的降低，试验次数也会减少。

2. 实例计算

以在"强光一号"加速器上进行的某次抽样试验为例进行具体计算[11]。抽样样本数为 11，无一失效。表 8.1 为器件接受的归一化吸收剂量率，采用规定的剂量率指标 t_0 进行归一化。

表 8.1　器件接受的归一化吸收剂量率

器件编号	归一化的吸收剂量率	器件编号	归一化的吸收剂量率
1	2.0	7	1.9
2	2.4	8	1.8
3	1.0	9	1.8
4	1.5	10	1.8
5	1.0	11	1.4
6	2.3	—	—

取 $\alpha = 0.1$，用 T 代表归一化的剂量率，即 $T = t/t_0$，$T_i = t_i/t_0, i = 1, \cdots, 11$。

对于以上试验数据,用经典非参数法进行评估，评估结果为 $T \leqslant 1$，$R_L(T) = 0.8$。

在威布尔分布的假设下，利用样本空间排序法进行计算。首先需要知道形状参数的取值范围。工程实践中常根据经验获知形状参数的取值在一定范围内，如轴承的寿命分布为威布尔分布，其形状参数在 1.1 附近[5]。目前有关电子器件瞬时辐照效应失效分布的研究较少，还缺乏这样的经验知识。从瞬时电离辐射效应的失效机理出发，对形状参数的取值范围进行探求。

威布尔分布的危险函数 $h(t) = \eta^{-1}\beta(t/\eta)^{\beta-1}$，$\beta > 1$ 时单调递增；$\beta = 1$ 时是常数；$\beta < 1$ 时单调递减。瞬时辐射损伤程度和光电流直接相关，而光电流近似和剂量率成正比[12]，所以危险函数不应该是剂量率的减函数，因此得到 $\beta \geqslant 1$。

在 $\beta \geqslant 1$ 的情况下，根据式(8.24)和式(8.25)进行计算。首先根据式(8.26)确定 m_0，其次计算 $f(m_0)$，最后代入式(8.24)计算 $R_L(T)$。如果 $T > 2.4$ (2.4 为表 8.1 中 11 个数据的最大值)，$m_0 = \infty$，$f(m_0) = 0$，$R_L(T) = 0$。如果 $T = 2.4$，$m_0 = \infty$，$f(m_0) = 1$，$R_L(T) = \alpha = 0.1$。如果 $1.65 < T < 2.4$ (1.65 是表 8.1 中 11 个数据的几何平均值)，首先需要求解方程 $\sum_{i=1}^{n}(t_i/t)^m \ln(t_i/t) = 0$，方程的根即为 m^*；其次取 m_0

等于 m^* 和 β_1 中较大的那一个，m^* 和 T 相关，因此 $R_L(T)$ 随着 T 变化。如果 $0 < T \leqslant 1.65$，$m_0 = 1$，$f(m_0) = \sum\limits_{i=1}^{11}(T_i / T) = 18.9 / T$，$R_L(T)$ 随着 T 单调递减，$R_L(1) = 0.9$，$R_L(1.65) = 0.8$。威布尔分布假设下生存概率 90% 置信下限随归一化剂量率 T 的变化曲线见图 8.3。为了进行对比及方便后面的分析讨论，图中同时给出 $\beta > 0$、$1 \leqslant \beta \leqslant 10$、$1 \leqslant \beta \leqslant 3$ 的计算结果。

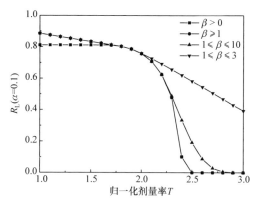

图 8.3　威布尔分布假设下生存概率 90% 置信下限随归一化剂量率 T 的变化曲线

在归一化剂量率小于 2.0 时，$\beta \geqslant 1$ 时的曲线与 $1 \leqslant \beta \leqslant 10$ 时的曲线重合；在归一化剂量率大于 2.0 时，$\beta \geqslant 1$ 时的曲线与 $\beta > 0$ 时的曲线重合

与经典非参数法相比，当 $\beta > 0$ 时，样本空间排序法把 $R_L(T) = 0.8$ 所对应的剂量率范围从 $(0, 1]$ 增大到 $(0, 1.65]$；当 $\beta \geqslant 1$ 时更会提高 $T \in (0, 1.65]$ 所对应的 $R_L(T)$，且 $R_L(1) = 0.9$，这是经典非参数法中无失效情况下 22 个试验样本才能达到的置信下限。

图 8.4 为三种分布下得到的生存概率为 90% 的置信下限与归一化剂量率的关

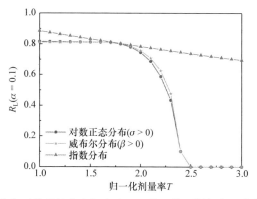

图 8.4　三种分布下得到的生存概率为 90% 的置信下限与归一化剂量率的关系

系，其中对数正态分布中 $\sigma > 0$，$\alpha = 0.1$；威布尔分布中 $\beta > 0$；指数分布的计算结果其实对应 $\beta = 1$ 的威布尔分布中的假设。这再次说明，如果可以缩小形状参数的范围，将大大提高生存概率的置信下限。从图 8.4 中可知，对数正态分布和威布尔分布两者的计算结果基本相同，可见样本空间排序法对失效分布模型的依赖不强。推测原因可能为样本空间排序法处理的是信息缺失严重的 I 型区间删失数据，统计推断结果可能偏于保守。

3. 总结分析

理论分析和实例计算的结果均显示，样本空间排序法不仅提高生存概率置信下限，还增大置信下限所对应的剂量率范围。这主要是因为样本空间排序法对瞬时辐照效应试验数据具有很强的针对性，对试验信息的利用率高。

从理论分析和实例计算中还可以发现，置信下限受形状参数取值区间的影响。前文从失效机理出发，得到 $\beta \geqslant 1$。根据可靠性领域的经验，结合大样本量的试验数据有望进一步缩小形状参数的取值区间，这将会进一步提高生存概率的置信下限。

与经典非参数法相比，样本空间排序法将相同置信下限所对应的剂量率范围从最小值提高到了几何平均值。抽样考核时，为满足考核要求，根据经典非参数法的推断结果，要求每只样品的剂量率均不能小于规定的剂量率指标，而根据样本空间排序法的推断结果，只要求所有样品剂量率的几何平均值不小于规定的剂量率指标。在目前我国瞬时辐射模拟源的现状下，这可降低对模拟源的要求，可减少试验次数。同时，样本空间排序法还可以提高置信下限，在考核要求不变的情况下可减少所需的样本量。

8.4　失效分布模型的实验获取

国外对电子器件在不同效应下的剂量率阈值服从的分布模型开展过一定的研究，认为不同效应服从的分布模型不一样，认为电子器件在瞬时辐照下的烧毁阈值服从威布尔分布，翻转阈值服从对数正态分布[13]，而我国在这方面的研究尚属空白。国外是在获取器件失效阈值的情况下，基于完全样本数据开展拟合分布检验。考虑到我国瞬时辐射模拟源工作在脉冲状态，重复性较差，获取失效阈值相对比较困难，需要考虑其他获取失效分布模型的试验方法。

瞬时电离辐射效应试验数据属于 I 型区间删失数据，信息缺失严重，假若直接从这类数据出发进行拟合分布检验，需要上千只样本。我国瞬时电离辐射模拟源的机时有限，很难进行如此大样本量的试验。本书提出以 II 型区间删失数据为数据源获取瞬时辐射失效分布模型的试验方法[14]，物理依据是瞬时电离辐射效应中的扰动、翻转、闩锁等效应属于软损伤，只要保证电子器件接受的累积剂量不超过平均失效总剂量的 10%～20%[3]，则一只器件可进行多次试验。试验中一般进行两到三次试验来获取器件的失效阈值区间。

8.4.1　实验器件

实验器件为商用 SRAM，研究其翻转效应。

利用自研的 SRAM 辐射效应在线测量系统对翻转效应进行测量，它包括辐照板、传输线缆、测试板和采集系统等四部分，一块辐照板上可以放置八个器件，测试系统具有同时测量两块辐照板的能力。辐照前在每只器件的存储单元中写入"55"，辐照后读取存储内容，和辐照前写入的数据进行比较，记录发生翻转的器件的内存单元逻辑地址。为提高效应数据的可靠性，采用了如下三条措施：①对每只器件单独供电，在辐照过程中观察电源电流的变化；②辐照后重复进行读操作，观察内存单元的翻转是否稳定；③读操作之后，依次进行写操作和读操作，观察内存单元的写操作是否正常。若辐照后电源电流不发生变化、内存单元翻转稳定、写操作正常等三个条件不能同时满足，则效应数据判定为异常数据。

8.4.2　统计推断方法

对于 Ⅱ 型区间删失数据，目前主要有两种方法可以用来估算经验生存函数：非参数极大似然法(nonparametric maximum likelihood estimate，NPMLE)和归因方法。非参数极大似然法采用迭代的方法估算生存函数，常用的迭代法则包括 self-consistency 法则、ICM 法则、EM-ICM 法则等三种[6,14]。self-consistency 法则的优点是简单、易操作；ICM 法则和 EM-ICM 法则的优点是迭代次数和计算时间少。根据瞬时电离辐射效应数据特点，采用 self-consistency 法则估算生存函数所需时间在秒量级，完全满足要求，再加上它的简单和易操作，因此选择 self-consistency 法则。归因方法的核心思想是将区间删失数据转化为右截尾型数据。与区间删失数据相比，右截尾型数据的数学理论已经相对较为成熟，而且计算过程简单，因此归因方法是一种处理区间删失数据的常用方法。在归因方法中，常用两种方法将区间删失数据转化为右截尾型数据：单步和多步方法。在单步归因方法中，区间的左端点或右端点，或者区间中心点被直接视为样品精确的失效值。视区间右端点为∞的数据为右截尾型数据，因为整个数据中不仅包括完全样本数据，还包括右截尾数据，因此属于右截尾型数据。多步归因方法是归因方法与参数方法的结合，采用循环迭代的方法对某个事先假设的参数模型中的未知参数进行估计。由于单步归因方法简单，实际工作中常被采用，本书也采用该方法，直接将区间中心点视为精确的失效值，将区间右端点为∞的数据转化为右截尾型数据。通过这种近似转化，将区间删失数据转化为右截尾型数据后，采用经典的 Kaplan-Meiler 方法来估计经验生存函数[5]，同时利用正态分布函数作为核函数对经验生存函数进行平滑处理。

8.4.3 实验结果及拟合优度检验

实验时，当 SRAM 的翻转单元数量超过 SRAM 总容量的 1%时，判定器件发生翻转。实验的总样本量为 160 只，按照三条判定准则剔除异常数据后剩余 140 只样本。实验中，没有观察到某些器件的翻转上限和某些器件的翻转下限，如果细分，这两类数据分别属于右截尾型数据和左截尾型数据。SRAM 的翻转剂量率区间见图 8.5。从图中可以看出，翻转下限的最大值为 $2.7 \times 10^7 \mathrm{Gy(Si)/s}$，翻转上限的最小值为 $4.2 \times 10^6 \mathrm{Gy(Si)/s}$。

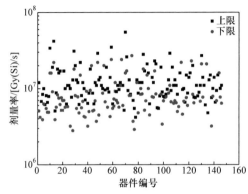

图 8.5 SRAM 的翻转剂量率区间
上限为发生翻转的最小剂量率，下限为不发生翻转的最大剂量率

利用非参数极大似然法，基于 self-consistency 法则，利用 MATLAB 软件编程计算经验生存函数；同时利用归因方法，将区间删失数据转化为完全样本数据加右截尾型数据后，利用 Kaplan-Meiler 方法估计经验生存函数，见图 8.6。从图中可见，利用 NPMLE 计算得到的经验生存函数是阶梯状的，这种数据不方便用于拟合分布检验。相对 NPMLE，Kaplan-Meiler 方法得到的经验生存函数曲线比较平滑。图 8.6 同时还给出了利用 Kaplan-Meiler 方法估算的不同剂量率下经验生存函数在置信概率为 95%时的置信上限和下限，可见 NPMLE 的结果基本落在 Kaplan- Meiler 方法得到的 95%的置信区间内，因此下面利用 Kaplan-Meiler 方法得到的经验生存函数来进行拟合分布检验。采用核函数法对该经验生存函数进行平滑处理，选择的核函数为正态分布函数。

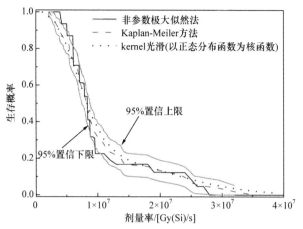

图 8.6　经验生存函数及其在置信概率为 95%时的置信上限和下限(Kaplan-Meiler 方法估计)

基于平滑处理后得到的经验生存函数数据，在几种常见分布模型的假设下利用最小二乘法计算其相关系数。假设了四种分布模型，分别是指数分布、对数正态分布、威布尔分布和极值分布。图 8.7 是四种分布的直线拟合图形，剂量率在

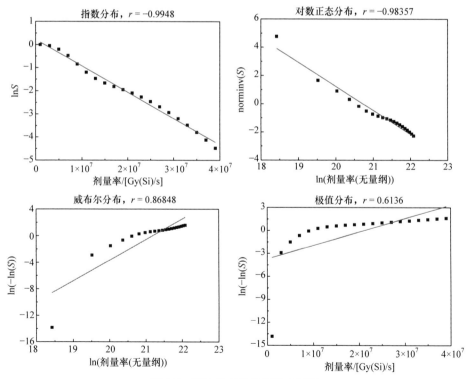

图 8.7　四种分布的直线拟合图形

取对数时，除以 0.01Gy(Si)/s 使其无量纲化。从图形上可以直观看出指数分布的拟合最优，从相关系数(绝对值)的具体数值来看，指数分布、对数正态分布、威布尔分布、极值分布分别为 0.9948、0.98357、0.86848、0.6136，可见指数分布的拟合最优，对数正态分布次之。

从图形上可以发现，除了指数分布，在其他三种分布的直线拟合图形上第一个数据点与其他数据点的偏离较大，该点对应的生存概率的估计值接近 1。从图 8.6 可以看出，利用 Kaplan-Meiler 方法估计的生存函数与利用 NPMLE 估计的生存函数在生存概率接近 1 的地方偏离较大。从理论上讲，生存概率接近 1 时利用样本得到的生存概率估计值的误差较大。综上所述，将第一个数据点剔除，重新进行线性拟合。剔除第一个数据点后四种分布的直线拟合图形见图 8.8。从图形上可以直观看出，指数分布和对数正态分布的拟合最优，威布尔分布次之。指数分布和对数正态分布的相关系数(绝对值)均为 0.9943，威布尔分布的为 0.9679，极值分布的为 0.8499。可见剔除第一个数据点对指数分布的拟合结果基本无影响，使其他三种分布的相关系数增大。如果从相关系数的大小来判断，指数分布或对数正态分布的可能性最大。

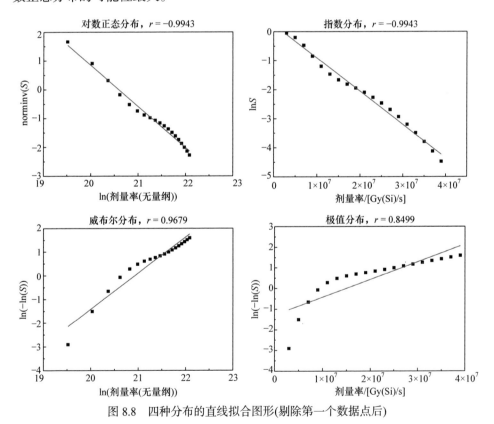

图 8.8　四种分布的直线拟合图形(剔除第一个数据点后)

8.4.4　失效分布的选择

选择分布模型时还需要考虑失效机理。在可靠性或生存分析领域，经常用到危险函数，它描述个体的瞬时死亡率随时间的变化关系。指数分布的危险函数为常数；对数正态分布的危险函数在 $t=0$ 时为 0，随着时间的增加，危险函数起初是递增的，达到极大值点后又开始衰减，在 $t \to \infty$ 时又趋近于 0；威布尔分布的危险函数在形状参数大于 1 时是单调递增函数，在形状参数小于 1 时是单调递减函数，在形状参数为 1 时为常数(此时威布尔分布退变为指数分布)。在可靠性和生存分析领域，常认为对数正态分布的危险函数先增后减的性质是该模型一个不好的特性，因为在实际场合非单调的危险函数很少见。然而实验结果表明，在辐射效应领域存在非单调的危险函数。本书同时实验测量了 HM62256BLP 型号 SRAM 翻转率随剂量率的变化曲线，见图 8.9[15]，结果表明翻转率随着剂量率的增大而迅速增大，增大至 50% 后不再变化，此时翻转率达到饱和，这表明 SRAM 的瞬时翻转率(危险函数)随着剂量率的增加先增大后减小。因此，结合相关系数和对 SRAM 剂量率翻转效应失效机理的认识，选择对数正态分布来拟合 SRAM 在剂量率翻转效应中的失效分布。

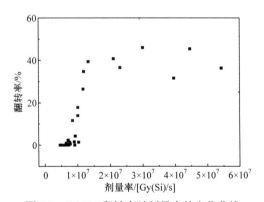

图 8.9　SRAM 翻转率随剂量率的变化曲线

8.5　保守性研究

性能评估应以保守性为原则，不能冒进。与原有的经典非参数法比较，样本空间排序法在抗瞬时电离辐射性能评估中，可以提高信息利用率。但是这种提高是否存在冒进的可能性需要研究。只有在具有保守性的前提下，才能将样本空间排序法在实际考核中进行推广应用。本节基于再抽样的蒙特卡罗模拟方法检验样本空间排序法的计算结果是否具有保守性。

8.5.1 方法描述

重抽样的两大技术包括 jackkbife 和 bootstrap，这里根据效应数据的特点采用 jackkbife 抽样[16]。根据大样本的翻转效应数据，利用 NPMLE 确定 SRAM 在某一剂量率 d 下不发生翻转的概率 $R(d)$，把该值作为"真值"。

图 8.10 为样本空间排序法保守性的蒙特卡罗模拟流程图。首先对大样本翻转效应数据 $X = (C_i, \Delta_i)$，$i = 1, 2, \cdots, n$ 进行 jackkbife 抽样，抽样样本数目为 m(如 $m = 11$)，抽样次数为 l(如 $l = 100$)，设得到的第 s($s = 1, 2, \cdots, l$)次抽样的样本为 $Y_s = (c_{sj}, \delta_{sj})$，$j = 1, 2, \cdots, m$；其次根据抽样样本，利用编制的程序计算剂量率 d 下生存概率的置信下限 $R_s(\alpha, Y_s, d)$，其中 $1 - \alpha$ 为置信度；再次统计 l 次抽样中满足 $R_s(\alpha, Y_s, d) \leqslant R(d)$ 的次数，设为 p；最后如果 $p \geqslant l \cdot (1 - \alpha)$，则说明样本空间排序法在小样本量下是保守的。

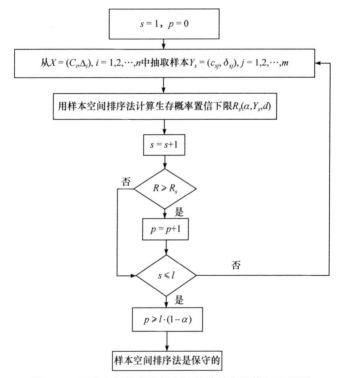

图 8.10 样本空间排序法保守性的蒙特卡罗模拟流程图

8.5.2 蒙特卡罗模拟结果

按照图 8.10 描述的方法进行抽样。其中 m 取 11，l 取 100，α 取 0.2。抽取的原始样本为 SRAM 剂量率翻转实验的 140 个有效样本。利用样本空间排序法，在对数正态分布的假设下，计算生存概率的置信下限 R_L ，并与"真值" R_0 进行比较，统计满足 $R_L \leq R_0$ 的次数，记为 n ，比较 $P = n/l$ 与 $1-\alpha$ ，样本空间排序法根据蒙特卡罗模拟方法再抽样得到的生存概率置信下限包含真值的概率与剂量率的关系见图 8.11。从图中可看出， P 小于 $1-\alpha$ 的剂量率区间仅为 $8.8 \times 10^6 \sim 1.1 \times 10^7 \mathrm{Gy(Si)/s}$ ，而且 P 的最小值为 0.7，仅略小于 0.8，因此可认为样本空间排序法的计算结果是保守的。

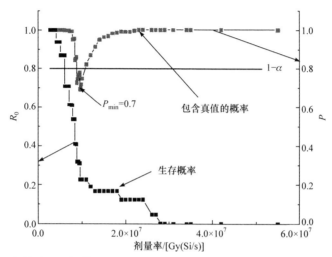

图8.11　样本空间排序法根据蒙特卡罗模拟方法再抽样得到的生存概率置信下限包含真值的概率与剂量率的关系

8.6　小　　结

根据瞬时电离辐射效应试验数据属于Ⅰ型区间删失数据的特点，引入样本空间排序法并开展了理论和试验研究。通过理论分析和实例计算证明，与原有的经典非参数法相比，样本空间排序法不仅可以提高生存概率置信下限，还会增大置信下限所对应的剂量率范围，提高了数据利用率，降低了过保守性，评价结果更为科学准确。利用蒙特卡罗模拟方法再抽样说明样本空间排序法的计算结果具有保守性，满足抗辐射加固领域的保守性要求。

参 考 文 献

[1] 陈盘训. 半导体器件和集成电路的辐射效应[M]. 北京: 国防工业出版社, 2005.

[2] 赖祖武, 等. 抗辐射电子学——辐射效应及加固原理[M]. 北京: 国防工业出版社, 1998.

[3] 中国人民解放军总装备部. 微电子器件试验方法和程序: GJB 548B—2005[S]. 北京: 总装备部军标出版发行

部, 2007.

[4] 陈家鼎. 生存分析与可靠性[M]. 北京: 北京大学出版社, 2005.

[5] 劳利斯. 寿命数据中的统计模型与方法[M]. 茆诗松, 濮晓龙, 刘忠, 译. 北京: 中国统计出版社, 1998.

[6] SUN J G. The Statistical Analysis of Interval Censored Failure Time Data[M]. New York: Springer, 2006.

[7] HUANG J, WELLER J A. Interval Censored Survival Data: A Review of Recent Progress[M]. New York: Springer, 1996.

[8] BABINEAU D. Goodness of fit tests for lifetime data models when responses are interval censored[D]. Canada: University of Waterloo, 2005.

[9] 陈家鼎, 孙万龙, 李补喜. 关于无失效数据情形下的置信限[J]. 应用数学学报, 1995, 18(1): 90-100.

[10] 魏中鹏, 陈家鼎. Ⅰ型区间删失数据系产品可靠度的置信下限[J]. 应用数学学报, 2006, 29(1): 81-90.

[11] 白小燕, 林东生, 王桂珍, 等. 样本空间排序法评价瞬时辐照无失效数据研究[J]. 强激光与粒子束, 2013, 25(10): 2753-2756.

[12] WIRTH J L, ROGERS S C. The transient response of transistors and diodes to ionizing radiation[J]. IEEE Transactions on Nuclear Science, 1964, 11(6): 24-38.

[13] United States Department of Defense. Dose-rate hardness assurance guidelines: MIL-HDBK-815[S]. Washington: MILITARY HANDBOOK, 1994.

[14] 王桂珍, 林东生, 齐超, 等. 0.18μm CMOS 电路瞬时剂量率效应实验研究[J]. 原子能科学技术, 2014, 48(11): 2165-2169.

[15] 白小燕, 王桂珍, 齐超, 等. 基于样本空间排序法的电子器件抗瞬时电离辐射性能评估方法[J]. 现代应用物理, 2020, 11(3): 030601.

[16] 洛尔. 抽样: 设计与分析[M]. 金勇进, 译. 北京: 中国统计出版社, 2009.

附录 A 样本空间排序法源代码

有失效情况下基于样本空间排序法计算生存概率置信下限的程序源代码如下，采用 MATLAB 编写。

主程序：

```
%%%%%%%%%%%%%%%%%可靠度、可靠寿命、平均寿命的计算主程序
tn=load('example20.DAT');
%%%%%%%%%%%%%%%%%%%%%%%%%
n=length(tn(:,1));
alpha=0.2; %%%%%%%%%%%%%%%%%%%1-α为置信度
ty0=20; %%%%%%%%%%%%%%%%%%%%时间点 ty0 对应的可靠度
R0=0.8; %%%%%%%%%%%%%%%%%%%可靠度
%%%%%%%%%%%%%%%%%%%%%%
for i=1:n
tt(i,1)=tn(i,1);
end
tsum=sum(tt);
u=0;
fori=1:n
```

$$tz(i,1)=tsum+tt(i,1); \quad \%\%\%\%\%\%\%\%\%\%\%\%\%\%\%\%\%\%\% \ a_{ni}=\sum_{k=1}^{n}t_k+t_i$$

```
    u=u+tz(i,1)*tn(i,2);   %%%%%%%%%%%%%%%%%%%%%%%
end
%%%%%%%%%%%%%%%%%%%%%%
%%%%%%%%%%%%%%%%%%%%%%%
parmhat=wblfit(tn(:,1));
a=parmhat(1)
b1=0.1; %%%%%%%%%%%%%%%%%%%%形状参数的下限
b2=10; %%%%%%%%%%%%%%%%%%%%%形状参数的上限
m=100;
step1=(1-b1)/50;
```

```
step2=(b2-1)/50;
b=b1;
%%%%%%%%%%%%%%%%%%%%
%%%%%%%%%%%%%%%%%%%%%%%%%
for j=1:m+1
    Gr=computeG(u,a,b,n,tz,tt)
if abs(Gr-alpha)<1e-4%%%%%%误差限大小
        a1=a;
        a2=a;
else
%%%%%%%%%%%%%%%%%%%%%%%%%
if Gr<alpha
        a2=a;
while Gr<alpha
            Gr1=Gr
            a1=a2;
if a2>5e2
                a2=a2*1e5;
else
                a2=exp(a2);
end
            Gr=computeG(u,a2,b,n,tz,tt)  ;
            Gr2=Gr;
end
else
        a1=a;
while Gr>alpha
            Gr2=Gr;
            a2=a1;
            a1=log(a1);
            Gr=computeG(u,a1,b,n,tz,tt);
            Gr1=Gr;
end
end
end
```

```
%%%%%%%%%%%%%%%%%%%%%%%%%%%%%
%%%%%%%%%%%%%%%%%%%%%%%%%%%%%%%%%%
while abs(Gr-alpha)>1e-4   %%%%%%%%%%%%%%%%%%%%%%%%%%%%%误差限大小
if a2/a1>100
            a=exp((log(a1)+log(a2))/2);
else
            a=a1+(a2-a1)*(alpha-Gr1)/(Gr2-Gr1);
end
        Gr=computeG(u,a,b,n,tz,tt)
if Gr>alpha
            Gr2=Gr;
            a2=a;
else
            Gr1=Gr;
            a1=a;
end
end
%%%%%%%%%%%%%%%%%%%%%%%
%%%%%%%%%%%%%%%%%%%%%%%%
j
R(j,3)=exp(-(ty0/a)^b);%可靠度
R(j,1)=a;
R(j,2)=b;
R(j,4)=a*gamma(1+1/b);%%%%平均寿命
R(j,5)=a*(-log(R0))^(1/b);%%%%%%%%%可靠度寿命
%%%%%%%%%%%%%
%%%%%%%%%%%%%
if b<1
     b=b+step1;
else
     b=b+step2;
end
%%%%%%%%%%%%
end
```

调用子程序(递归程序):

```
function Gi=computeG(u,a,b,n,tz,tt)
if u>1e-5 %%%%%%%%%%%%u>0 的情况
if(u-tz(1,1))>1e-3
%%%%%%%%%%%%u>a1 的情况
            tag=0;
else
%%%%%%%%%%%0<u<=a1 的情况
            tag=1;
end
else
%%%%%%%%%%%u<=0 的情况
    tag=2;
end
if n==1   %%%%%%%%%%%%%%%%递归到 n=1 时
if tag==2 %%%%%%%%%%%u<=0 的情况
            Gi=1;
else
if tag==1
            Gi=1-wblcdf(tt(1,1),a,b);%%%%%%%%%%%0<u<=a1 的情况
else
            Gi=0;%%%%%%%%%%%u>a1 的情况
end
end
%%%%%%%%%%%%%%%%%%%%%%%%%%
else%%%%%%%%%%%%%%%%%%%n 不等于 1 时继续递推
    m=n-1;
    y1=1-wblcdf(tt(n,1),a,b);
    y2=wblcdf(tt(n,1),a,b);
uu=u-tz(n,1);

    Gi1=computeG(uu,a,b,m,tz,tt);

    Gi2=computeG(u,a,b,m,tz,tt);
    Gi=Gi1*y1+Gi2*y2;
end
end
```